7 朝倉数学大系

砂田利一・堀田良之・増田久弥 [編集]

境界値問題と行列解析

山本哲朗 [著]

朝倉書店

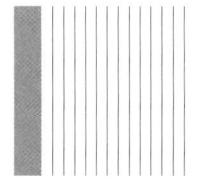

〈朝倉数学大系〉
編集委員

砂田利一
明治大学教授
東北大学名誉教授

堀田良之
東北大学名誉教授

増田久弥
東京大学名誉教授
東北大学名誉教授

まえがき

本書は境界値問題の入門書であって取り扱う主題は次の 2 つである.
(i) 解の存在と一意性に関する議論. ただし 1 次元非線形問題や 2 次元問題では適当な関数空間における不動点定理が必要で, この場合には存在証明は付さず参考文献を明示する.
(ii) 解の一意存在を仮定して問題を離散化し, 得られる近似解の誤差を評価する数値解析的議論. そこでは, 行列解析における各種成果と技法が有効に用いられる.

当然のことながら (i) と (ii) の間には, Green 関数と Green 行列, 最大値原理と離散最大値原理, Green の公式と離散 Green 公式, さらには離散化原理など美しい整合関係が成り立つ.

本書はこのような連続と離散の調和な関係を意識しながら境界値問題の基礎を記述したものである. 入門書ではあるが, 国内外の成書に記載のない話題もかなり含み, 読者の鑑賞に十分耐え得るものと信じる. ただし読者の理解を容易にするために, 記述の重複をいとわず行った. そのため一部の読者には記述が全体にくどいと感じられるかも知れないが御寛容を乞う次第である.

最後に, 本書の出版に際しお世話になったプラスアイ代表 富岡乃美氏と朝倉書店編集部に感謝の意を表する.

2014 年 10 月

山 本 哲 朗

目　　次

1　境界値問題 事始め ……………………………………………… 1
　1.1　記　　号 …………………………………………………… 1
　1.2　2点境界値問題 ……………………………………………… 3
　1.3　1次元波動方程式 …………………………………………… 8
　1.4　変数分離法 …………………………………………………… 9
　1.5　固有値と固有関数 …………………………………………… 12
　1.6　1次元熱方程式 ……………………………………………… 15
　1.7　2次元境界値問題 …………………………………………… 19

2　2点境界値問題 …………………………………………………… 23
　2.1　2点境界値問題 ……………………………………………… 23
　2.2　Green 作用素と Green 関数 ………………………………… 27
　2.3　Green 関数の性質 …………………………………………… 31
　2.4　Green 関数の例 ……………………………………………… 36

3　有限差分近似 ……………………………………………………… 40
　3.1　導関数の差分近似 …………………………………………… 40
　3.2　有限差分法 …………………………………………………… 43
　3.3　有限差分行列の性質 ………………………………………… 49
　3.4　有限差分解の誤差評価 ……………………………………… 51
　3.5　伸長変換 ……………………………………………………… 53

4 有限要素近似 ... 56
- 4.1 境界値問題の変分的定式化 ... 56
- 4.2 Ritz 法 ... 60
- 4.3 スプライン関数 ... 63
- 4.4 有限要素法 ... 66
- 4.5 有限要素行列と有限差分行列の比較 ... 69
  - 4.5.1 有限要素行列 ... 69
  - 4.5.2 有限差分行列 ... 70

5 Green 行列 ... 72
- 5.1 3重対角行列 ... 72
- 5.2 Green 行列 (1) ... 79
- 5.3 Green 行列 (2) ... 85
- 5.4 $-(pu')'$ に対する有限差分行列の逆転公式 ... 90
- 5.5 $-(pu')'$ に対する新しい離散近似 ... 101
- 5.6 一般 Sturm-Liouville 型作用素への応用 ... 107
- 5.7 Varga の有限差分近似 ... 110
- 5.8 有限差分解の精度と打ち切り誤差の関係 ... 114

6 離散化原理 ... 118
- 6.1 離散化原理 ... 118
- 6.2 有限差分行列の正則性 ... 120
- 6.3 Green 関数と Green 行列 ... 130
- 6.4 離散化原理の証明 ... 137

7 離散化原理の固有値問題への応用 ... 143
- 7.1 固有値問題 ... 143
- 7.2 Ascoli-Arzela の定理 ... 146
- 7.3 固有値問題の有限差分近似 ... 147
- 7.4 誤差評価 ... 155

8 最大値原理 ··· 160
- 8.1 最大値原理 ··· 160
- 8.2 最大値原理の応用 ··· 167
- 8.3 離散最大値原理 ··· 168
- 8.4 有限差分解の誤差評価への応用 ······························· 175

9 2次元境界値問題の基礎 ······································· 177
- 9.1 Dirichlet 型境界値問題 ····································· 177
- 9.2 いろいろな関数空間と広義導関数 ····························· 177
- 9.3 Green の公式 ·· 183
- 9.4 基 本 解 ··· 187
- 9.5 弱解と古典解 ··· 190
- 9.6 Dirichlet の原理 ··· 193
- 9.7 Green 関数 ·· 196
- 9.8 最大値原理 ··· 200

10 2次元境界値問題の離散近似 ··································· 205
- 10.1 有限差分近似 ·· 205
- 10.2 離散 Green 関数 ··· 210
- 10.3 離散最大値原理 ·· 213
- 10.4 Bramble-Hubbard の定理 ··································· 216
- 10.5 非整合スキームの収束 ······································ 223
- 10.6 伸長変換による収束の加速 ·································· 230
- 10.7 円領域における Swartztrauber-Sweet 近似 ··················· 242

参 考 文 献 ··· 257
索　　　引 ··· 261

第 1 章 　境界値問題 事始め

1.1 　記　　　号

本書では実数の集合を $\mathbb{R}$ であらわし，n 次元 Euclid (ユークリッド) 空間を $\mathbb{R}^n$ であらわす．したがって

$$\mathbb{R}^n = \{(x_1,\ldots,x_n) \mid x_i \in \mathbb{R}, \quad i = 1, 2, \ldots, n\}, \quad \mathbb{R}^1 = \mathbb{R}$$

であるが，n 次元列ベクトルの集合も同じ記号 $\mathbb{R}^n$ であらわす：

$$\mathbb{R}^n = \{(x_1,\ldots,x_n)^{\mathrm{t}} \mid x_i \in \mathbb{R}, \quad i = 1, 2, \ldots, n\}.$$

1 次元 Euclid 空間 $\mathbb{R}^1 = \mathbb{R}$ の有界開区間 $(a,\ b)$ $(a < b)$ 上 k 回連続的微分可能な関数の全体を $C^k(a,\ b)$ であらわす．特に $k = 0$ のとき $C^0(a,\ b)$ を $C(a,\ b)$ であらわす．これは $(a,\ b)$ 上の連続関数の集合である．同様に有界閉区間 $[a,\ b]$ 上 k 回連続的微分可能な関数の全体を $C^k[a,\ b]$ であらわす．すなわち $C[a,\ b] = C^0[a,\ b]$ かつ

$$C^k[a,\ b] = \{u \in C^k(a,\ b) \mid 0 \le l \le k \text{ のとき } u^{(l)}(x) \in C[a,\ b]\}$$

である．

一般に Ω を $\mathbb{R}^n$ の必ずしも有界でない領域 (連結開集合) とするとき，Ω 上 k 回連続的偏微分可能 ($n = 1$ のとき連続的微分可能) な関数の全体を $C^k(\Omega)$ であらわす．特に $k = 0$ のとき $C^0(\Omega)$ は Ω 上連続な関数の全体であり，$C^0(\Omega)$ を $C(\Omega)$ であらわす．$C^\infty(\Omega) = \bigcap_{k=0}^{\infty} C^k(\Omega)$ とおく．また Ω が有界のとき，Ω の境界を $\partial\Omega$ として，Ω の閉包を $\overline{\Omega} = \Omega \cup \partial\Omega$ であらわせば，$C^k[a,\ b]$ と同様に $C^k(\overline{\Omega})$ が定義される．すなわち $C^k(\overline{\Omega})$ は，任意の $l\ (\le k)$ 次 (偏) 導関数が

$C(\overline{\Omega})$ に属するような関数 $u \in \Omega^k(\Omega)$ の全体である．$C^\infty(\overline{\Omega}) = \bigcap_{k=0}^\infty C^k(\overline{\Omega})$ である．

本書では 1 次元の場合には Ω の代わりに $E = (a,\ b)$，$\overline{\Omega}$ の代わりに $\overline{E} = [a,\ b]$ をしばしば用いる．したがって $E = (0,\ 1)$ とおくとき

$$f(x) = \frac{1}{x} \in C(E) \quad \text{しかし} \quad f \notin C(\overline{E}).$$

また $f(x) = \sqrt{x(1-x)}$ ならば $f \in C^1(E) \cap C(\overline{E})$ しかし $f \notin C^1(\overline{E})$ である．
n 次元列ベクトル $\boldsymbol{x} = (x_1, \ldots, x_n)^{\mathrm{t}}$ に対して

$$\|\boldsymbol{x}\|_2 = \sqrt{x_1^2 + \cdots + x_n^2}, \quad \|\boldsymbol{x}\|_\infty = \max_i |x_i|$$

とおく．$\|\boldsymbol{x}\|_2$ の代わりに $|\boldsymbol{x}|$ とかくこともある (第 9, 10 章では $n = 2$ のとき $x = (x_1,\ x_2)$ として x を太字 $\boldsymbol{x}$ であらわさず $|x| = \sqrt{x_1^2 + x_2^2}$, $dx = dx_1 dx_2$ などの記号を用いる)．また $f(x) \in C(\overline{E})$, $E = (a,\ b)$ に対して

$$\|f\|_{\overline{E}} = \max_{x \in \overline{E}} |f(x)|, \quad \|f\| = \sqrt{\int_a^b f(x)^2 dx}$$

とおく．$\|f\|$ を $\|f\|_2$ とかくこともある．

$\|\boldsymbol{x}\|_2$, $\|\boldsymbol{x}\|_\infty$, $\|f\|_{\overline{E}}$, $\|f\|$ はノルムと呼ばれ，実数に対する絶対値の役目を果たす．詳細は山本[36),37),40)] ほか適当な書物を参照されたい．

また $0 < \lambda \leq 1$ をみたす定数 λ に対して

$$|u(x) - u(y)| \leq K |x-y|^\lambda, \quad x,\ y \in \overline{E} = [a,\ b]$$

をみたす $x,\ y$ に無関係な定数 K が存在するとき，u は指数 λ の **Hölder** (ヘルダー) 条件をみたす (または **Hölder** 連続である) といい，このような関数 u の全体を $C^{0,\lambda}(\overline{E})$ であらわす．特に $\lambda = 1$ のときこの条件は **Lipschitz** (リプシッツ) 条件と呼ばれ，u は **Lipschitz** 連続であるという．$\overline{E} = [0,\ 1]$ において $u = \sqrt{x}$ は $K = 1$ として指数 $\frac{1}{2}$ の Hölder (連続) 条件をみたすこと ($|\sqrt{x} - \sqrt{y}| \leq \sqrt{|x-y|} \quad \forall\, x,\ y \in \overline{E}$) は容易に確かめられる．

一般に自然数 k に対して $C^{k,\lambda}(E)$, $C^{k,\lambda}(\overline{\Omega})$ なども同様に定義される．

1.2　2点境界値問題

よく知られているように2階線形常微分方程式

$$\mathcal{L}u \equiv p_0(x)u'' + p_1(x)u' + p_2(x)u = f(x), \quad a < x < b, \tag{1.1}$$

$$p_0(x) \neq 0, \quad p_i(x) \in C[a,\ b], \quad 0 \leq i \leq 2, \quad f(x) \in C[a,\ b]$$

は初期条件

$$u(x_0) = \eta_0, \quad u'(x_0) = \eta_1, \quad x_0 \in [a,\ b] \tag{1.2}$$

を指定するとき一意解 $u \in C^2[a,\ b]$ をもつ．しかし条件 (1.2) を区間 $[a,\ b]$ の両端点 a, b における条件 (境界条件と呼ばれる)

$$u(a) = \alpha, \quad u(b) = \beta \tag{1.3}$$

でおきかえると事情は全く異なる．たとえば

$$u'' + u = 1 \quad (0 < x < \pi), \quad u(0) = u(\pi) = 0$$

は解をもたないが

$$u'' + u = 0 \quad (0 < x < \pi), \quad u(0) = u(\pi) = 0$$

は無数の解 $u = c\sin x$ (c：任意定数) をもつ．初期値問題 (1.1), (1.2) に対し，(1.1), (1.3) をみたす解 $u \in C^2[a,\ b]$ を求める問題を **2点境界値問題**という．境界条件 (1.3) はさらに一般な条件

$$B_1(u) = \alpha_0 u(a) - \alpha_1 u'(a) = \alpha, \quad (\alpha_0,\ \alpha_1) \neq (0,\ 0), \tag{1.4}$$

$$B_2(u) = \beta_0 u(b) + \beta_1 u'(b) = \beta, \quad (\beta_0,\ \beta_1) \neq (0,\ 0), \tag{1.5}$$

$$\alpha_i \geq 0, \quad \beta_i \geq 0, \quad i = 0,\ 1 \quad \text{かつ} \quad \alpha_0 + \beta_0 > 0 \tag{1.6}$$

でおきかえられる．この条件は $x = a$ と $x = b$ における条件がそれぞれ独立に与えられるので，**分離境界条件**とも呼ばれる．

(1.4), (1.5) はさらに一般な境界条件

$$\alpha_0 u(a) + \alpha_1 u'(a) + \alpha_2 u(b) + \alpha_3 u'(b) = \alpha,$$
$$\beta_0 u(a) + \beta_1 u'(a) + \beta_2 u(b) + \beta_3 u'(b) = \beta$$

の特別な場合であるが本書ではこの境界条件は扱わない.

(1.4), (1.5) において $\alpha = \beta = 0$ としても一般性は失われないことを注意する.

実際, x の 2 次式 $\varphi(x) = \lambda x^2 + \mu x + \nu$ が $B_1(\varphi) = \alpha$, $B_2(\varphi) = \beta$ を同時にみたすように係数 λ, μ, ν を定めることは可能 (各自検証されたい) であるから, $v = u - \varphi$ は

$$\mathcal{L}v = \mathcal{L}u - \mathcal{L}\varphi = f - \mathcal{L}\varphi,$$
$$B_1(v) = B_1(u) - B_1(\varphi) = \alpha - \alpha = 0,$$
$$B_2(v) = B_2(u) - B_2(\varphi) = \beta - \beta = 0$$

をみたす. したがって (1.1), (1.4), (1.5) をみたす解 u を求める問題は

$$\mathcal{L}v = \widetilde{f} \quad (\widetilde{f} = f - \mathcal{L}\varphi), \quad B_1(v) = B_2(v) = 0$$

をみたす関数 v を求める問題に移される. したがって境界値問題 (1.1), (1.4), (1.5) の解 u の存在を議論する場合には $\alpha = \beta = 0$ として差支えないのである.

さらに

$$p(x) = e^{\int_a^x p_1(t)/p_0(t)dt}$$

とおき (1.1) の左から $-p(x)/p_0(x)$ をかければ

$$-\frac{p(x)}{p_0(x)}\mathcal{L}u = -p(x)u'' - \frac{p_1(x)}{p_0(x)}p(x)u' - \frac{p(x)}{p_0(x)}p_2(x)u$$
$$= -\frac{d}{dx}\left(p(x)\frac{du}{dx}\right) + r(x)u \quad \left(r(x) = -\frac{p(x)}{p_0(x)}p_2(x)\right).$$

よって境界値問題 $\mathcal{L}u = f$, $B_1(u) = B_2(u) = 0$ は

$$\mathcal{L}u \equiv -\frac{d}{dx}\left(p(x)\frac{du}{dx}\right) + r(x)u = f(x), \quad a < x < b, \qquad (1.7)$$
$$\left(p(x) > 0, \quad p \in C^1[a, b], \quad r, f \in C[a, b]\right)$$

$$B_1(u) = B_2(u) = 0 \tag{1.8}$$

と同値である．これを **Sturm-Liouville** (スツルム・リュウヴィル) 型境界値問題という．また $\mathcal{L}$ を **Sturm-Liouville** 型作用素という (解析学では写像のことを作用素 (**operator**) というのである)．

(1.7), (1.8) は 2 階線形境界値問題の標準形であるが, (1.7) の代わりに

$$-\frac{d}{dx}\left(p(x)\frac{du}{dx}\right) + q(x)\frac{du}{dx} + r(x)u = f(x), \quad a < x < b \tag{1.9}$$

を考えることもある．

(1.9) は (1.7) の一般化であるが, (1.9) を

$$-pu'' + (q - p')u' + ru = f$$

と書き直し, (1.1) から (1.7) を導いたのと同じ議論をくり返せば (1.9) は (1.7) の形に変換されるから, (1.9) は理論的にはあまり重要ではない．しかし応用上 (1.9) の形のままで取り扱いたい場合がある (Varga[31], Carasso[5] など) から, 本書は時に (1.9) の形で考察を進める．

例 1.1 図 1.1 のように 2 点 $P(0, h_0)$, $Q(l, h_l)$ の間に張られた材質一様な弦の形状 $u = u(x)$ を求める．

点 $(x, u(x))$ における張力を T とし, 弦の単位長あたりの重みを w として

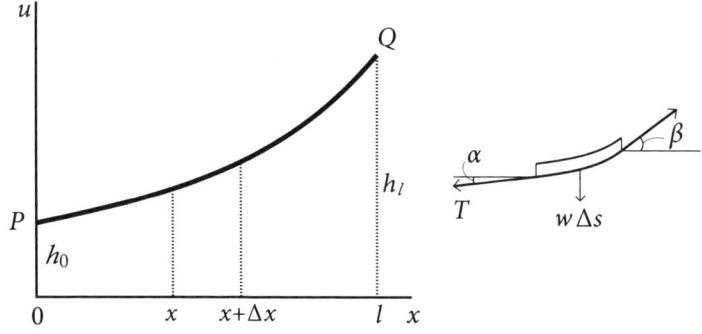

図 **1.1** 2 点 P, Q 間に張られた弦

釣合の式をつくれば，水平方向について
$$-T\cos\alpha + T\cos\beta = 0. \tag{1.10}$$
垂直方向については，$\Delta s = \sqrt{(\Delta x)^2 + (\Delta u)^2}$ とおいて，
$$-T\sin\alpha + T\sin\beta - w\Delta s = 0. \tag{1.11}$$
ただし x と $x+\Delta x$ における u の接線が x 軸となす角をそれぞれ α, β であらわす（(1.10) の右辺は厳密には $o(1)$（高位の無限小，41 頁参照）であるが，微小項を無視して "$=0$" とおく．これは物理数学の常套手段であって，いずれ $\Delta x \to 0$ とするつもりであるからこのような乱暴は許されるのである)．

α, $\beta \doteq 0$ のとき
$$\sin\alpha \doteq \tan\alpha = u'(x), \quad \sin\beta \doteq \tan\beta = u'(x+\Delta x),$$
$$\cos\alpha \doteq 1, \quad \cos\beta \doteq 1$$
であるから (1.10) より
$$T\cos\beta = T\cos\alpha = T.$$
また (1.11) より
$$-T\tan\alpha + T\tan\beta = w\Delta s = w\Delta x\sqrt{1+\left(\frac{\Delta u}{\Delta x}\right)^2}.$$
$$\therefore\ T\cdot\frac{u'(x+\Delta x)-u'(x)}{\Delta x} = w\sqrt{1+\left(\frac{\Delta u}{\Delta x}\right)^2}.$$
$\Delta x \to 0$ として
$$\frac{d^2u}{dx^2} = \frac{w}{T}\sqrt{1+\left(\frac{du}{dx}\right)^2}, \quad 0 < x < l, \tag{1.12}$$
$$u(0) = h_0, \quad u(l) = h_l. \tag{1.13}$$
これは非線形 2 点境界値問題
$$\frac{d^2u}{dx^2} = f(x,\ u,\ u'), \quad a < x < b, \tag{1.14}$$
$$u(a) = \alpha, \quad u(b) = \beta \tag{1.15}$$

の特別な場合である．この問題に対する解の存在定理と数値解析的考察は Yamamoto-Oishi[44],[45] にある．

(1.12), (1.13) は求積法により解くことができる．これを示すために $u' = p$, $\kappa = \frac{w}{T}$ とおけば (1.12) は

$$\frac{dp}{dx} = \kappa\sqrt{1+p^2}$$

とかけて変数分離型の微分方程式となるから

$$\frac{dp}{\sqrt{1+p^2}} = \kappa dx.$$

両辺を積分すれば

$$\log(p + \sqrt{1+p^2}) = \kappa x + c_1 \quad (c_1：任意定数).$$
$$\therefore\; p + \sqrt{1+p^2} = e^{\kappa x + c_1}. \tag{1.16}$$

一方

$$\sqrt{1+p^2} - p = \frac{1}{p + \sqrt{1+p^2}} = e^{-(\kappa x + c_1)} \tag{1.17}$$

であるから，(1.16) から (1.17) を辺々引けば

$$2p = e^{\kappa x + c_1} - e^{-(\kappa x + c_1)}.$$

両辺を積分して

$$u = \frac{1}{2\kappa}\{e^{\kappa x + c_1} + e^{-(\kappa x + c_1)}\} + c_2 \quad (c_2：任意定数)$$
$$= \frac{1}{\kappa}\cosh(\kappa x + c_1) + c_2.$$

これは**懸垂線**(カテナリー(**catenary**))と呼ばれる．定数 c_1, c_2 は (1.13) により一意に定まる．図 1.1 の曲線は $\kappa = 1.2$, $c_1 = 0$, $c_2 = 2$ として描かれたものである．

この例は幸い求積法により解ける例であったが，もし (1.12), (1.13) が求積法により解けないならば，コンピュータにより数値的に解くか，$\frac{du}{dx} \doteqdot 0$ としてこの項を無視し境界条件 (1.13) の下で線形境界値問題 $\frac{d^2u}{dx^2} = \frac{w}{T}$ を解くこと

になる.しかしながら,(1.14), (1.15) が与えられたとき,その厳密解を求めることは一般に難しいから,数学者の関心は (1.14), (1.15) の解は存在するか否か (解の存在性),また存在するとき解はただ 1 つであるかどうか (解の一意性),さらに解が存在するとき,(1.15) の定数 α, β を微小変化させれば,解もそれに伴って微小変化するか否か (解の安定性) などに向けられる.

1.3　1 次元波動方程式

両端を固定した長さ l の弦を少しひっぱり上げ (微小変形し),速度を与えて手を放したときの弦の横振動 (弦に垂直な振動) を考えよう.ただし弦の線密度 ρ は一様であるとし張力を T であらわす.

いま弦の方向を x 軸にとり,時刻 t における弦の変位を $u(x, t)$ であらわし,

$$u(0, t) = u(l, t) = 0, \quad u(x, 0) = f(x), \quad u_t(x, 0) = g(x)$$

とおく.区間 $[x, x + \Delta x]$ における弦の質量は

$$\rho \Delta s = \rho \sqrt{(\Delta x)^2 + (\Delta u)^2} = \rho \Delta x \sqrt{1 + \left(\frac{\Delta u}{\Delta x}\right)^2}$$

であるから,運動方程式は前節例 1 と同様に考えて

$$T\left\{\frac{\partial u(x + \Delta x, t)}{\partial x} - \frac{\partial u}{\partial x}(x, t)\right\} = \rho \Delta s \frac{\partial^2 u}{\partial t^2}.$$

$$\therefore T \frac{\frac{\partial u(x+\Delta x, t)}{\partial x} - \frac{\partial u}{\partial x}(x, t)}{\Delta x} = \rho \sqrt{1 + \left(\frac{\Delta u}{\Delta x}\right)^2} \frac{\partial^2 u}{\partial t^2}.$$

$\Delta x \to 0$ として

$$T \frac{\partial^2 u}{\partial x^2} = \rho \sqrt{1 + \left(\frac{\partial u}{\partial x}\right)^2} \frac{\partial^2 u}{\partial t^2}.$$

u は微小変位としているから $\frac{\partial u}{\partial x}$ を無視して次の方程式を得る.

$$\frac{\partial^2 u}{\partial t^2} = c^2 \frac{\partial^2 u}{\partial x^2} \quad \left(c^2 = \frac{T}{\rho}\right), \tag{1.18}$$

$$u(0, t) = u(l, t) = 0 \quad (境界条件), \tag{1.19}$$

$$u(x,\,0) = f(x), \quad \frac{\partial u}{\partial t}(x,\,0) = g(x), \quad 0 < x < l \quad (初期条件). \tag{1.20}$$

ただし $f(0) = f(l) = 0$ とする．

(1.18) を **1 次元振動方程式 (oscillatory equation)** または **1 次元波動方程式 (wave equation)** といい，(1.18)〜(1.20) を **1 次元振動 (波動) 方程式の初期値・境界値問題**または**初期–境界値問題**または**混合問題**という．

1.4　変　数　分　離　法

前節に導いた 1 次元波動方程式の初期値・境界値問題は以下に述べる変数分離法により解くことができる．この方法は Fourier (1768–1830) による．

まず $X(x),\ T(t)$ をそれぞれ $x,\ t$ の関数として

$$u(x,\,t) = X(x)T(t) \quad (T\text{ は張力とは無関係})$$

とおき (1.18) に代入すれば $XT'' = c^2 X''T$．

$$\therefore\ \frac{X''}{X} = \frac{T''}{c^2 T}.$$

左辺は x のみの関数で右辺は t のみの関数であるから

$$\frac{X''}{X} = \frac{T''}{c^2 T} = -\lambda \quad (一定)$$

とおくことができる (わざわざ $-\lambda$ とおく理由は後で明らかになる)．このとき $X'' + \lambda X = 0$ かつ $T'' + \lambda c^2 T = 0$ であるが $u(0,\,t) = 0$ より $X(0)T(t) = 0$．$\therefore\ X(0) = 0$．

また $u(l,\,t) = 0$ より $X(l)T(t) = 0$．$\therefore\ X(l) = 0$．

よって $X = X(x)$ は 2 点境界値問題

$$X'' + \lambda X = 0 \quad (0 < x < l), \quad X(0) = X(l) = 0 \tag{1.21}$$

の解である．このとき $\lambda > 0$ でなければならない．なぜならば，仮に $\lambda \leq 0$ とすれば $X'' + \lambda X = 0$ の一般解は，$c_1,\ c_2$ を任意定数として $\lambda = 0$ のとき $X = c_1 + c_2 x$，$\lambda < 0$ のとき $X = c_1 e^{\sqrt{-\lambda}\,x} + c_2 e^{-\sqrt{-\lambda}\,x}$ となるが，境界条件

$X(0) = X(l) = 0$ よりいずれの場合でも $c_1 = c_2 = 0$. よって $X = 0$ となって不適当である.

さて, $\lambda > 0$ のとき $X'' + \lambda X = 0$ の一般解は

$$X = A\cos\sqrt{\lambda}x + B\sin\sqrt{\lambda}x \quad (A, B : 任意定数).$$

ここで $X(0) = 0$ より $A = 0$ を得る. また $X(l) = 0$ より $B\sin\sqrt{\lambda}l = 0$.

$$\therefore \sqrt{\lambda}l = k\pi, \quad k = 1, 2, \ldots$$

$$\therefore \lambda = \left(\frac{k\pi}{l}\right)^2 \quad \left(= \lambda_k とおく\right).$$

$$\therefore X = B_k \sin\frac{k\pi}{l}x \quad \left(= X_k とおく\right).$$

このとき $T'' + \lambda_k c^2 T = 0$ の一般解は

$$\begin{aligned} T_k &= C_k \cos\sqrt{\lambda_k}ct + D_k \sin\sqrt{\lambda_k}ct \\ &= C_k \cos\frac{k\pi ct}{l} + D_k \sin\frac{k\pi ct}{l}. \end{aligned}$$

よって

$$\begin{aligned} u_k(x,\ t) &= X_k(t) T_k(t) \\ &= B_k \sin\frac{k\pi x}{l}\left(C_k \cos\frac{k\pi ct}{l} + D_k \sin\frac{k\pi ct}{l}\right) \\ &= \sin\frac{k\pi x}{l}\left(a_k \cos\frac{k\pi ct}{l} + b_k \sin\frac{k\pi ct}{l}\right) \\ &\quad (a_k = B_k C_k,\ b_k = B_k D_k) \end{aligned}$$

は境界条件 (1.19) をみたす. したがって

$$\begin{aligned} u(x,\ t) &= \sum_{k=1}^{\infty} u_k(x,\ t) \\ &= \sum_{k=1}^{\infty}\left(a_k \cos\frac{k\pi ct}{l} + b_k \sin\frac{k\pi ct}{l}\right)\sin\frac{k\pi x}{l} \end{aligned} \qquad (1.22)$$

も (1.19) をみたす.

ここで (1.22) の右辺を t につき形式的に項別微分すれば

$$\frac{\partial u}{\partial t} = \sum_{k=1}^{\infty} \frac{k\pi c}{l} \left(-a_k \sin \frac{k\pi ct}{l} + b_k \cos \frac{k\pi ct}{l} \right) \sin \frac{k\pi x}{l}. \tag{1.23}$$

よって (1.22) と (1.23) が (1.20) をみたすためには

$$f(x) = u(x,\ 0) = \sum_{k=1}^{\infty} a_k \sin \frac{k\pi x}{l}, \tag{1.24}$$

$$g(x) = \frac{\partial u}{\partial t}(x,\ 0) = \sum_{k=1}^{\infty} \left(\frac{k\pi c}{l} \right) b_k \sin \frac{k\pi x}{l}. \tag{1.25}$$

(1.24) と (1.25) は区間 $(0,\ l)$ における f と g の $\left\{ \sin \frac{k\pi}{l} x \right\}$ による Fourier 展開であるから,

$$a_k = \frac{2}{l} \int_0^l f(s) \sin \frac{k\pi s}{l} ds,$$

$$b_k = \frac{2}{k\pi c} \int_0^l g(s) \sin \frac{k\pi s}{l} ds, \quad k = 1, 2, \ldots$$

このようにして定めた関数 $u = u(x,\ t)$ は f と g に関する適当な条件の下で区間 $[0,\ l]$ において $x,\ t$ につき 2 回項別微分可能であり (詳細は草野 [16]) を参照されたい). 以下に述べる解の一意性により (1.18)〜(1.20) のただ 1 つの解であることがわかる. 解の一意性は次のようにして導く.

【解の一意性】 $u = u(x,\ t),\ v = v(x,\ t) \in C^2([0,\ l] \times (0,\ \infty))$ を (1.18)〜(1.20) の 2 つの解とし $w = u - v$ とおけば

$$w_{tt} = c^2 w_{xx}, \quad 0 \leq x \leq l, \quad t > 0,$$

$$w(x,\ 0) = w_t(x,\ 0) = 0, \quad w(0,\ t) = w(l,\ t) = 0.$$

いま

$$I(t) = \frac{1}{2} \int_0^l \{ c^2 (w_x)^2 + (w_t)^2 \} dx$$

とおくと $w \in C^2$ より積分記号下の微分が許されて

$$\frac{dI}{dt} = \int_0^l \{ c^2 (w_x)(w_{xt}) + w_t w_{tt} \} dx$$

$$= \left[c^2 w_x w_t\right]_0^l - c^2 \int_0^l w_{xx} w_t dx + \int_0^l w_t w_{tt} dx$$

$$= \int_0^l w_t(w_{tt} - c^2 w_{xx})dx \quad \left(\begin{array}{l} \because \ w_t(0,\ t) = \frac{\partial}{\partial t}w(0,\ t) = 0 \\ w_t(l,\ t) = \frac{\partial}{\partial t}w(l,\ t) = 0 \end{array}\right)$$

$$= 0.$$

よって $I(t)$ は定数であるが，$I(0) = 0$ であるから $I(t) \equiv 0$ である．よって

$$w_x = w_t = 0$$

となり $w = w(x,\ t)$ は定数であるが，$w(x,\ 0) = 0$ より $w \equiv 0$ を得る．∴ $u = v$．

よって (1.18)〜(1.20) に対する解の一意性が示された． 証明終 ∎

1.5　固有値と固有関数

(1.1) で定義される微分作用素 $\mathcal{L}$ と $\mathcal{L}$ の定義域

$$\mathcal{D} = \left\{u \in C^2[a,\ b] \ \middle|\ B_1(u) = B_2(u) = 0\right\} \tag{1.26}$$
$$(B_1(u),\ B_2(u) \text{ は } (1.4)\text{〜}(1.6) \text{ で定義されるもの})$$

に対し

$$\mathcal{L}u = \lambda u, \quad u \in \mathcal{D} \tag{1.27}$$

をみたすスカラー λ と関数 $u \neq 0$ が存在するとき λ を $(\mathcal{L},\ \mathcal{D})$ の**固有値**，u を λ に対応する**固有関数**という．また固有値 λ に対し

$$W_\lambda = \left\{u \in \mathcal{D} \ \middle|\ \mathcal{L}u = \lambda u\right\}$$

を λ に対応する**固有空間**という．明らかに W_λ は線形空間をなすが，特に W_λ が 1 次元 ($\dim W_\lambda = 1$) ならば λ は**単純**であるという．

(1.21) を $-X'' = \lambda X,\ X(0) = X(l) = 0$ と書き直し

$$\mathcal{L}u = -\frac{d^2 u}{dx^2}, \quad \mathcal{D} = \left\{u \in C^2[0,\ l] \ \middle|\ u(0) = u(l) = 0\right\}$$

とおけば §1.4 で求めた $\lambda_k = \left(\frac{k\pi}{l}\right)^2$ と $\varphi_k(x) = c_k \sin \frac{k\pi x}{l}$, $k = 1, 2, \ldots$ は $(\mathcal{L}, \mathcal{D})$ の固有値と対応する固有関数である. また λ_k が単純であることも明らかである.

さて $f, g \in C[a, b]$ に対して f と g の内積 (f, g) を
$$(f,\ g) = \int_a^b f(x)g(x)dx$$
により定義する (ただし f, g が複素数値関数ならばこの内積は複素内積
$$(f,\ g) = \int_a^b f(x)\overline{g}(x)dx$$
でおきかえられる). また $\overline{E} = [a, b]$ とおく.

定理 1.1 (1.7) と (1.8) で定義される Sturm-Liouville 型作用素について次が成り立つ.

(i) $(\mathcal{L}, \mathcal{D})$ は対称である. すなわち
$$(\mathcal{L}u,\ v) = (u,\ \mathcal{L}v) \quad \forall u, v \in \mathcal{D}.$$

(ii) $r(x) \geq 0 \quad \forall x \in \overline{E}$ のとき, $(\mathcal{L}, \mathcal{D})$ は正定値である. すなわち
$$(\mathcal{L}u,\ u) > 0 \quad \forall u(\neq 0) \in \mathcal{D}.$$

(iii) $(\mathcal{L}, \mathcal{D})$ の固有値 λ は実数で, $r(x) \geq 0 \quad \forall x \in \overline{E}$ ならば $\lambda > 0$.

(iv) 相異なる固有値に対応する固有関数は互いに直交する.

【証明】 (i)
$$(\mathcal{L}u,\ v) = \int_a^b \{-(pu')'v + ruv\}dx$$
$$= \Big[-pu' \cdot v\Big]_a^b + \int_a^b \{(pu')v' + ruv\}\,dx.$$
$$\therefore\ (\mathcal{L}u,\ v) - (u,\ \mathcal{L}v) = \Big[-pu'v\Big]_a^b + \Big[pv'u\Big]_a^b$$
$$= \Big[-p(x)\big(u'(x)v(x) - v'(x)u(x)\big)\Big]_a^b$$

$$= \Big[p(x)W(u,\ v)(x)\Big]_a^b. \tag{1.28}$$

ただし $W(u,\ v)(x)$ は $u,\ v$ のつくる Wronski (ロンスキー) 行列式で

$$W(u,\ v)(x) = \begin{vmatrix} u(x) & v(x) \\ u'(x) & v'(x) \end{vmatrix}$$

である．ここで $B_1(u) = B_1(v) = 0$ より $\alpha_0 u(a) - \alpha_1 u'(a) = 0$ かつ $\alpha_0 v(a) - \alpha_1 v'(a) = 0$ であり，$(\alpha_0,\ \alpha_1) \neq 0$ であるから係数のつくる行列式は 0 で $W(u,\ v)(a) = 0$.

同様に $B_2(u) = B_2(v) = 0$ と $(\beta_0,\ \beta_1) \neq 0$ より $W(u,\ v)(b) = 0$ も従う．よって

$$\Big[p(x)W(u,\ v)(x)\Big]_a^b = 0.$$

よって (1.28) より $(\mathcal{L}u,\ v) - (u,\ \mathcal{L}v) = 0$ を得る ($u,\ v$ が複素関数でもこれは成り立つ).

(ii) $r(x) \geq 0$ ならば

$$\begin{aligned}(\mathcal{L}u,\ u) &= \Big[-pu'u\Big]_a^b + \int_a^b \{p(u')^2 + ru^2\}dx \\ &\geq \Big[-pu'u\Big]_a^b \quad (\because p > 0),\end{aligned} \tag{1.29}$$

$$-p(b)u'(b)u(b) = \begin{cases} \dfrac{\beta_0}{\beta_1}p(b)u(b)^2 & (\beta_1 \neq 0 \text{ のとき}), \\ 0 & (\beta_1 = 0 \text{ のとき}), \end{cases}$$

$$p(a)u'(a)u(a) = \begin{cases} \dfrac{\alpha_0}{\alpha_1}p(a)u(a)^2 & (\alpha_1 \neq 0 \text{ のとき}), \\ 0 & (\alpha_1 = 0 \text{ のとき}), \end{cases}$$

かつ $p > 0,\ \alpha_0 \geq 0,\ \alpha_1 \geq 0,\ \beta_0 \geq 0,\ \beta_1 \geq 0$ であるから

$$\Big[-pu'u\Big]_a^b \geq 0.$$

よって (1.29) より $r(x) \geq 0$ ならば $(\mathcal{L}u,\ u) \geq 0 \quad \forall\, u \in \mathcal{D}$.

さらに上式において $u \neq 0$ ならば $(\mathcal{L}u,\ u) > 0$ である．これをみるために,

仮にある $u(\neq 0) \in \mathcal{D}$ に対して $(\mathcal{L}u, u) = 0$ とすれば

$$\int_a^b \{p(u')^2 + ru^2\}dx = 0.$$

$p > 0$ かつ $r \geq 0$ であるから $\int_a^b p(u')^2 dx = 0$. $\therefore u' = 0$. $\therefore u = c$ (定数). このとき $u \in \mathcal{D}$ より $B_1(u) = \alpha_0 c = 0$ かつ $B_2(u) = \beta_0 c = 0$.

$$\therefore (\alpha_0 + \beta_0)c = 0.$$

$\alpha_0 + \beta_0 > 0$ であるから $c = 0$. これは $u \neq 0$ に矛盾する.

よって $r(x) \geq 0$ ならば $(\mathcal{L}u, u) > 0 \quad \forall u(\neq 0) \in \mathcal{D}$.

(iii) $\mathcal{L}u = \lambda u$, $u(\neq 0) \in \mathcal{D}$ とする. 仮に λ が複素数で u を複素数値関数とすれば (i) によって $(\mathcal{L}u, u) = (u, \mathcal{L}u)$ (複素内積) であるから

$$(\lambda u, u) = (u, \lambda u).$$

$$\therefore \lambda(u, u) = \overline{\lambda}(u, u), \quad (u, u) > 0.$$

$$\therefore \lambda = \overline{\lambda}.$$

これは λ が実数であることを意味する. このとき $r(x) \geq 0$ ならば (ii) によって

$$\lambda(u, u) = (\mathcal{L}u, u) > 0 \quad \text{かつ} \quad (u, u) > 0 \quad (\because u \neq 0).$$

よって $\lambda > 0$ を得る.

(iv) $\mathcal{L}u = \lambda u$, $u(\neq 0) \in \mathcal{D}$ かつ $\mathcal{L}v = \mu v$, $v(\neq 0) \in \mathcal{D}$ とすれば

$$(\mathcal{L}u, v) = (u, \mathcal{L}v) \quad \text{より} \quad (\lambda u, v) = (u, \mu v).$$

(iii) によって λ, μ は実数であるから上の内積は実内積で

$$(\lambda - \mu)(u, v) = 0.$$

よって $\lambda \neq \mu$ ならば $(u, v) = 0$ である. 証明終 ∎

1.6　1次元熱方程式

図 1.2 のように長さ l の細く真っすぐな針金の位置 x と時刻 t における温度 $u = u(x, t)$ のみたす方程式を導く. ただし針金の左端を $x = 0$ (したがって右

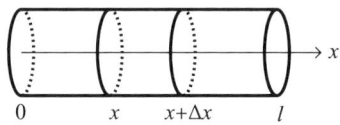

図 1.2　針金

端は $x = l$ にとり，両端と側面は断熱されているものとする．

　針金の密度を ρ，熱伝導率を k，比熱を c，断面積を S とすれば，Fourier の法則によって，熱の流れは高温から低温へ向かい，位置 x における断面に Δt 時間内に流れ込む熱量は温度勾配に比例し $k\frac{\partial u}{\partial x}S\Delta t$ で与えられる．よって x と $x + \Delta x$ の間にある針金の微小部分 D に蓄えられる熱量は

$$k\frac{\partial u(x + \Delta x,\ t)}{\partial x}S\Delta t - k\frac{\partial u(x,\ t)}{\partial x}S\Delta t.$$

一方 D の質量は $\rho S \Delta x$ であるから Δt 時間における D 内の熱量の増加は $c\{u(x,\ t + \Delta t) - u(x,\ t)\}\rho S \Delta x$ である．よってエネルギー保存則により

$$c\{u(x,\ t + \Delta t) - u(x,\ t)\}\rho S \Delta x = kS\Delta t\left\{\frac{\partial u(x + \Delta x,\ t)}{\partial x} - \frac{\partial u(x,\ t)}{\partial x}\right\}.$$

$$\therefore\ c\rho\left(\frac{u(x,\ t + \Delta t) - u(x,\ t)}{\Delta t}\right) = k\left(\frac{\frac{\partial u(x+\Delta x,\ t)}{\partial x} - \frac{\partial u(x,\ t)}{\partial x}}{\Delta x}\right).$$

ここで $\alpha^2 = \frac{k}{c\rho}$ とおき $\Delta x \to 0$, $\Delta t \to 0$ とすれば

$$\frac{\partial u(x,\ t)}{\partial t} = \alpha^2 \frac{\partial^2 u(x,\ t)}{\partial x^2}.$$

これは **1 次元熱 (伝導) 方程式 (heat equation)** と呼ばれる．$u = u(x,\ t)$ は $t = 0$ における温度分布 (初期条件) と両端における温度 (境界条件) を指定すれば一意に定まるであろう．すなわち熱方程式の初期値・境界値問題 (または初期–境界値問題，または混合問題) は

$$\frac{\partial u}{\partial t} = \alpha^2 \frac{\partial^2 u}{\partial x^2} \quad (0 < x < l,\ t > 0),$$
$$\text{初期条件} \quad u(x,\ 0) = f(x) \quad (0 < x < l),$$
$$\text{境界条件} \quad u(0,\ t) = u(l,\ t) = 0$$

で与えられる．この方程式は波動方程式と同様，変数分離法により解くことができる．また解の一意性は熱方程式に対する最大値原理により示される (草野 [16] 参照)．

■**注意 1.1**　上記方程式の導出において，針金の素材が一様 (均質) でないならば α は x の関数であり熱方程式は，

$$\frac{\partial u}{\partial t} = \frac{\partial}{\partial x}\left(\alpha^2(x)\frac{\partial u}{\partial x}\right)$$

となる．

例 1.2　混合問題

$$\frac{\partial u}{\partial t} = 2\frac{\partial^2 u}{\partial x^2} \qquad (0 < x < 1,\ t > 0), \tag{1.30}$$

$$u(x,\ 0) = \sin \pi x \qquad (0 \leq x \leq 1), \tag{1.31}$$

$$u(0,\ t) = u(1,\ t) = 0 \quad (t > 0)$$

を変数分離法を用いて解いてみよう．

$u = X(x)T(t)$ とおき (1.30) に代入すれば $X \cdot T' = 2X''T$．

$$\therefore\ \frac{X''}{X} = \frac{T'}{2T} = -\lambda \quad (\text{定数}).$$

$$\therefore\ T' = -2\lambda T. \tag{1.32}$$

かつ

$$X'' = -\lambda X, \quad X(0) = X(1) = 0. \tag{1.33}$$

(1.33) が非自明解 $X \neq 0$ をもつためには $\lambda > 0$ でなければならない (§1.4 の議論と同様)．このとき

(1.32) より　　　　$T = ce^{-2\lambda t}. \tag{1.34}$

(1.33) より　　　　$X = A\cos\sqrt{\lambda}x + B\sin\sqrt{\lambda}x$ 　$(A, B：$任意定数$)$．

$X(0) = 0$ より　　$A = 0$．

また $X(1) = 0$ より　$\sin\sqrt{\lambda} = 0$. 　$\therefore\ \sqrt{\lambda} = k\pi,\ k = 1, 2, \ldots$

$$\therefore \ \lambda = (k\pi)^2 \quad (= \lambda_k \text{とおく}).$$
$$\therefore \ X = B_k \sin(k\pi x) \quad (= X_k \text{とおく}).$$

このとき (1.34) より　　$T = C_k e^{-2\lambda_k t} \ (= T_k \text{とおく})$.

よって
$$u_k(x,\ t) = X_k(x)T_k(t)$$
$$= b_k \sin(k\pi x) e^{-2\lambda_k t} \quad (b_k = B_k C_k),$$
$$u(x,\ t) = \sum_{k=1}^{\infty} u_k(x,\ t) = \sum_{k=1}^{\infty} b_k e^{-2\lambda_k t} \sin(k\pi x)$$

とおけば (1.31) より
$$\sum_{k=1}^{\infty} b_k \sin(k\pi x) = \sin(\pi x).$$

移項して
$$(b_1 - 1)\sin(\pi x) + \sum_{k=2}^{\infty} b_k \sin(k\pi x) = 0.$$

$$\therefore \ b_k = \begin{cases} 1 & (k=1), \\ 0 & (k \geq 2). \end{cases}$$

結局求める解は
$$u(x,\ t) = e^{-2\lambda_1 t} \sin(\pi x)$$
$$= e^{-2\pi^2 t} \sin(\pi x).$$

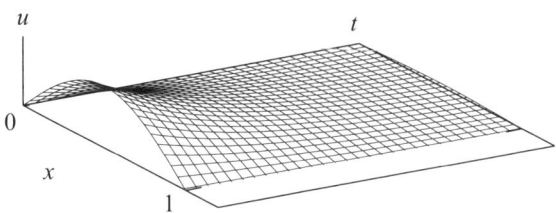

図 **1.3**　$u(x,\ t) = e^{-2\pi^2 t} \sin(\pi x) \quad (0 < x < 1,\ t > 0)$

この関数の概形を図 1.3 に示す．当然のことではあるが，u は時間の経過と共に x に関して一様にゼロに収束する．

1.7　2 次元境界値問題

Ω を 2 次元 Euclid 空間 $\mathbb{R}^2$ の有界領域，その境界を $\partial\Omega$ とするとき，2 階線形偏微分方程式の一般形は，$\boldsymbol{x} = (x_1, x_2)$ として

$$\mathcal{L}u = -\sum_{i,j=1}^{2} \frac{\partial}{\partial x_i}\Big(a_{ij}(\boldsymbol{x})\frac{\partial u}{\partial x_j}\Big) + \sum_{j=1}^{2} b_j(\boldsymbol{x})\frac{\partial u}{\partial x_j} + c(\boldsymbol{x})u = f(\boldsymbol{x}), \quad \boldsymbol{x} \in \Omega$$

$$(a_{ij}(\boldsymbol{x}) \in C^1(\Omega),\ b_j(\boldsymbol{x}),\ c(\boldsymbol{x}),\ f(\boldsymbol{x}) \in C(\Omega)) \tag{1.35}$$

で与えられる．ただし一般性を失うことなく $a_{ij}(\boldsymbol{x}) = a_{ji}(\boldsymbol{x})$ 　$\forall i,j$ を仮定する．(1.35) を展開して

$$\mathcal{L}u = -\sum_{i,j=1}^{2} a_{ij}(\boldsymbol{x})\frac{\partial^2 u}{\partial x_i \partial x_j} + \sum_{j=1}^{2} \widetilde{b}_j(\boldsymbol{x})\frac{\partial u}{\partial x_j} + c(\boldsymbol{x})u = f(\boldsymbol{x}), \quad \boldsymbol{x} \in \Omega \tag{1.36}$$

の形にかくこともできる．(1.35) または (1.36) に対する境界条件として次のいずれか 1 つを付加する．

(a) Dirichlet (ディリクレ) 条件 (第 1 種境界条件)：

$$u = g(\boldsymbol{x}), \quad \boldsymbol{x} \in \partial\Omega. \tag{1.37}$$

(b) Neumann (ノイマン) 条件 (第 2 種境界条件)：

$$\frac{\partial u}{\partial \boldsymbol{n}} = g(\boldsymbol{x}), \quad \boldsymbol{x} \in \partial\Omega. \tag{1.38}$$

(c) Robin (ロバン) 条件 (第 3 種境界条件または混合条件)：

$$\frac{\partial u}{\partial \boldsymbol{n}} + \alpha(\boldsymbol{x})u = g(\boldsymbol{x}), \quad \boldsymbol{x} \in \partial\Omega. \tag{1.39}$$

ただし $\frac{\partial u}{\partial \boldsymbol{n}}$ は $\partial\Omega$ の外法線方向への微分をあらわす．

またこれらの境界値問題では 行列 $A(\boldsymbol{x}) = \big(a_{ij}(\boldsymbol{x})\big)$ は正定値であると仮定する．このとき (1.35)((1.36)) は $\boldsymbol{x}$ において楕円型 (**elliptic**) であるといい，Ω の各点 $\boldsymbol{x}$ で楕円型のとき Ω において楕円型であるという．さらに $A(\boldsymbol{x})$ の最小

固有値を $\lambda_{\min}(\boldsymbol{x})$ とするとき，$\boldsymbol{x}$ に無関係な正定数 δ が存在して $\lambda_{\min}(\boldsymbol{x}) \geq \delta$ とできるとき (1.35) は**一様楕円型 (uniformly elliptic)** であるという．境界値問題の美しい理論が成り立つのはこの場合である．

さて §1.6 で導いた 1 次元熱 (伝導) 方程式を 2 次元に拡張してみよう．議論は全く同じで次のようになる．

Ω を 2 次元 (x_1, x_2) 平面上の均質な物体 (厚みは考えない) とし，時刻 t における点 $P(x_1, x_2) \in \Omega$ の温度を $u(P, t)$ であらわす．D を Ω 内に含まれる任意の領域として温度関数 $u(P, t)$ のみたす方程式を導く．

時刻 t における D 内の総熱量は

$$H(t) = \iint_D c\rho u \, dx_1 dx_2 \tag{1.40}$$

で与えられる．ただし ρ は物体の密度，c は比例定数である．

D の境界 ∂D を通って D の内部に流入する熱量は各点 $P \in \partial D$ における温度勾配に比例し $P \in \partial D$ において

$$\kappa \frac{\partial u}{\partial \boldsymbol{n}} = \kappa \Big(\frac{\partial u}{\partial x_1} \cos\alpha + \frac{\partial u}{\partial x_2} \cos\beta\Big) = \kappa \nabla u \cdot \boldsymbol{n}$$

である．ただし κ は比例定数，$\boldsymbol{n} = (\cos\alpha, \cos\beta)$ は ∂D 上の点 $P = (x_1, x_2)$ における外向き法線をあらわし，$\frac{\partial u}{\partial \boldsymbol{n}}$ は $\boldsymbol{n}$ 方向の u の温度勾配である．また $\nabla u \cdot \boldsymbol{n}$ は 2 つのベクトル $\nabla u = (\frac{\partial u}{\partial x_1}, \frac{\partial u}{\partial x_2})$ と $\boldsymbol{n}$ の内積をあらわす．なお $\nabla = (\frac{\partial}{\partial x_1}, \frac{\partial}{\partial x_2})$ とおく．

ゆえに時間 Δt の間に D 内に流入する熱量は

$$H(t + \Delta t) - H(t) = \Big(\int_{\partial D} \kappa \frac{\partial u}{\partial \boldsymbol{n}} ds\Big) \Delta t$$

$$= \int_{\partial D} \kappa \nabla u \cdot \boldsymbol{n} \, ds \Delta t.$$

$$\therefore \ \frac{H(t + \Delta t) - H(t)}{\Delta t} = \int_{\partial D} \kappa \nabla u \cdot \boldsymbol{n} \, ds.$$

$\Delta t \to 0$ として

$$\frac{\partial H}{\partial t} = \int_{\partial D} \kappa \nabla u \cdot \boldsymbol{n} \, ds \tag{1.41}$$

$$= \iint_D \kappa \nabla \cdot (\nabla u) dx_1 dx_2 \tag{1.42}$$

$$= \iint_D \kappa \Delta u dx_1 dx_2. \tag{1.43}$$

ただし (1.41) から (1.42) への変形は Green の定理

$$\iint_D \Big(\frac{\partial v_1}{\partial x_1} + \frac{\partial v_2}{\partial x_2}\Big) dx_1 dx_2 = \int_{\partial D} (v_1 dx_2 - v_2 dx_1)$$

を

$$\iint_D \nabla \cdot \boldsymbol{v} dx_1 dx_2 = \int_{\partial D} \boldsymbol{v} \cdot \boldsymbol{n} ds \quad (\boldsymbol{v} = (v_1, \ v_2))$$

($\because\ dx_1 = -ds\cos\beta,\ dx_2 = ds\cos\alpha$, 183 頁 図 9.1 参照)

と書き直し $\boldsymbol{v} = \nabla u$ とおけば

$$\iint_D \nabla \cdot \nabla u dx_1 dx_2 = \int_{\partial D} \nabla u \cdot \boldsymbol{n} ds.$$

よって (1.41) と (1.42) は等しい.

さらに $\nabla \cdot \nabla u = \Delta u$ $\Big(\Delta u = \frac{\partial^2 u}{\partial x_1^2} + \frac{\partial^2 u}{\partial x_2^2}\Big)$ であるから (1.42) から (1.43) が従う. よって (1.40) と (1.43) より

$$\iint_D c\rho \frac{\partial u}{\partial t} dx_1 dx_2 = \iint_D \kappa \Delta u dx_1 dx_2.$$

$$\therefore \iint_D \Big(c\rho \frac{\partial u}{\partial t} - \kappa \Delta u\Big) dx_1 dx_2 = 0.$$

D は Ω 内の任意の領域であったから被積分関数の連続性により

$$c\rho \frac{\partial u}{\partial t} - \kappa \Delta u = 0 \quad \forall P \in \Omega.$$

$$\therefore \frac{\partial u}{\partial t} = \widetilde{\kappa} \Delta u \quad \Big(\widetilde{\kappa} = \frac{\kappa}{c\rho}\Big).$$

これは (**2 次元**) **熱方程式**と呼ばれる. 時間 t が十分経過して熱の流れが平衡状態 $\big(\frac{\partial u}{\partial t} = 0\big)$ に達したいわゆる定常状態では $\Delta u = 0$ となって u は Laplace の方程式 $\Delta u = 0$ をみたす.

上記方程式の導出において単位時間あたり $f(P)$ の熱量が外部から物体の各点 $P \in \Omega$ に加えられるならば

$$\iint_D c\rho u\, dx_1 dx_2 = \iint_D \kappa \Delta u\, dx_1 dx_2 + \iint_D f(x_1,\ x_2) dx_1 dx_2.$$
$$\therefore\ \iint_D (c\rho u - \kappa \Delta u - f(x_1,\ x_2)) dx_1 dx_2 = 0.$$

D は Ω 内の任意の領域であったから再び

$$c\rho u - \kappa \Delta u - f(P) = 0 \quad \forall P \in \Omega.$$
$$\therefore\ -\kappa \Delta u(P) + c\rho u(P) = f(P) \quad \forall P \in \Omega. \tag{1.44}$$

この導出において物体が均質でなければ κ, $c\rho$ は定数ではなくて $\boldsymbol{x} = (x_1,\ x_2)$ の関数であり,前節の注意と併せて,(1.44) または

$$-\sum_{i=1}^{2} \frac{\partial}{\partial x_i}\Big(\alpha_i^2(P)\frac{\partial u(P)}{\partial x_i}\Big) + r(P)u(P) = f(P), \quad P \in \Omega \tag{1.45}$$

は (1.7) の 2 次元への自然な拡張である (逆に (1.7) は (1.44), (1.45) の 1 次元版ともみなされる).

また f の与え方をかえれば非線形偏微分方程式

$$-\Delta u = f(P,\ u), \quad P = (x_1,\ x_2) \in \Omega \tag{1.46}$$

が得られる.このとき Ω の境界 $\partial\Omega$ において物体の温度を指定すれば (1.37) に記した 2 次元 Dirichlet 型境界値問題となる.この境界値問題の解の存在については Courant-Hilbert[7] を参照されたい.

■**注意 1.2** (1.44) の数値的取り扱いについては村田ほか[21]が参考になる.

■**注意 1.3** 微分方程式は自然現象の数学的表現であるから,方程式が与えられれば解の存在は当然と思われるかも知れないが,解のない方程式の存在が知られている (Schechter[24] 参照).

■**注意 1.4** 境界値問題に対する数値解の精度保証を遥かに見据えた論文として,Urabe[30] がある.広島大学,京都大学,九州大学各教授を歴任,我が国応用数学界の重鎮の 1 人であった故占部実先生 (1912–1975) の先見の明にはただただ脱帽のほかはない.

第2章　2点境界値問題

2.1　2点境界値問題

$E = (a, b)$ (有界開区間), $\bar{E} = [a, b]$, $p(x) \in C^1(\bar{E})$, $p(x) > 0$ かつ $q(x), r(x) \in C(\bar{E})$ として

$$\mathcal{L}u = -\frac{d}{dx}\left(p(x)\frac{du}{dx}\right) + q(x)\frac{du}{dx} + r(x)u \quad (x \in E), \tag{2.1}$$

$$B_1(u) = \alpha_0 u(a) - \alpha_1 u'(a), \quad (\alpha_0, \alpha_1) \neq (0, 0), \quad \alpha_i \geq 0 \quad (i=0,1), \tag{2.2}$$

$$B_2(u) = \beta_0 u(b) + \beta_1 u'(b), \quad (\beta_0, \beta_1) \neq (0, 0), \quad \beta_i \geq 0 \quad (i=0,1), \tag{2.3}$$

$$\alpha_0 + \beta_0 > 0, \tag{2.4}$$

$$\mathcal{D} = \left\{u \in C^2(\bar{E}) \mid B_1(u) = B_2(u) = 0\right\} \tag{2.5}$$

とおく.ただし $\alpha_0 = 0$ のときは $\alpha_1 = 1$ ($\alpha_1 = 0$ のときは $\alpha_0 = 1$), また $\beta_0 = 0$ のときは $\beta_1 = 1$ ($\beta_1 = 0$ のときは $\beta_0 = 1$) と約束する.

このとき与えられた関数 $f \in C(\bar{E})$ に対して

$$\mathcal{L}u = f \quad (x \in E), \tag{2.6}$$

$$u \in \mathcal{D} \tag{2.7}$$

をみたす u を求める問題を考える (これを**一般 Sturm-Liouville 型 (2 点) 境界値問題**という).

本章の目的は,

(i) (2.6), (2.7) の解の一意存在のための十分条件

(ii) 一意解が存在するとき，Green 関数による解の積分表示につき述べると共に，Green 関数の性質を詳述することである．

本節では (i) を中心に述べ，次節で (ii) を，さらに §2.3 において Green 関数の性質を述べる．また簡単な問題に対する Green 関数の具体例を §2.4 に与える．

定理 2.1 (2.6), (2.7) に対し，次の 3 つの条件は互いに同値である．

(i) $\mathcal{L}u = 0, \quad u \in \mathcal{D} \Rightarrow u = 0.$
(ii) $u, v \in \mathcal{D}, \quad u \neq v \Rightarrow \mathcal{L}u \neq \mathcal{L}v.$
(iii) φ_1, φ_2 を $\mathcal{L}u = 0$ の基本解 ($\bar{E}$ 上 1 次独立な解) とするとき，行列

$$B = \begin{pmatrix} B_1(\varphi_1) & B_1(\varphi_2) \\ B_2(\varphi_1) & B_2(\varphi_2) \end{pmatrix} = \bigl(B_i(\varphi_j)\bigr)$$

は正則である．

【証明】 (i) $\Rightarrow$ (ii)　仮にある $u, v \in \mathcal{D}, u \neq v$ に対して $\mathcal{L}u = \mathcal{L}v$ となったとすれば $w = u - v$ とおくとき $\mathcal{L}w = \mathcal{L}u - \mathcal{L}v = 0$ かつ $w \in \mathcal{D}$ である．よって仮定 (i) により $w = 0$．しかし $u \neq v$ より $w \neq 0$ であるこからこれは矛盾である．

(ii) $\Rightarrow$ (iii)　仮に B が正則でないとすれば $B\boldsymbol{c} = \boldsymbol{0}$ をみたす $\boldsymbol{c} = (c_1, c_2) \neq (0, 0)$ がある．このとき $u = c_1\varphi_1 + c_2\varphi_2$ とおけば $u \neq 0$ ($\because \varphi_1, \varphi_2 : 1$ 次独立) で

$$\mathcal{L}u = \mathcal{L}(c_1\varphi_1 + c_2\varphi_2) = c_1\mathcal{L}\varphi_1 + c_2\mathcal{L}\varphi_2 = 0.$$

よって $v = 0$ とおけば $u, v \in \mathcal{D}$ かつ $u \neq v$ であるにもかかわらず $\mathcal{L}u = 0 = \mathcal{L}v$ となって仮定 (ii) に反する．

(iii) $\Rightarrow$ (i)　$\mathcal{L}u = 0$ の一般解は

$$u = c_1\varphi_1 + c_2\varphi_2 \quad (c_1, c_2 : 任意定数)$$

とかけるから

$$u \in \mathcal{D} \Leftrightarrow B_1(u) = B_2(u) = 0$$
$$\Leftrightarrow B_i(c_1\varphi_1 + c_2\varphi_2) = 0, \quad i = 1, 2$$
$$\Leftrightarrow B_i(\varphi_1)c_1 + B_i(\varphi_2)c_2 = 0, \quad i = 1, 2$$
$$\Leftrightarrow B \begin{pmatrix} c_1 \\ c_2 \end{pmatrix} = 0.$$

仮定により B は正則であるから $c_1 = c_2 = 0$. $\therefore u = 0$.

よって (iii) から (i) が従う. 証明終 ∎

定義 2.1 写像 (微分作用素) $\mathcal{L} : \mathcal{D} \to C(\bar{E})$ が定理 2.1 の条件の 1 つをみたすとき $(\mathcal{L}, \mathcal{D})$ は**単射** (**injection**) であるという.

定理 2.2 $(\mathcal{L}, \mathcal{D})$ が単射のとき境界値問題 (2.6), (2.7) は与えられた $f \in C(\bar{E})$ に対して一意解をもつ.

【証明】 常微分方程式論においてよく知られているように 2 階線形微分方程式の初期値問題
$$\mathcal{L}u = f, \quad u(a) = u'(a) = 0$$

はただ 1 つの解をもつ. それを ψ とする. φ_1, φ_2 を $\mathcal{L}u = 0$ の基本解とすれば $\mathcal{L}u = f$ の一般解は

$$u = c_1\varphi_1 + c_2\varphi_2 + \psi \quad (c_1, c_2 : \text{任意定数})$$

とかけるから, c_1, c_2 をただ 1 通りに定めて $u \in \mathcal{D}$ とできることを示せばよい.

$$u \in \mathcal{D} \Leftrightarrow B_i(c_1\varphi_1 + c_2\varphi_2 + \psi) = 0, \quad i = 1, 2$$
$$\Leftrightarrow \begin{pmatrix} B_1(\varphi_1) & B_1(\varphi_2) \\ B_2(\varphi_1) & B_2(\varphi_2) \end{pmatrix} \begin{pmatrix} c_1 \\ c_2 \end{pmatrix} = -\begin{pmatrix} B_1(\psi) \\ B_2(\psi) \end{pmatrix}. \quad (2.8)$$

定理 2.1 によって $(\mathcal{L}, \mathcal{D})$ が単射のとき, 係数行列 $B = \bigl(B_i(\varphi_j)\bigr)$ は正則であるから (2.8) は一意解 c_1, c_2 をもつ. したがって (2.6), (2.7) の解は一意に定まる. 証明終 ∎

定理 2.3 $(\mathcal{L}, \mathcal{D})$ は次の性質をもつ.

(i) $q(x) = 0, x \in \overline{E}$ ならば $\mathcal{L}$ は $\mathcal{D}$ 上対称である. すなわち
$$(\mathcal{L}u, v) = (u, \mathcal{L}v) \quad \forall u, v \in \mathcal{D}.$$
ただし 2 つの連続関数 φ, ψ に対し
$$(\varphi, \psi) = \int_a^b \varphi(x)\psi(x)dx$$
と定める.

(ii) $q(x) = 0, r(x) \geq 0, x \in \overline{E}$ ならば $\mathcal{L}$ は $\mathcal{D}$ 上正値である. すなわち
$$(\mathcal{L}u, u) > 0 \quad \forall u \, (\neq 0) \in \mathcal{D}.$$

(iii) $r(x) \geq 0, x \in \overline{E}$ ならば, $q(x)$ とは無関係に $(\mathcal{L}, \mathcal{D})$ は単射である.

【証明】 (i) と (ii) は定理 1.1 で済んでいる.

(iii) $r \geq 0$ のとき
$$\mathcal{L}u = 0, \, u \in \mathcal{D} \, \Rightarrow \, u = 0$$
を示そう. (2.1) を展開して
$$-pu'' + (q - p')u' + ru = 0.$$
$$\therefore \, -u'' + \frac{q - p'}{p}u' + \frac{r}{p}u = 0.$$
ここで (1.1) から (1.7) を導いた技法を用い, 上式の両辺に左から
$$P(x) = e^{-\int_a^x \{q(t) - p'(t)\}/p(t)dt}$$
をかければ
$$\widetilde{\mathcal{L}}u \equiv -\frac{d}{dx}\left(P(x)\frac{du}{dx}\right) + R(x)u = 0 \quad \left(R(x) = \frac{r(x)}{p(x)}P(x)\right) \tag{2.9}$$

かつ $u \in \mathcal{D}$.

$r(x) \geq 0$ のとき $R(x) \geq 0$ であるから (ii) の結果を $(\widetilde{\mathcal{L}}, \mathcal{D})$ に適用して

$$(\widetilde{\mathcal{L}}u,\ u) > 0 \quad \forall\ u(\neq 0) \in \mathcal{D}.$$

したがって

$$\widetilde{\mathcal{L}}u = 0,\ u \in \mathcal{D} \Rightarrow u = 0.$$

$\left(\begin{array}{l}\text{実際,ある } u \neq 0 \text{ に対して} \widetilde{\mathcal{L}}u = 0,\ u \in \mathcal{D} \text{ とすれば}\\ (\widetilde{\mathcal{L}}u,\ u) = (0,\ u) = 0 \text{ となり},\ (\widetilde{\mathcal{L}}u,\ u) > 0 \text{ と矛盾する}.\end{array}\right)$

明らかに

$$\mathcal{L}u = 0,\ u \in \mathcal{D} \Leftrightarrow \widetilde{\mathcal{L}}u = 0,\ u \in \mathcal{D}$$

であるから定理 2.1 の条件 (i) が成り立ち，$(\mathcal{L}, \mathcal{D})$ は単射である． 証明終 ■

> **系 2.3.1** $r(x) \geq 0 \quad (x \in \overline{E})$ ならば境界値問題 (2.6), (2.7) は一意解 $u \in C^2(\overline{E})$ をもつ.

【証明】 定理 2.3 (iii) と定理 2.2 による． 証明終 ■

2.2 Green 作用素と Green 関数

一般 Sturm-Liouville 型 2 点境界値問題 (2.6), (2.7) において，$(\mathcal{L}, \mathcal{D})$ が単射のとき，その逆作用素として Green 作用素 $\mathcal{G} = \mathcal{L}^{-1} : C(\overline{E}) \to D$ が定義される．以下に示すように $\mathcal{G}$ は適当な関数 $G(x, \xi)$ を核にもつ積分作用素であって，(2.6), (2.7) の解は

$$u(x) = \mathcal{G}f(x) = \int_a^b G(x,\ \xi)f(\xi)d\xi$$

の形にかくことができる (定理 2.4)．この節の目的はこの定理を証明することである．

まず次の補題を証明する.

補題 2.1 $\varphi(x)$ と $\psi(x)$ をそれぞれ初期値問題

$$\mathcal{L}u = 0, \quad x \in \overline{E}, \quad u(a) = \alpha_1, \quad u'(a) = \alpha_0,$$
$$\mathcal{L}u = 0, \quad x \in \overline{E}, \quad u(b) = \beta_1, \quad u'(b) = -\beta_0$$

の解とし, φ, ψ のつくる Wronski 行列式を $W(\varphi, \psi)(x)$ とする.

このとき $(\mathcal{L}, \mathcal{D})$ が単射ならば

$$W(\varphi, \psi)(x) \neq 0 \quad \forall x \in \overline{E}. \tag{2.10}$$

すなわち φ, ψ は $\overline{E}$ 上 1 次独立である.

【証明】 $(\psi(b), \psi'(b)) = (\beta_1, -\beta_0) \neq (0, 0)$ より $\psi \neq 0$ かつ

$$B_2(\psi) = \beta_0 \psi(b) + \beta_1 \psi'(b) = \beta_0 \beta_1 + \beta_1(-\beta_0) = 0.$$

$$\therefore B_1(\psi) \neq 0.$$

$$\left(\begin{array}{l}\because \text{仮に } B_1(\psi) = 0 \text{ ならば } B_2(\psi) = 0 \text{ と併せて } \psi \in \mathcal{D} \text{ かつ } \psi \neq 0. \\ \text{よって } (\mathcal{L}, \mathcal{D}) \text{ は単射でない. これは仮定に反する.}\end{array}\right)$$

さてよく知られているように

ある $x_0 \in \overline{E}$ について $W(\varphi, \psi)(x_0) \neq 0 \Leftrightarrow W(\varphi, \psi)(x) \neq 0 \quad \forall x \in \overline{E}$

(山本 [37] 系 3.7.1 参照) であるが

$$W(\varphi, \psi)(a) = \left|\begin{array}{cc} \varphi(a) & \psi(a) \\ \varphi'(a) & \psi'(a) \end{array}\right|$$
$$= \left|\begin{array}{cc} \alpha_1 & \psi(a) \\ \alpha_0 & \psi'(a) \end{array}\right| = -B_1(\psi) \neq 0$$

であるから (2.10) が成り立つ. したがって φ, ψ は $\overline{E}$ 上 1 次独立である (山本 [37] 定理 3.8 参照). 証明終 ■

定理 2.4 $(\mathcal{L}, \mathcal{D})$ は単射であると仮定する. $\varphi(x), \psi(x)$ を補題 2.1 のよ

うに定義し

$$G(x,\ \xi) = -\frac{1}{p(\xi)W(\varphi,\ \psi)(\xi)} \begin{cases} \varphi(x)\psi(\xi) & (x \leq \xi) \\ \varphi(\xi)\psi(x) & (x > \xi) \end{cases} \quad (2.11)$$

とおけば，(2.6), (2.7) の一意解は

$$u(x) = \int_a^b G(x,\ \xi)f(\xi)d\xi \quad (2.12)$$

とかける．

【証明】 記号の簡単のため $w(x) = -p(x)W(\varphi,\ \psi)(x)$ とおく．$(\mathcal{L},\ \mathcal{D})$ は単射であるから補題 2.1 によって $w(x) \neq 0 \quad \forall\, x \in \overline{E}$ である．よって (2.11) は定義される．

ここで (2.12) により定義される関数 $u(x)$ が (2.6), (2.7) をみたすことを示せばよい．(2.12) を

$$\begin{aligned}
u(x) &= \int_a^x + \int_x^b G(x,\ \xi)f(\xi)d\xi \\
&= \psi(x)\int_a^x \frac{\varphi(\xi)}{w(\xi)}f(\xi)d\xi + \varphi(x)\int_x^b \frac{\psi(\xi)}{w(\xi)}f(\xi)d\xi \quad (2.13)
\end{aligned}$$

とかき直せば

$$\begin{aligned}
u'(x) &= \psi'(x)\int_a^x \frac{\varphi(\xi)}{w(\xi)}f(\xi)d\xi + \psi(x)\cdot\frac{\varphi(x)}{w(x)}f(x) \\
&\quad + \varphi'(x)\int_x^b \frac{\psi(\xi)}{w(\xi)}f(\xi)d\xi - \varphi(x)\frac{\psi(x)}{w(x)}f(x) \\
&= \psi'(x)\int_a^x \frac{\varphi(\xi)}{w(\xi)}f(\xi)d\xi + \varphi'(x)\int_x^b \frac{\psi(\xi)}{w(\xi)}f(\xi)d\xi. \quad (2.14)
\end{aligned}$$

$$\therefore\ p(x)u'(x) = p(x)\psi'(x)\int_a^x \frac{\varphi(\xi)}{w(\xi)}f(\xi)d\xi + p(x)\varphi'(x)\int_x^b \frac{\psi(\xi)}{w(\xi)}f(\xi)d\xi.$$

$$\therefore\ \bigl(p(x)u'(x)\bigr)' = \bigl(p(x)\psi'(x)\bigr)'\int_a^x \frac{\varphi(\xi)}{w(\xi)}f(\xi)d\xi + p(x)\psi'(x)\cdot\frac{\varphi(x)}{w(x)}f(x)$$

$$+ \bigl(p(x)\varphi'(x)\bigr)' \int_x^b \frac{\psi(\xi)}{w(\xi)} f(\xi)d\xi - p(x)\varphi'(x)\frac{\psi(x)}{w(x)}f(x)$$

$$= \bigl(p(x)\psi'(x)\bigr)' \int_a^x \frac{\varphi(\xi)}{w(\xi)} f(\xi)d\xi$$

$$+ \bigl(p(x)\varphi'(x)\bigr)' \int_x^b \frac{\psi(\xi)}{w(\xi)} f(\xi)d\xi - f(x).$$

$$q(x)u'(x) = q(x)\psi'(x)\int_a^x \frac{\varphi(\xi)}{w(\xi)}f(\xi)d\xi + q(x)\varphi'(x)\int_x^b \frac{\psi(\xi)}{w(\xi)}f(\xi)d\xi.$$

$$r(x)u(x) = r(x)\psi(x)\int_a^x \frac{\varphi(\xi)}{w(\xi)}f(\xi)d\xi + r(x)\varphi(x)\int_x^b \frac{\psi(\xi)}{w(\xi)}f(\xi)d\xi.$$

$$\therefore \mathcal{L}u = \bigl(\mathcal{L}\psi(x)\bigr)\int_a^x \frac{\varphi(\xi)}{w(\xi)}f(\xi)d\xi + \bigl(\mathcal{L}\varphi(x)\bigr)\int_x^b \frac{\psi(\xi)}{w(\xi)}f(\xi)d\xi + f(x)$$

$$= f(x) \quad (\because \mathcal{L}\psi = 0,\ \mathcal{L}\varphi = 0).$$

さらに (2.13), (2.14) より

$$B_1(u) = \alpha_0 u(a) - \alpha_1 u'(a) = B_1(\varphi)\int_a^b \frac{\psi(\xi)}{w(\xi)}f(\xi)d\xi = 0,$$

$$B_2(u) = \beta_0 u(b) + \beta_1 u'(b) = B_2(\psi)\int_a^b \frac{\varphi(\xi)}{w(\xi)}f(\xi)d\xi = 0.$$

$$\therefore u \in \mathcal{D}.$$

よって (2.12) は (2.6), (2.7) の一意解である. 証明終 ∎

(2.12) の右辺を $\mathcal{G}f$ とかけば $\mathcal{G}: C(\bar{E}) \to \mathcal{D}$ は $G(x, \xi)$ を核にもつ積分作用素である. $\mathcal{G}$ を $(\mathcal{L}, \mathcal{D})$ に対する **Green** (グリーン) 作用素, $G(x, \xi)$ を $(\mathcal{L}, \mathcal{D})$ に対する **Green** 関数という.

(2.11) より Green 関数 $G(x, \xi)$ は次の性質をもつ (各自検証されたい).

(i) $G(x, \xi) \in C([a,\ b] \times [a,\ b])$.

(ii) $G(x, \xi)$ は

$$\Omega_1 = \{(x,\ \xi) \mid a \leq x \leq \xi \leq b\}$$

および

$$\Omega_2 = \{(x,\ \xi) \mid a \leq \xi \leq x \leq b\}$$

において C^2 級で, $\xi \in (a, b)$ を固定するとき x の関数として

$$\lim_{\varepsilon \to +0} \frac{\partial G(x, \xi)}{\partial x}\bigg|_{x=\xi-\varepsilon}^{x=\xi+\varepsilon} = \frac{\partial G(\xi+0, \xi)}{\partial x} - \frac{\partial G(\xi-0, \xi)}{\partial x}$$
$$= -\frac{1}{p(\xi)}.$$

(iii) $\xi \in (a, b)$ を固定するとき, $x \in [a, \xi) \cup (\xi, b]$ の関数として

$$\mathcal{L}G(x, \xi) = 0, \quad B_i\big(G(x, \xi)\big) = 0, \quad i = 1, 2.$$

次節において Green 関数の性質をさらに詳しく述べる.

2.3　Green 関数の性質

補題 2.2　$\varphi(x)$ と $\psi(x)$ を補題 2.1 のように定める. 仮定 $r(x) \geq 0$, $x \in \overline{E}$ の下で次が成り立つ.

(i)　φ, ψ は $\overline{E}$ 上 1 次独立である.
(ii)　$\varphi(x) > 0 \quad (x \in E)$ かつ $\varphi'(x) \geq 0 \quad (x \in \overline{E})$.
(iii)　$\psi(x) > 0 \quad (x \in E)$ かつ $\psi'(x) \leq 0 \quad (x \in \overline{E})$.
(iv)　$w(x) = -p(x)W(\varphi, \psi)(x) > 0 \quad (x \in \overline{E})$.

【証明】　(i) 定理 2.3 (iii) と補題 2.1 による.

(ii) まず $\varphi(x) > 0 \quad \forall\, x \in E$ を 2 つの場合, (a) $q(x) = 0$ のときと (b) $q(x) \neq 0$ のときに分けて示そう.

(a) $q(x) = 0$ のとき. $\mathcal{L}\varphi = 0$ の両辺を a から x まで積分して

$$\begin{aligned} p(x)\varphi'(x) &= p(a)\varphi'(a) + \int_a^x r(t)\varphi(t)dt \\ &= p(a)\alpha_0 + \int_a^x r(t)\varphi(t)dt. \end{aligned} \quad (2.15)$$

また $\varphi(a) = \alpha_1 \geq 0$ かつ $\varphi'(a) = \alpha_0 \geq 0$, $\alpha_0 + \alpha_1 > 0$.

(a.1) $\alpha_0 = 0$ のとき. $\varphi(a) = \alpha_1 > 0$ より $x = a$ の適当な右近傍で $\varphi(x) > 0$

であるが $\varphi(x) = 0$ なる $x \in E$ は存在しない．なぜならば，仮にある点 $c \in E$ で $\varphi(c) = 0$ かつ $\varphi(x) > 0$ $(a < x < c)$ とすれば平均値定理によって

$$\varphi'(\xi) < 0$$

となる $\xi \in (a, c)$ が存在するが (2.15) より

$$p(\xi)\varphi'(\xi) = \int_a^\xi r(t)\varphi(t)dt \geq 0. \quad \therefore \ \varphi'(\xi) \geq 0.$$

これは矛盾である．

よって $\varphi(x) > 0 \quad \forall \ x \in E$ である．

(a.2) $\alpha_0 > 0$ のとき．このとき $\varphi'(a) = \alpha_0 > 0$ かつ $\varphi(a) = \alpha_1 \geq 0$ より適当な $\delta > 0$ を定めて $\varphi(x) > 0 \quad (a < x < a + \delta)$ となるが，このときも $\varphi(x) = 0$ となる $x \in E$ は存在しない．実際，ある点 $d \in E$ で $\varphi(d) = 0$ となればそのような d の下限 (§4.1 付記参照) をあらためて d とするとき，再び平均値定理を用いて $\varphi'(\eta) < 0$ となる $\eta \in (a, d)$ がある．このとき (2.15) より

$$p(\eta)\varphi'(\eta) = p(a)\alpha_0 + \int_a^\eta r(t)\varphi(t)dt \geq p(a)\alpha_0 > 0.$$

$$(\because \ a < x < d \text{ のとき } \varphi(x) > 0.)$$

$$\therefore \ \varphi'(\eta) > 0.$$

これは矛盾である．

よってこのときも $\varphi(x) > 0 \quad \forall \ x \in E$.

(b) $q(x) \not\equiv 0$ のときも $\varphi(x) > 0 \quad (x \in E)$ である．これをみるには，(2.9) で $R(x) \geq 0$ であるから (a) の結果を $(\widetilde{\mathcal{L}}, \mathcal{D})$ に適用すればよい．

これで (a), (b) いずれの場合でも $\varphi(x) > 0 \quad (x \in E)$ である．よって $q(x) \equiv 0$ のときは (2.15) より $p(x)\varphi'(x) \geq 0$，したがって $\varphi'(x) \geq 0 \quad \forall \ x \in \overline{E}$ が従う．また $q(x) \not\equiv 0$ のときも

$$P(x)\varphi'(x) = P(a)\varphi'(a) + \int_a^x R(t)\varphi(t)dt \geq 0$$

より $\varphi'(x) \geq 0$ が従う．

(iii) (ii) と同様である．$q(x) \equiv 0$ の場合には，今度は (2.15) の代わりに

$$p(x)\psi'(x) = p(b)\psi'(b) + \int_b^x r(t)\psi(t)dt$$
$$= -p(b)\beta_0 + \int_b^x r(t)\psi(t)dt$$

を用いればよい．また $q(x) \neq 0$ のときは上式を

$$P(x)\psi'(x) = -P(b)\beta_0 + \int_b^x R(t)\psi(t)dt$$

でおきかえる．

(iv) (ii) と (iii) によって

$$w(x) = -p(x)W(\varphi, \psi)(x)$$
$$= -p(x)\big(\varphi(x)\psi'(x) - \varphi'(x)\psi(x)\big) \geq 0$$

であるが，(i) によって φ, ψ は $\overline{E}$ 上 1 次独立であるから $W(\varphi, \psi)(x) \neq 0 \quad \forall x \in \overline{E}$ である．よって $w(x) > 0 \quad \forall x \in \overline{E}$ である． 証明終 ∎

さて (2.1) において $r(x) \geq 0 \quad (x \in \overline{E})$ とすれば定理 2.3 (iii) によって $(\mathcal{L}, \mathcal{D})$ は単射であり，定理 2.4 によって Green 関数 $G(x, \xi)$ が存在する．このとき，p, q を固定し (2.1) の $\mathcal{L}$ を $\mathcal{L}_r$ であらわす．

定理 2.5 (2.1) の作用素を $\mathcal{L}_r$ であらわし，$r(x) \geq 0 \quad \forall x \in \overline{E}$ とする．このとき対応する Green 関数 $G_r(x, \xi)$ は次の性質をもつ．

(i) (正値性) $G_r(x, \xi) > 0 \quad \forall x, \xi \in E$．
(ii) (単調性) $0 \leq r(x) \leq s(x) \quad (x \in \overline{E})$ ならば
$$G_r(x, \xi) \geq G_s(x, \xi) \quad (x, \xi \in E).$$

【証明】 (i) $(\mathcal{L}_r, \mathcal{D})$ に対する補題 2.1 の関数 φ, ψ をそれぞれ φ_r, ψ_r であらわせば，補題 2.2 によって

$$\varphi_r(x) > 0 \quad (x \in E), \quad \varphi_r'(x) \geq 0 \quad (x \in \overline{E}),$$
$$\psi_r(x) > 0 \quad (x \in E), \quad \psi_r'(x) \leq 0 \quad (x \in \overline{E}),$$

$$w(x) = -p(x)W(\varphi_r, \psi_r)(x) > 0 \quad (x \in \overline{E}).$$

よって (2.11) より $G_r(x, \xi) > 0 \quad (x, \xi \in E)$.

(ii) $G_r(x, \xi)$ に対応する Green 作用素を $\mathcal{G}_r$ であらわす. $\mathcal{G}_r = \mathcal{L}_r^{-1}$, $\mathcal{G}_s = \mathcal{L}_s^{-1}$ であるから $f \in C(\overline{E})$ に対し

$$\begin{aligned}
\mathcal{G}_r f - \mathcal{G}_s f &= -\mathcal{G}_r(\mathcal{L}_r - \mathcal{L}_s)\mathcal{G}_s f \\
&= -\mathcal{G}_r\bigl(r(x) - s(x)\bigr)\mathcal{G}_s f \\
&= -\int_a^b \Bigl\{ G_r(x, \xi)\bigl(r(\xi) - s(\xi)\bigr) \int_a^b G_s(\xi, \eta) f(\eta) d\eta \Bigr\} d\xi \\
&= \int_a^b \Bigl\{ G_r(x, \xi)\bigl(s(\xi) - r(\xi)\bigr) \int_a^b G_s(\xi, \eta) f(\eta) d\eta \Bigr\} d\xi.
\end{aligned}$$

$G_r(x, \xi), G_s(\xi, \eta) > 0 \quad (x, \xi, \eta \in E)$ であるから $0 \leq r(x) \leq s(x) \quad (x \in \overline{E})$ のとき

$$\mathcal{G}_r f - \mathcal{G}_s f \geq 0 \quad \forall f \geq 0$$

すなわち

$$\int_a^b \bigl\{ G_r(x, \xi) - G_s(x, \xi) \bigr\} f(\xi) d\xi \geq 0 \quad \forall f \in C(\overline{E}),\ f \geq 0. \quad (2.16)$$

これより

$$G_r(x, \xi) - G_s(x, \xi) \geq 0 \quad (x, \xi \in E)$$

が結論される. なぜならば仮にある点 $(x_0, \xi_0) \in E \times E$ で $G_r(x_0, \xi_0) - G_s(x_0, \xi_0) < 0$ とすれば (x_0, ξ_0) の十分小さい近傍 $U = (x_0 - \delta, x_0 + \delta) \times (\xi_0 - \delta, \xi_0 + \delta) \quad (\delta > 0)$ において

$$G_r(x, \xi) - G_s(x, \xi) < 0$$

となる. よって $E_0 = (\xi_0 - \frac{1}{2}\delta, \xi_0 + \frac{1}{2}\delta)$ とおくとき, $\overline{E}$ 上の連続関数 f を

$$f(\xi) > 0 \quad (\xi \in E_0) \quad \text{かつ} \quad f(\xi) = 0 \quad (\xi \notin E_0)$$

をみたすようにとれば $(x, \xi) \in (x_0 - \delta, x_0 + \delta) \times E_0$ のとき

$$\int_a^b \Big\{G_r(x,\ \xi) - G_s(x,\ \xi)\Big\} f(\xi) d\xi$$
$$= \int_{\xi_0 - \frac{1}{2}\delta}^{\xi_0 + \frac{1}{2}\delta} \Big\{G_r(x,\ \xi) - G_s(x,\ \xi)\Big\} f(\xi) d\xi < 0.$$

これは (2.16) と矛盾する. 　　　　　　　　　　　　　　証明終 ■

> **定理 2.6** 定理 2.4 において $q(x) \equiv 0$ かつ $r(x) \geq 0$ $(x \in \overline{E})$ とする. このとき次が成り立つ.
>
> (i) $\displaystyle G(x,\ \xi) = -\frac{1}{p(a)W(\varphi,\ \psi)(a)} \begin{cases} \varphi(x)\psi(\xi) & (x \leq \xi) \\ \varphi(\xi)\psi(x) & (x > \xi) \end{cases}.$
>
> (ii) (対称性) $G(x,\ \xi) = G(\xi,\ x)$ $(x,\ \xi \in \overline{E})$.
>
> (iii) (最大性) $G(x,\ \xi) \leq G(x,\ x)$ $(x,\ \xi \in \overline{E})$.

【証明】 (i) $w(x) \equiv -p(x)W(\varphi,\ \psi)(x) = -\begin{vmatrix} \varphi & \psi \\ p\varphi' & p\psi' \end{vmatrix}.$

$$\therefore w'(x) = -\frac{d}{dx}\begin{vmatrix} \varphi & \psi \\ p\varphi' & p\psi' \end{vmatrix}$$
$$= -\begin{vmatrix} \varphi' & \psi' \\ p\varphi' & p\psi' \end{vmatrix} - \begin{vmatrix} \varphi & \psi \\ (p\varphi')' & (p\psi')' \end{vmatrix}$$
$$= -\begin{vmatrix} \varphi & \psi \\ r\varphi & r\psi \end{vmatrix} = 0.$$

よって $w(x)$ は定数で $w(x) = w(a)$ 　$\forall x \in \overline{E}$ である.

(ii) (i) によって
$$G(x,\ \xi) = \frac{1}{w(a)} \begin{cases} \varphi(x)\psi(\xi) & (x \leq \xi) \\ \varphi(\xi)\psi(x) & (x > \xi) \end{cases} = G(\xi,\ x).$$

(iii) 補題 2.2 (ii), (iii) によって

$$x \leq \xi \Rightarrow \psi(\xi) \leq \psi(x) \quad (\because \psi' \leq 0),$$
$$x \geq \xi \Rightarrow \varphi(x) \geq \varphi(\xi) \quad (\because \varphi' \geq 0).$$

よって

$$G(x, \xi) = \frac{1}{w(a)} \begin{cases} \varphi(x)\psi(\xi) & (x \leq \xi) \\ \varphi(\xi)\psi(x) & (x > \xi) \end{cases}$$
$$\leq \frac{1}{w(a)} \begin{cases} \varphi(x)\psi(x) & (x \leq \xi) \\ \varphi(x)\psi(x) & (x > \xi) \end{cases} = G(x, x).$$

($\because$ 補題 2.2 (iv) によって $w(a) > 0$.) 証明終 ∎

2.4　Green 関数の例

例 2.1
$$\mathcal{L}u = -\frac{d}{dx}\Big(p(x)\frac{du}{dx}\Big), \quad x \in E = (a, b),$$
$$B_1(u) = \alpha_0 u(a) - \alpha_1 u'(a),$$
$$B_2(u) = \beta_0 u(b) + \beta_1 u'(b),$$
$$\mathcal{D} = \{u \in C^2(\overline{E}) \mid B_1(u) = B_2(u) = 0\}$$

のとき, $(\mathcal{L}, \mathcal{D})$ に対する Green 関数は

$$G(x, \xi) = \frac{1}{\Delta_0} \begin{cases} \Big(\frac{\alpha_1}{p(a)} + \alpha_0 \int_a^x \frac{dt}{p(t)}\Big)\Big(\frac{\beta_1}{p(b)} + \beta_0 \int_\xi^b \frac{dt}{p(t)}\Big) & (x \leq \xi) \\ \Big(\frac{\alpha_1}{p(a)} + \alpha_0 \int_a^\xi \frac{dt}{p(t)}\Big)\Big(\frac{\beta_1}{p(b)} + \beta_0 \int_x^b \frac{dt}{p(t)}\Big) & (x > \xi) \end{cases}$$
$$\leq G(x, x). \tag{2.17}$$

ただし

$$\Delta_0 = \alpha_0 \Big(\frac{\beta_1}{p(b)} + \beta_0 \int_a^b \frac{dt}{p(t)}\Big) + \frac{\alpha_1 \beta_0}{p(a)} > 0 \quad (\because \alpha_0 + \beta_0 > 0, \ \alpha_0 + \alpha_1 > 0).$$

実際, $\mathcal{L}u = 0$, $u(a) = \alpha_1$, $u'(a) = \alpha_0$ の解 φ は

$$\varphi(x) = \alpha_1 + \alpha_0 p(a) \int_a^x \frac{dt}{p(t)}.$$

また $\mathcal{L}u = 0$, $u(b) = \beta_1$, $u'(b) = -\beta_0$ の解 ψ は

$$\psi(x) = \beta_1 + \beta_0 p(b) \int_x^b \frac{dt}{p(t)}$$

である．さらに

$$w(a) = -p(a) W(\varphi, \ \psi)(a)$$

$$= -p(a) \begin{vmatrix} \alpha_1 & \beta_1 + \beta_0 p(b) \int_a^b \frac{dt}{p(t)} \\ \alpha_0 & -\beta_0 \dfrac{p(b)}{p(a)} \end{vmatrix}$$

$$= p(a) \Big(\alpha_1 \beta_0 \frac{p(b)}{p(a)} + \alpha_0 \beta_1 + \alpha_0 \beta_0 p(b) \int_a^b \frac{dt}{p(t)} \Big)$$

$$= p(a) p(b) \Delta_0.$$

よって定理 2.6 (i) より (2.17) が得られる．

例 2.2 例 2.1 の特別な場合として，

$$\mathcal{L}u = -\frac{d^2 u}{dx^2} \quad (x \in E = (a, \ b)),$$
$$\mathcal{D} = \big\{ u \in C^2(\overline{E}) \mid u(a) = u(b) = 0 \big\}$$

を考えれば，$(\mathcal{L}, \ \mathcal{D})$ に対する Green 関数は (2.17) で $p = 1$, $\alpha_0 = \beta_0 = 1$, $\alpha_1 = \beta_1 = 0$ として $\Delta_0 = b - a$ かつ

$$G(x, \ \xi) = \frac{1}{b - a} \begin{cases} (x - a)(b - \xi) & (x \leq \xi) \\ (\xi - a)(b - x) & (x > \xi) \end{cases}.$$

$E = (0, \ 1)$ の場合に，便宜上 ξ を y でおきかえ，$z = G(x, y)$ $(0 \leq x, y \leq 1)$ のグラフを図 2.1 に示す．

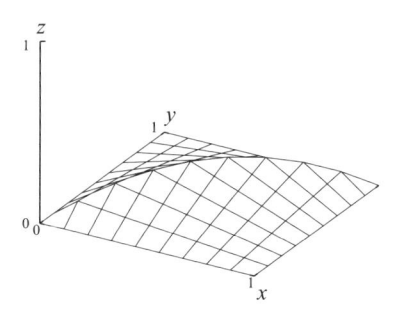

図 **2.1** 例 2.2 に対する Green 関数 $G(x,\ y),\quad E=(0,\ 1)$

例 **2.3**
$$\mathcal{L}u = -\frac{d}{dx}\Big(p(x)\frac{du}{dx}\Big) \quad (x \in E = (a,\ b)),$$
$$\mathcal{D} = \big\{u \in C^2(\bar{E}) \mid u(a) = u'(b) = 0\big\}$$

に対する Green 関数は (2.17) で $\alpha_0 = \beta_1 = 1,\ \alpha_1 = \beta_0 = 0$ として

$$G(x,\ \xi) = \begin{cases} \displaystyle\int_a^x \frac{dt}{p(t)} & (x \leq \xi) \\ \displaystyle\int_a^\xi \frac{dt}{p(t)} & (x > \xi) \end{cases}.$$

$E = (0,\ 1),\ p(x) = x+2$ の場合に, $z = G(x,\ y)\quad(0 \leq x,\ y \leq 1)$ のグラフを図 2.2 に示す.

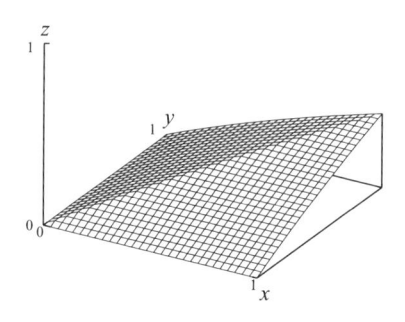

図 **2.2** 例 2.3 に対する Green 関数 $G(x,\ y),\quad E=(0,\ 1),\quad p(x)=x+2$

例 2.4
$$\mathcal{L}u = -\frac{d^2 u}{dx^2} + k^2 u \quad (x \in E = (0,\ 1)),$$
$$\mathcal{D} = \left\{ u \in C^2[0,\ 1] \ \middle|\ u(0) = u(1) = 0 \right\}$$

のとき

$$G(x,\ \xi) = \frac{1}{k \sinh k} \begin{cases} \sinh kx \sinh k(1-\xi) & (x \leq \xi) \\ \sinh k\xi \sinh k(1-x) & (x > \xi) \end{cases}. \tag{2.18}$$

実際, $\varphi(x) = \sinh kx$ と $\psi(x) = \sinh k(1-x)$ はそれぞれ初期値問題

$$\mathcal{L}u = 0, \quad u(0) = 0, \quad u'(0) = 1,$$
$$\mathcal{L}u = 0, \quad u(1) = 0, \quad u'(1) = -1$$

の解であり

$$\begin{aligned} w(0) &= -p(0) W(\varphi,\ \psi)(0) \\ &= -\bigl(\varphi(0)\psi'(0) - \varphi'(0)\psi(0)\bigr) \\ &= \varphi'(0)\psi(0) = k \sinh k \end{aligned}$$

であるから (2.18) は (2.17) から従う.

$k = 1$ として $z = G(x,\ y) \quad (0 \leq x,\ y \leq 1)$ のグラフを図 2.3 に示す.

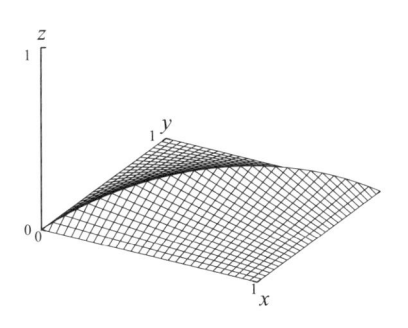

図 2.3 例 2.4 に対する Green 関数 $G(x,\ y), \quad E = (0,\ 1), \quad k = 1$

第3章 有限差分近似

3.1 導関数の差分近似

$E = (a, b)$ (有界開区間) とする. $f \in C^2(\overline{E})$ ならば, $x \in E$, $h > 0$ のとき
$$f(x \pm h) = f(x) \pm h f'(x) + \frac{1}{2} h^2 f''(\xi_\pm) \quad (x - h < \xi_- < x < \xi_+ < x + h).$$

$$\therefore \quad \frac{f(x+h) - f(x-h)}{2h} = f'(x) + \sigma, \quad \sigma = \frac{h}{4} \bigl(f''(\xi_+) - f''(\xi_-)\bigr). \quad (3.1)$$

また
$$f(x \pm h) = f(x) \pm h f'(x) + \frac{1}{2} h^2 f''(x) + \frac{h^2}{2} \bigl(f''(\xi_\pm) - f''(x)\bigr)$$

より
$$\frac{f(x+h) - 2f(x) + f(x-h)}{h^2} = f''(x) + \tau,$$
$$\tau = \frac{1}{2} \bigl(f''(\xi_+) - 2 f''(x) + f''(\xi_-)\bigr). \quad (3.2)$$

有界閉区間で連続な関数はそこで一様連続であるから, これを f'' に適用すれば, (3.1), (3.2) において, 任意に与えられた $\varepsilon > 0$ に対して適当な $\delta = \delta(\varepsilon) > 0$ を x に無関係に定めて
$$x_1, x_2 \in \overline{E}, \quad |x_1 - x_2| < \delta \;\Rightarrow\; |f''(x_1) - f''(x_2)| < \varepsilon$$

とできる. よって $0 < h < \delta$ ならば
$$|\sigma| \leq \frac{h}{4} \bigl\{|f''(\xi_+) - f''(x)| + |f''(x) - f''(\xi_-)|\bigr\} < \frac{h}{2} \varepsilon,$$

$$|\tau| \le \frac{1}{2}\{|f''(\xi_+) - f''(x)| + |f''(\xi_-) - f''(x)|\} < \varepsilon.$$

したがって $h \to 0$ のとき $\frac{1}{h}|\sigma| \to 0$ かつ $|\tau| \to 0$ である．これを $\sigma = o(h)$, $\tau = o(1)$ と略記し σ は h より高位の無限小，τ は単に無限小であるという．σ と τ は打ち切り誤差または離散化誤差と呼ばれる．

次に $f \in C^3(\overline{E})$ ならば新しい $\xi_\pm$ を用いて

$$f(x \pm h) = f(x) \pm hf'(x) + \frac{1}{2}h^2 f''(x) + \frac{1}{3!}h^3 f'''(\xi_\pm)$$
$$(x - h < \xi_- < x < \xi_+ < x + h)$$

とかけるから

$$\frac{f(x+h) - f(x-h)}{2h} = f'(x) + \sigma,$$

ただし $\sigma = \dfrac{h^2}{12}\big(f'''(\xi_+) - f'''(\xi_-)\big) = o(h^2)$ (h^2 より高位の無限小)． (3.3)

同様に $f \in C^4(\overline{E})$ ならばさらに Taylor 展開を進めて

$$f(x \pm h) = f(x) \pm hf'(x) + \frac{1}{2}h^2 f''(x) \pm \frac{1}{3!}h^3 f'''(x) + \frac{1}{4!}h^4 f^{(4)}(\eta_\pm)$$

とかくとき，$x - h < \eta_- < x < \eta_+ < x + h$ をみたす $\eta_\pm$ をえらんで

$$\frac{f(x+h) - 2f(x) + f(x-h)}{h^2} = f''(x) + \tau,$$
$$\tau = \frac{1}{4!}h^2\{f^{(4)}(\eta_+) + f^{(4)}(\eta_-)\} = \frac{1}{12}h^2 f^{(4)}(\eta) \quad (\eta_- < \eta < \eta_+).$$

ここで仮定により $f^{(4)}(x)$ は $\overline{E} = [a, b]$ で連続であるから

$$\kappa = \max_{x \in \overline{E}}|f^{(4)}(x)|$$

とおけば

$$|\tau| \le \frac{h^2}{12}\kappa = C_1 h^2 \quad \left(C_1 = \frac{\kappa}{12}\right).$$

C_1 は h に無関係な定数である．

これを $\tau = O(h^2)$ とかき，τ は h につき **2 位の無限小**または h^2 の**オーダー**であるという．

(3.3) でも $\kappa' = \max_{x \in \bar{E}} |f'''(x)|$ とおくとき $|\sigma| \leq \frac{h^2}{12} \cdot 2\kappa' = C_1' h^2$ ($C_1' = \frac{\kappa'}{6}$) であるから $\sigma = O(h^2)$ とかける.

上記表現における C_1, C_1' は h に無関係な定数をあらわすことだけが重要であるから, $\sigma = O(h^2)$, $\tau = O(h^2)$ は $|\sigma| \leq Ch^2$, $|\tau| \leq Ch^2$ をみたす適当な (h に無関係な) 正定数 C が存在することと解釈して, 通常 C_1 と C_1' を区別しない. このような C を**普遍定数** (universal constant) と呼ぶ.

この表現は数学らしからぬあいまいな表現であると嫌う数学者もあるが, 結果を直観的に理解できる便利さがあるから, 本書は適宜この表現を用いる.

以上を要約して次の評価が得られた.

$$\frac{f(x+h) - f(x-h)}{2h} = f'(x) + \sigma, \tag{3.4}$$

$$\sigma = \begin{cases} o(h) & (f \in C^2(\bar{E}) \text{ のとき}), \\ O(h^2) & (f \in C^3(\bar{E}) \text{ のとき}). \end{cases}$$

$$\frac{f(x+h) - 2f(x) + f(x-h)}{h^2} = f''(x) + \tau, \tag{3.5}$$

$$\tau = \begin{cases} o(1) & (f \in C^2(\bar{E}) \text{ のとき}), \\ O(h) & (f \in C^3(\bar{E}) \text{ のとき}), \\ O(h^2) & (f \in C^4(\bar{E}) \text{ のとき}). \end{cases}$$

(3.4) と (3.5) の左辺をそれぞれ $f'(x)$, $f''(x)$ に対する**中心差分近似**という. f の滑らかさをこれ以上引き上げても中心差分近似の精度は向上しない (向上させるためには異なる近似式を工夫しなければならない).

なお, 中心差分近似 (3.4), (3.5) をやや一般化して

$$\frac{f(x+h) - f(x-k)}{h+k} = f'(x) + \sigma, \tag{3.6}$$

$$\sigma = \begin{cases} \frac{1}{2}(h-k)f'(x) + o(h) + o(k) & (f \in C^2(\bar{E}) \text{ のとき}), \\ \frac{1}{2}(h-k)f'(x) + O(h^2) + O(k^2) & (f \in C^3(\bar{E}) \text{ のとき}), \end{cases}$$

$$\frac{\dfrac{f(x+h)-f(x)}{h} - \dfrac{f(x)-f(x-k)}{k}}{(h+k)/2} = f''(x) + \tau, \tag{3.7}$$

$$\tau = \begin{cases} o(1) & (f \in C^2(\bar{E}) \text{ のとき}), \\ \dfrac{1}{3}(h-k)f^{(3)}(x) + O(h) + O(k) & (f \in C^3(\bar{E}) \text{ のとき}), \\ \dfrac{1}{3}(h-k)f^{(3)}(x) + O(h^2) + O(k^2) & (f \in C^4(\bar{E}) \text{ のとき}) \end{cases}$$

を導くことができる (証明は容易). 特に $u \in C^4(\bar{E})$ のときを詳しく記せば

$$\tau = \frac{1}{3}(h-k)f^{(3)}(x) + \frac{1}{12} \cdot \frac{1}{h+k}[h^3 f^{(4)}(\xi_+) + h^3 f^{(4)}(\xi_-)]$$
$$(x < \xi_+ < x+h,\ x-k < \xi_- < x)$$
$$= \frac{1}{3}(h-k)f^{(3)}(x) + \frac{1}{12} \cdot \frac{h^3+k^3}{h+k}\left(\lambda f^{(4)}(\xi_+) + \mu f^{(4)}(\xi_-)\right)$$
$$\left(\lambda = \frac{h^3}{h^3+k^3},\ \mu = \frac{k^3}{h^3+k^3}\right)$$
$$= \frac{1}{3}(h-k)f^{(3)}(x) + \frac{1}{12}(h^2 - hk + k^2)f^{(4)}(\xi)$$
$$(\xi_- < \xi < \xi_+)$$

である.

3.2　有限差分法

　一般 Sturm-Liouville 型境界値問題 (2.1)〜(2.7) は $r(x) \geq 0\ \ \forall\, x \in \bar{E}$ のとき, 任意に与えられた $f \in C(\bar{E})$ に対して一意解 $u \in \mathcal{D}$ をもつ (定理 2.3 と定理 2.2 による). しかし u を求積法によって求めることは一般に難しい. u を数値的に解くための基本手法として, 有限差分法が昔から知られている. 以下この方法について述べる. なお, 有限差分法は単に差分法と呼ばれることが多い.
　区間 $\bar{E} = [a,\ b]$ を

$$a = x_0 < x_1 < \cdots < x_n < x_{n+1} = b, \quad x_{i+\frac{1}{2}} = \frac{1}{2}(x_i + x_{i+1}),$$
$$h_i = x_i - x_{i-1}, \quad h = \max_i h_i$$

と分割し

$$u_i = u(x_i), \quad u'_i = u'(x_i), \quad u''_i = u''(x_i),$$
$$p_i = p(x_i), \quad p'_i = p'(x_i), \quad p_{i+\frac{1}{2}} = p(x_{i+\frac{1}{2}}),$$
$$q_i = q(x_i), \quad r_i = r(x_i), \quad f_i = f(x_i)$$

とおく. $\dfrac{d}{dx}\left(p(x)\dfrac{du}{dx}\right)_{x=x_i} = p_i u''_i + p'_i u'_i$ に対する最も標準的な近似としては

$$\frac{p_{i+\frac{1}{2}}\dfrac{u_{i+1} - u_i}{h_{i+1}} - p_{i-\frac{1}{2}}\dfrac{u_i - u_{i-1}}{h_i}}{\dfrac{1}{2}(h_{i+1} + h_i)}$$

を用いる. この近似式の x_i における打ち切り誤差 (離散化誤差) τ_i は

$$\begin{aligned}\tau_i &= \frac{2}{h_{i+1} + h_i}\left(p_{i+\frac{1}{2}}\frac{u_{i+1} - u_i}{h_{i+1}} - p_{i-\frac{1}{2}}\frac{u_i - u_{i-1}}{h_i}\right) - (p_i u''_i + p'_i u'_i) \\ &= \begin{cases} o(1) & (u \in C^2(\bar{E}) \text{ のとき}), \\ O(h) & (u \in C^3(\bar{E}), \ p \in C^2(\bar{E}) \text{ のとき}), \\ \dfrac{1}{12}(h_{i+1} - h_i)(4p_i u''_i + 6p'_i u''_i + 3p''_i u'_i) + O(h_i^2 + h_{i+2}^2) \\ \hfill (u \in C^4(\bar{E}), \ p \in C^3(\bar{E}) \text{ のとき}) \end{cases}\end{aligned} \quad (3.8)$$

である (読者はこれを各自検証されたい).

また $q(x)\dfrac{du}{dx}|_{x=x_i} = q_i u'_i$ を

$$q_i \frac{u_{i+1} - u_{i-1}}{h_{i+1} + h_i}$$

で近似し, u_i の近似値を U_i とかけば, $\mathcal{L}u = f_i$ の $x = x_i$ $(1 \leq i \leq n)$ における近似式は

$$-\frac{p_{i+\frac{1}{2}}\dfrac{U_{i+1}-U_i}{h_{i+1}}-p_{i-\frac{1}{2}}\dfrac{U_i-U_{i-1}}{h_i}}{\dfrac{h_{i+1}+h_i}{2}}+q_i\frac{U_{i+1}-U_{i-1}}{h_{i+1}+h_i}+r_iU_i=f_i$$

すなわち次式で与えられる.

$$\frac{2}{h_{i+1}+h_i}\Big[-\Big(\frac{p_{i-\frac{1}{2}}}{h_i}+\frac{q_i}{2}\Big)U_{i-1}+\Big(\frac{p_{i-\frac{1}{2}}}{h_i}+\frac{p_{i+\frac{1}{2}}}{h_{i+1}}+r_i\frac{h_{i+1}+h_i}{2}\Big)U_i$$
$$-\Big(\frac{p_{i+\frac{1}{2}}}{h_i}-\frac{q_i}{2}\Big)U_{i+1}\Big]=f_i,\quad 1\le i\le n. \tag{3.9}$$

次に $\alpha_1\ne 0$ のとき $x=a$ における差分式は次のようにしてつくる (仮想分点法).

まず $\mathcal{L}u=-(pu')'+qu'+ru$ を $\mathcal{L}u=-pu''-(p'-q)u'+ru$ とかきあらわす. 次に仮想分点 (fictitious node) $x_{-1}=a-h_1$ と対応する近似値 U_{-1} を導入し, $u'(a)=\frac{\alpha_0}{\alpha_1}u(a)$ に注意して次の方程式をたてる.

$$-p(a)\frac{U_1-2U_0+U_{-1}}{h_1^2}-\big(p'(a)-q(a)\big)\frac{\alpha_0}{\alpha_1}U_0+r(a)U_0=f(a), \tag{3.10}$$

$$\alpha_0 U_0-\alpha_1\frac{U_1-U_{-1}}{2h_1}=0. \tag{3.11}$$

(3.10) と (3.11) より U_{-1} を消去すれば

$$-p(a)\frac{U_1-2U_0+U_1-\dfrac{2\alpha_0 h_1}{\alpha_1}U_0}{h_1^2}-\big(p'(a)-q(a)\big)\frac{\alpha_0}{\alpha_1}U_0+r(a)U_0=f(a).$$

$$\therefore\ \frac{2}{h_1}\Big[\Big\{\frac{\alpha_0}{\alpha_1}p_0+\Big(\frac{r_0}{2}+\frac{\alpha_0}{2\alpha_1}(q_0-p_0')\Big)h_1+\frac{p_0}{h_1}\Big\}U_0-\frac{p_0}{h_1}U_1\Big]=f_0. \tag{3.12}$$

これが $\alpha_1\ne 0$ (したがって U_0 は未知数) のときの $x=a$ における近似式である.

同様に $\beta_1\ne 0$ (U_{n+1} が未知数) のときは, 仮想分点 $x_{n+2}=b+h_{n+1}$ を導入して

$$-p(b)\frac{U_{n+2}-2U_{n+1}+U_n}{h_{n+1}^2}-\big(p'(b)-q(b)\big)\Big(-\frac{\beta_0}{\beta_1}U_{n+1}\Big)+r(b)U_{n+1}=f(b),$$

$$\beta_0 U_{n+1} + \beta_1 \frac{U_{n+2} - U_n}{2h_{n+1}} = 0.$$

この 2 式より U_{n+2} を消去すると $x = b$ における差分式

$$-p(b)\frac{U_n - \frac{2h_{n+1}}{\beta_1}\beta_0 U_{n+1} - 2U_{n+1} + U_n}{h_{n+1}^2} + \frac{\beta_0}{\beta_1}\bigl(p'(b) - q(b)\bigr)U_{n+1} + r(b)U_{n+1}$$

$$= f(b)$$

を得る. これを整理すれば

$$\frac{2}{h_{n+1}}\Bigl[-\frac{p_{n+1}}{h_{n+1}}U_n + \Bigl\{\frac{p_{n+1}}{h_{n+1}} + \frac{\beta_0}{2\beta_1}(p'_{n+1} - q_{n+1}) + \frac{r_{n+1}}{2}\Bigr\}h_{n+1}U_{n+1}\Bigr] = f_{n+1} \tag{3.13}$$

となる. これが $\beta_1 \neq 0$ のときの $x = b$ における差分式である.

ここで ω_i, a_i, c_i, b_i を次により定める.

$$\omega_i = \begin{cases} \dfrac{h_1}{2} & (i = 0), \\[4pt] \dfrac{h_{i+1} + h_i}{2} & (1 \leq i \leq n), \\[4pt] \dfrac{h_{i+1}}{2} & (i = n+1), \end{cases}$$

$$a_i = \begin{cases} \dfrac{\alpha_0}{\alpha_1}\{p_0 + (q_0 - p'_0)\omega_0\} & (\alpha_1 \neq 0 \text{ かつ } i = 0 \text{ のとき}), \\[4pt] \dfrac{1}{h_i}p_{i-\frac{1}{2}} + \dfrac{1}{2}q_i & (1 \leq i \leq n), \\[4pt] \dfrac{1}{h_{n+1}}p_{n+1} & (i = n+1), \end{cases}$$

$$c_i = \begin{cases} \dfrac{1}{h_1}p_0 & (i = 0), \\[4pt] \dfrac{1}{h_{i+\frac{1}{2}}}p_{i+\frac{1}{2}} - \dfrac{1}{2}q_i & (1 \leq i \leq n), \\[4pt] \dfrac{\beta_0}{\beta_1}\{p_{n+1} + (p'_{n+1} - q_{n+1})\omega_{n+1}\} & (\beta_1 \neq 0 \text{ かつ } i = n+1 \text{ のとき}), \end{cases}$$

$$b_i = a_i + c_i + r_i\omega_i \quad (0 \leq i \leq n+1).$$

このとき境界条件を次の 4 つの場合に分ける.

(BC1) $\alpha_1\beta_1 \neq 0$ のとき.
(BC2) $\alpha_1 \neq 0$ かつ $\beta_1 = 0$ のとき.
(BC3) $\alpha_1 = 0$ かつ $\beta_1 \neq 0$ のとき.
(BC4) $\alpha_1 = \beta_1 = 0$ のとき.

上の各場合について (3.9), (3.12), (3.13) は $\{U_i\}$ に関する連立 1 次方程式

$$\mathcal{L}_h \boldsymbol{U} \equiv H^{-1} A \boldsymbol{U} = \boldsymbol{f} \quad \text{あるいは} \quad A\boldsymbol{U} = H\boldsymbol{f} \tag{3.14}$$

となる. H, A, $\boldsymbol{U}$, $\boldsymbol{f}$ は次により定義される.

(BC1) のとき

$$H = \begin{pmatrix} \omega_0 & & & & \\ & \omega_1 & & & \\ & & \ddots & & \\ & & & \omega_n & \\ & & & & \omega_{n+1} \end{pmatrix}, \quad \boldsymbol{U} = \begin{pmatrix} U_0 \\ U_1 \\ \vdots \\ U_n \\ U_{n+1} \end{pmatrix}, \quad \boldsymbol{f} = \begin{pmatrix} f_0 \\ f_1 \\ \vdots \\ f_n \\ f_{n+1} \end{pmatrix},$$

$$A = \begin{pmatrix} b_0 & -c_0 & & & \\ -a_1 & b_1 & -c_1 & & \\ & \ddots & \ddots & \ddots & \\ & & -a_n & b_n & -c_n \\ & & & -a_{n+1} & b_{n+1} \end{pmatrix}. \tag{3.15}$$

(BC2) のとき

$$H = \begin{pmatrix} \omega_0 & & & \\ & \omega_1 & & \\ & & \ddots & \\ & & & \omega_n \end{pmatrix}, \quad \boldsymbol{U} = \begin{pmatrix} U_0 \\ U_1 \\ \vdots \\ U_n \end{pmatrix}, \quad \boldsymbol{f} = \begin{pmatrix} f_0 \\ f_1 \\ \vdots \\ f_n \end{pmatrix},$$

$$A = \begin{pmatrix} b_0 & -c_0 & & \\ -a_1 & b_1 & \ddots & \\ & \ddots & \ddots & -c_{n-1} \\ & & -a_n & b_n \end{pmatrix}. \tag{3.16}$$

この行列は (3.15) の行列 A から最後の行と列を取り除いたものである.

(BC3) のとき

$$H = \begin{pmatrix} \omega_1 & & & \\ & \ddots & & \\ & & \omega_n & \\ & & & \omega_{n+1} \end{pmatrix}, \quad \boldsymbol{U} = \begin{pmatrix} U_1 \\ \vdots \\ U_n \\ U_{n+1} \end{pmatrix}, \quad \boldsymbol{f} = \begin{pmatrix} f_1 \\ \vdots \\ f_n \\ f_{n+1} \end{pmatrix},$$

$$A = \begin{pmatrix} b_1 & -c_1 & & \\ -a_2 & b_2 & \ddots & \\ & \ddots & \ddots & -c_n \\ & & -a_{n+1} & b_{n+1} \end{pmatrix}. \tag{3.17}$$

この行列は (3.15) の行列 A から最初の行と列を取り除いたものである.

(BC4) のとき

$$H = \begin{pmatrix} \omega_1 & & \\ & \ddots & \\ & & \omega_n \end{pmatrix}, \quad \boldsymbol{U} = \begin{pmatrix} U_1 \\ \vdots \\ U_n \end{pmatrix}, \quad \boldsymbol{f} = \begin{pmatrix} f_1 \\ \vdots \\ f_n \end{pmatrix},$$

$$A = \begin{pmatrix} b_1 & -c_1 & & & \\ -a_2 & b_2 & \ddots & & \\ & \ddots & \ddots & -c_{n-1} \\ & & -a_n & b_n \end{pmatrix}. \tag{3.18}$$

この行列は (3.15) の行列 A から最初と最後の行と列を取り除いたものである．

(3.14) を解いて近似解 U を求める方法を有限差分法 (finite difference method) という．また係数行列 A または $H^{-1}A$ を差分行列という．(3.14) においてベクトル U の各成分 U_i を真値 $u_i = u(x_i)$ でおきかえて得られるベクトルを $\bm{u}$ であらわすとき，ベクトル

$$\bm{\tau} = H^{-1}A\bm{u} - \bm{f} = H^{-1}A\bm{u} - H^{-1}A\bm{U} \tag{3.19}$$

を大域打ち切り誤差 (または大域離散化誤差) という．また $\bm{\tau}$ の成分 τ_i を $x = x_i$ における局所打ち切り誤差 (または局所離散化誤差) という．

容易に確かめられるように，$u \in C^2(\overline{E})$ ならば，$h = \max_i h_i \to 0$ のとき $\bm{\tau} \to 0$ (すなわち $\|\bm{\tau}\|_\infty = \max_i |\tau_i| \to 0$) となる．また $u \in C^3(\overline{E})$ かつ $p \in C^2(\overline{E})$ ならば $\|\bm{\tau}\|_\infty = O(h)$ であり，$u \in C^4(\overline{E})$ かつ $p \in C^3(\overline{E})$ で $h_i = h \,\forall\, i$ ならば $\|\bm{\tau}\|_\infty = O(h^2)$ となる．なお $\|\bm{\tau}\|_\infty$ を大域打ち切り誤差と定義する書物もある．

一般に $\|\bm{\tau}\|_\infty = o(1)$ となるとき差分近似 (3.14) は境界値問題 (2.6), (2.7) と整合するまたは整合スキーム (consistent scheme) であるという．そうでない差分近似は非整合スキーム (inconsistent scheme) と呼ばれる．

3.3 有限差分行列の性質

(3.14)〜(3.18) の差分行列 A を $A = (a_{ij})$ とする．A は次の性質をもつ．

(i) A は既約である．すなわち $a_{ij} \neq 0$ なる要素に対し点 P_i から P_j へ至る矢印を描き，i から j への有向経路 (パス) $\overrightarrow{P_iP_j}$ があるということにするとき，任意の i, j $(i \neq j)$ につき i から j への有向経路の列 $\overrightarrow{P_iP_{i_1}}, \overrightarrow{P_{i_1}P_{i_2}}, \ldots, \overrightarrow{P_{i_k}P_j}$ がある．

(ii) A は強優対角である (Serre[25]). すなわち

$$|a_{ii}| \geq \sum_{j \neq i} |a_{ij}| \quad \forall\, i \quad (\text{このとき } A \text{ を優対角行列という})$$

かつ少なくとも 1 つの i につき

$$|a_{ii}| > \sum_{j \neq i} |a_{ij}|.$$

(iii) $a_{ii} > 0 \quad \forall\, i$.
(iv) $a_{ij} \leq 0 \quad \forall\, i, j \quad (i \neq j) \quad$ (このとき A を Z 行列という).

(i) と (ii) をみたす行列を**既約強優対角行列**といい，(iii) と (iv) をみたす行列を ***L* 行列**という.

次の定理が成り立つ (証明は山本 [36),40)] を参照されたい).

定理 3.1 既約強優対角 L 行列 A は正則で，逆行列の要素はすべて正である．これを $A^{-1} > O$ とかく．

定義 3.1 行列 $A = (a_{ij})$ が次の条件をみたすとき A を ***M* 行列**という．

(i) A は正則な Z 行列である．
(ii) A^{-1} の要素がすべて非負である．

定義 3.2 2 つの行列 $A = (a_{ij})$ と $B = (b_{ij})$ が $a_{ij} \leq b_{ij} \quad \forall\, i, j$ をみたすとき $A \leq B$ または $B \geq A$ とかく．また $a_{ij} < b_{ij} \quad \forall\, i, j$ のとき $A < B$ または $B > A$ とかく．したがって $A \geq O$ は $a_{ij} \geq 0 \quad \forall\, i, j$ を，また $A > O$ は $a_{ij} > 0 \quad \forall\, i, j$ を意味する．

このとき次が成り立つ．

定理 3.2 A が M 行列で D が非負対角行列 (すなわち対角要素がすべて非負の対角行列) ならば $A + D$ も M 行列で $(A+D)^{-1} \leq A^{-1}$.

【証明】 $A+D$ が M 行列であることは山本[36] 定理 2.10 に示されている．このとき

$$A^{-1} - (A+D)^{-1} = A^{-1}\big((A+D) - A\big)(A+D)^{-1}$$
$$= A^{-1}D(A+D)^{-1} \geq O.$$
$$\therefore \ (A+D)^{-1} \leq A^{-1}.$$
証明終 ■

■**注意 3.1** $A = (a_{ij})$ が M 行列ならば $a_{ii} > 0 \ \ \forall i$ である．なぜならば，定義 3.1 によって M 行列は Z 行列であるから $a_{ij} \leq 0 \ \ (i \neq j)$ である．いま $A^{-1} = (\alpha_{ij})$ とおけば $\alpha_{ij} \geq 0 \ \ \forall i,j$ であるから，$A^{-1}A = I$ の (i,i) 要素を比較して

$$\alpha_{ii}a_{ii} + \sum_{k \neq i} \alpha_{ik}a_{ki} = 1.$$
$$\therefore \ \alpha_{ii}a_{ii} = 1 - \sum_{k \neq i} \alpha_{ik}a_{ki} \geq 1.$$

$\alpha_{ii} \geq 0$ であるから上の不等式は $\alpha_{ii} > 0$ かつ $a_{ii} > 0$ を意味する．

■**注意 3.2** $\alpha > 0$ かつ $d \geq 0$ ならば明らかに $(\alpha+d)^{-1} \leq \alpha^{-1}$ であるが，定理 3.2 はこの不等式の行列への拡張である．

■**注意 3.3** $r(x) \geq 0 \ \ \forall x \in \overline{E} = [a,b]$ ならば，$h = \max_i h_i$ が十分小さいとき差分行列 (3.14)〜(3.18) は既約強優対角 L 行列であるから，定理 3.1 によって $A^{-1} > O$．この性質と定理 3.2 は定理 2.5 の離散版である．

3.4　有限差分解の誤差評価

仮定 $r(x) \geq 0 \ \ \forall x \in \overline{E}$ の下で，前節の結果を用いて差分解 U の誤差を評価することができる．

まず補題 2.1 により

$$\mathcal{L}u = 2 \quad (x \in E), \quad u \in \mathcal{D}$$

の一意解 $u = \varphi$ をとり

$$\sigma_i = (\mathcal{L}\varphi)(x_i) - 2,$$

$$\boldsymbol{\sigma} = \begin{cases} (\sigma_0, \ \sigma_1, \ldots, \sigma_n, \ \sigma_{n+1})^{\mathrm{t}} & ((\mathrm{BC1})(\alpha_1 \beta_1 \neq 0) \ \text{のとき}), \\ (\sigma_0, \ \sigma_1, \ldots, \sigma_n)^{\mathrm{t}} & ((\mathrm{BC2})(\alpha_1 \neq 0, \ \beta_1 = 0) \ \text{のとき}), \\ (\sigma_1, \ldots, \sigma_n, \ \sigma_{n+1})^{\mathrm{t}} & ((\mathrm{BC3})(\alpha_1 = 0, \ \beta_1 \neq 0) \ \text{のとき}), \\ (\sigma_1, \ldots, \sigma_n)^{\mathrm{t}} & ((\mathrm{BC4})(\alpha_1 = \beta_1 = 0) \ \text{のとき}), \end{cases}$$

$$\boldsymbol{\varphi} = \begin{cases} (\varphi_0, \ \varphi_1, \ldots, \varphi_n, \ \varphi_{n+1})^{\mathrm{t}} & ((\mathrm{BC1}) \ \text{のとき}), \\ (\varphi_0, \ \varphi_1, \ldots, \varphi_n)^{\mathrm{t}} & ((\mathrm{BC2}) \ \text{のとき}), \\ (\varphi_1, \ldots, \varphi_n, \ \varphi_{n+1})^{\mathrm{t}} & ((\mathrm{BC3}) \ \text{のとき}), \\ (\varphi_1, \ldots, \varphi_n)^{\mathrm{t}} & ((\mathrm{BC4}) \ \text{のとき}), \end{cases}$$

$$\boldsymbol{e} = (1, \ldots, 1)^{\mathrm{t}} \in \mathbb{R}^N,$$

$$\text{ただし} \quad N = \begin{cases} n+2 & ((\mathrm{BC1}) \ \text{のとき}), \\ n+1 & ((\mathrm{BC2}), \ (\mathrm{BC3}) \ \text{のとき}), \\ n & ((\mathrm{BC4}) \ \text{のとき}), \end{cases}$$

とおく．このとき，h が十分小ならば

$$H^{-1}A\boldsymbol{\varphi} = 2\boldsymbol{e} + \boldsymbol{\sigma} > \boldsymbol{e} \quad (\because \ h \to 0 \ \text{のとき} \sigma_i \to 0 \quad \forall \ i).$$

前節の注意 3.3 によって $A^{-1} > O$ かつ H は正対角行列 (対角要素がすべて正の対角行列) であるから上の不等式の両辺に $A^{-1}H \ (>O)$ をかければ

$$O < A^{-1}H\boldsymbol{e} < \boldsymbol{\varphi} \leq \|\boldsymbol{\varphi}\|_\infty \boldsymbol{e} = (\max_i |\varphi_i|)\boldsymbol{e} \leq \|\boldsymbol{\varphi}\|_{\overline{E}} \boldsymbol{e}, \tag{3.20}$$

ただし $\|\boldsymbol{\varphi}\|_{\overline{E}} = \max_{x \in \overline{E}} |\varphi(x)|$ である．

ここで $\mathcal{L}u = f, \ u \in \mathcal{D}$ の解 u に対しベクトル $\boldsymbol{u}$ と $\boldsymbol{\tau}$ を (3.19) により定義すれば，(3.19) より

$$H^{-1}A(\boldsymbol{u} - \boldsymbol{U}) = \boldsymbol{\tau}.$$

$$\therefore \boldsymbol{u} - \boldsymbol{U} = A^{-1} H \boldsymbol{\tau}.$$

$$\therefore ||\boldsymbol{u} - \boldsymbol{U}||_\infty = \max_i |u_i - U_i| = ||A^{-1} H \boldsymbol{\tau}||_\infty$$

$$\leq ||\boldsymbol{\tau}||_\infty \, ||A^{-1} H \boldsymbol{e}||_\infty$$

$$\leq ||\boldsymbol{\tau}||_\infty \, \left\| ||\boldsymbol{\varphi}||_{\overline{E}} \, \boldsymbol{e} \right\|_\infty \quad ((3.20) \text{ による})$$

$$\leq ||\boldsymbol{\tau}||_\infty \, ||\boldsymbol{\varphi}||_{\overline{E}} = C||\boldsymbol{\tau}||_\infty, \quad C = ||\boldsymbol{\varphi}||_{\overline{E}}.$$

ゆえに次の定理が得られた (定理 5.7 も併せて参照されたい).

定理 3.3 (3.14) の解 (差分解) U_i は $h \to 0$ のとき真値 u_i に収束し

$$\max_i |u_i - U_i| \leq C||\boldsymbol{\tau}||_\infty.$$

ただし C は h に無関係な定数である.

■**注意 3.4** 定理 3.3 は 2 次元境界値問題にも拡張される (定理 10.1 参照).

■**注意 3.5** 非整合スキーム ($h \to 0$ のとき $||\boldsymbol{\tau}||_\infty \to \infty$) でも差分解が収束する場合がある. これについては §8.4 注意, §10.1 注意 2, §10.4 例 2 および §10.5 と §10.6 に述べる.

3.5 伸 長 変 換

(3.8) によれば, $u \in C^4(\overline{E})$ かつある i につき $h_{i+1} \neq h_i$ のとき $\tau_i = O(h)$ であるが, 変数変換 $x = \varphi(t)$ により x 軸上の分点

$$x_i = \varphi(t_i), \quad t_i = i\Delta t, \quad i = 0, 1, 2, \ldots, n+1, \quad \Delta t = \frac{1}{n+1}$$

をつくれば (3.5) によって

$$\begin{aligned}
h_{i+1} - h_i &= \bigl(\varphi(t_{i+1}) - \varphi(t_i)\bigr) - \bigl(\varphi(t_i) - \varphi(t_{i-1})\bigr) \\
&= \varphi(t_{i+1}) - 2\varphi(t_i) + \varphi(t_{i-1}) \\
&= (\Delta t)^2 \varphi''(t_i) + (\Delta t)^2 c_i \quad \forall \, i,
\end{aligned}$$

$$c_i = \begin{cases} o(1) & (\varphi \in C^2(\bar{E})), \\ O(\Delta t) & (\varphi \in C^3(\bar{E})), \\ O((\Delta t)^2) & (\varphi \in C^4(\bar{E})) \end{cases}$$

とかける．このとき (3.8) と定理 3.3 によって

$$\max_i |u_i - U_i| \leq C\|\boldsymbol{\tau}\|_\infty = O\bigl((\Delta t)^2\bigr)$$

となり 2 次精度の差分解が得られる．これは工学でよく用いられる技法である．

$\varphi(t)$ を**伸長変換 (stretching transformation)** または**伸長関数 (stretching function)** という．

$\varphi(t)$ のえらび方はいろいろ考えられる (山本 [37] 参照) が，効果に大差はない．ここでは例として

$$\varphi(t) = \frac{e^{\alpha t} - 1}{e^\alpha - 1} \quad (\alpha : \text{正の定数}, \ 0 \leq t \leq 1),$$
$$\psi(t) = (b - a)\varphi(t) + a$$

を掲げる．α を十分大きくとれば $\{x_i = \varphi(t_i)\}$ は右側から $x = 0$ に密集する点列をつくり出し，$\{x_i = \psi(t_i)\}$ は $x = a$ の右側から密集する点列をつくり出す (図 3.1, 3.2 参照)．$x = b$ の左側から密集する分点は

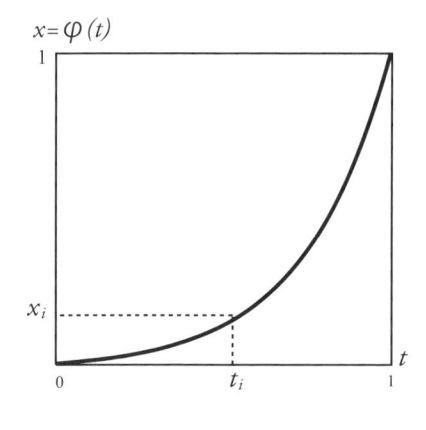

図 **3.1** $x_i = \varphi(t_i), \ 0 \leq i \leq n+1$

図 **3.2** $x_i = \psi(t_i), \ n = 39, \ \alpha = 10, \ a = 1, \ b = 3$

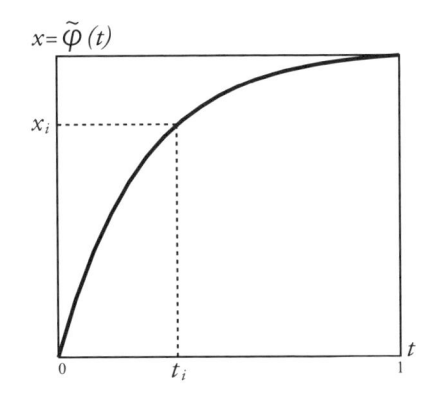

図 3.3 $x_i = \widetilde{\varphi}(t_i),\ 0 \leq i \leq n+1$

図 3.4 $x_i = \widetilde{\psi}(t_i),\ n = 39,\ \alpha = 10,\ a = 1,\ b = 3$

$$\widetilde{\varphi}(t) = 1 - \varphi(1-t) = \frac{e^\alpha}{e^\alpha - 1} \cdot \frac{e^{\alpha t} - 1}{e^{\alpha t}} \quad (0 \leq t \leq 1),$$

$$\widetilde{\psi}(t) = (b-a)\widetilde{\varphi}(t) + a$$

により構成できる (図 3.3, 3.4 参照). なお $\widetilde{\varphi}'(t) = \varphi'(1-t) > 0$ かつ $\widetilde{\varphi}'(1) = \varphi'(0) = \alpha/(e^\alpha - 1) \fallingdotseq 0$ に注意. そのほかの点 $x = c \in (a,\ b)$ に密集する分点は上記関数を基本に構成することができる.

この方法の有効性については §10.6 の収束解析を参照されたい.

3.5 伸長変換

第4章 有限要素近似

4.1 境界値問題の変分的定式化

以下 $E = (a, b)$, $\overline{E} = [a, b]$ として
$$\mathcal{L}u = -\frac{d}{dx}\Big(p(x)\frac{du}{dx}\Big) + r(x)u \quad (x \in E),$$
$$p(x) = C^1(\overline{E}), \quad r(x),\ f(x) \in C(\overline{E}), \quad p > 0, \quad r \geq 0,$$
$$\mathcal{D} = \{u \in C^2(\overline{E}) \mid u(a) = u(b) = 0\}$$

とおき，2点境界値問題

$$(BVP) \qquad\qquad \mathcal{L}u = f\ (x \in E), \quad u \in \mathcal{D} \qquad\qquad (4.1)$$

を考える．系 2.3.1 によりこの問題は一意解をもつ．

さて閉区間 $\overline{E}$ において区分的 C^1 級の関数 u の全体を $PC^1(\overline{E})$ であらわす．すなわち $u \in PC^1(\overline{E})$ は次の3条件をみたすものとする．

(i) $u \in C(\overline{E})$.

(ii) 適当な分割 $\Delta : a = x_0 < x_1 < \cdots < x_n < x_{n+1} = b$ をとれば，各開区間 $(x_i,\ x_{i+1})$ $(0 \leq i \leq n)$ において u は C^1 級である (分割 Δ は分点数も含めて u に依存してかわってよい)．

(iii) $\displaystyle ||u'||_{\overline{E}} \equiv \max_{i} \sup_{x \in (x_i,\ x_{i+1})} |u'(x)| < +\infty.$ \qquad\qquad (4.2)

(記号 sup に馴染みのない読者は 60 頁の付記参照．)

以下
$$V = \{u \in PC^1(\overline{E}) \mid u(a) = u(b) = 0\}$$

とおき，$u,\ v \in V$ に対して

$$[u,\ v] = \int_a^b \left(p(x)\frac{du}{dx}\frac{dv}{dx} + r(x)u(x)v(x) \right) dx \tag{4.3}$$

と定義すれば $[\ ,\ ]$ は線形空間 V の内積となる (検証は容易). この内積から誘導されるノルムを $||\cdot||_V$ であらわす. すなわち

$$||u||_V = \sqrt{[u,\ u]}, \quad u \in V.$$

このとき V 上の汎関数 $F\ :\ V \to \mathbb{R}$ を

$$F(v) = \frac{1}{2}[v,\ v] - (f,\ v), \quad v \in V \tag{4.4}$$

により定義する (一般に線形空間から $\mathbb{R}$ への写像を汎関数 (**functional**) という. functional は名詞である).

補題 4.1 u を (BVP) の (一意) 解とすれば

$$[u,\ v] = (\mathcal{L}u,\ v) \quad \forall\ v \in V.$$

【証明】 $v \in V = PC^1[a,\ b]$ に対応する分割 $\Delta\ :\ a = x_0 < x_1 < \cdots < x_{n+1} = b$ をとり, 各部分区間 $(x_i,\ x_{i+1})$ において部分積分を実行すれば

$$\begin{aligned}
(\mathcal{L}u,\ v) &= \int_a^b (\mathcal{L}u)v\,dx \\
&= \sum_{i=0}^n \int_{x_i}^{x_{i+1}} (\mathcal{L}u)v\,dx \\
&= \sum_{i=0}^n \int_{x_i}^{x_{i+1}} \{-(pu')' + ru\}v\,dx \\
&= \sum_{i=0}^n \left(-\Big[(pu')v\Big]_{x_i}^{x_{i+1}} + \int_{x_i}^{x_{i+1}} \{(pu')v' + ruv\}dx \right) \\
&= -(pu')v\Big|_a^b + \int_a^b \{(pu')v' + ruv\}dx \\
&= \int_a^b \{(pu')v' + ruv\}dx \quad (\because\ v(a) = v(b) = 0) \\
&= [u,\ v].
\end{aligned}$$

証明終 ∎

> **定理 4.1** 次の命題 (i), (ii) は同値である.
>
> (i) $u \in V$ は方程式
> $$[u,\ v] = (f,\ v) \quad \forall\, v \in V \tag{4.5}$$
> の解である.
> (ii) $u \in V$ は $F(u) = \inf_{v \in V} F(v)$ をみたす (記号 inf については 60 頁付記参照).

【証明】 (i) $\Rightarrow$ (ii) $u \in V$ かつ $[u,\ v] = (f,\ v) \quad \forall\, v \in V$ とすれば

$$\begin{aligned}
F(u+v) - F(u) &= \frac{1}{2}[u+v,\ u+v] - (f,\ u+v) - \left\{\frac{1}{2}[u,\ u] - (f,\ u)\right\} \\
&= [u,\ v] - (f,\ v) + \frac{1}{2}[v,\ v] \tag{4.6} \\
&= \frac{1}{2}\|v\|_V^2 \geq 0.
\end{aligned}$$

$$\therefore\ F(u+v) \geq F(u) \quad \forall\, v \in V.$$

$u \in V$ かつ $v - u \in V$ であるから上の不等式において v として $v - u$ をとれば

$$F(v) \geq F(u) \quad \forall\, v \in V$$

を得る. よって

$$\inf_{v \in V} F(v) \geq F(u) \geq \inf_{v \in V} F(v),$$

すなわち

$$F(u) = \inf_{v \in V} F(v).$$

(ii) $\Rightarrow$ (i) $u \in V$ かつ $F(u) = \inf_{v \in V} F(v)$
(したがって $\inf_{v \in V} F(v) = \min_{v \in V} F(v)$)
とすれば

$$F(u + \theta v) \geq F(u) \quad \forall\, v \in V \quad \text{かつ} \quad \forall\, \theta \in \mathbb{R}. \tag{4.7}$$

一方 (4.6) より

$$F(u+\theta v) - F(u) = [u,\ \theta v] - (f,\ \theta v) + \frac{1}{2}[\theta v,\ \theta v]$$
$$= \{[u,\ v] - (f,\ v)\}\theta + \frac{1}{2}\|v\|_V^2 \theta^2. \tag{4.8}$$

(4.7) と (4.8) より $v \in V$ に対して

$$\{[u,\ v] - (f,\ v)\}\theta + \frac{1}{2}\|v\|_V^2 \theta^2 \geq 0 \quad \forall\,\theta \in \mathbb{R}.$$
$$\therefore\ [u,\ v] - (f,\ v) = 0 \quad \forall\,v \in V. \qquad 証明終 \quad\blacksquare$$

u を (BVP) の解とすれば $u \in \mathcal{D} \subset V$ であるから補題 4.1 によって u は (4.5) をみたす.したがって定理 4.1 により $F(u)$ は $F(v)$ $(v \in V)$ の最小値を与える.

一般に V 内で汎関数 $F: V \to \mathbb{R}$ の値を最小にする $v \in V$ を求める問題を**変分問題** (**variational problem**) といい,

$(VP) \qquad\qquad\qquad F(v) \;\to\; \min \quad (v \in V)$

とかく.また方程式 (4.5) を**変分方程式** (**variational equation**) という.定理 4.1 により (VP) は

$(VP)' \qquad\qquad\qquad F(v) \;\to\; \min \quad (v \in \mathcal{D})$

と同値である.しかし一般な変分問題では最小値が存在するか否かは明らかではない.最小値をもたない簡単な例が Courant-Hilbert[7]) vol.I, 173 頁にある(なお後出の定理 9.5, 9.6 も参照されたい).

系 4.1.1 $u \in \mathcal{D}$ を (BVP) の解とすれば
$$F(v) - F(u) = \frac{1}{2}\|v-u\|_V^2 \quad \forall\,v \in V \tag{4.9}$$
$$> 0 \quad (v \neq u \text{ のとき}).$$

よって u は (VP) と $(VP)'$ の一意解で
$$(BVP) \;\Leftrightarrow\; (VP) \;\Leftrightarrow\; (VP)'$$

が成り立つ.

【証明】 $h = v - u$ とおけば (4.6) によって
$$F(v) - F(u) = F(u+h) - F(u) = \frac{1}{2}||h||_V^2$$
を得る. 系 2.3.1 により (BVP) の解はただ 1 つ存在し (VP) と $(VP)'$ の一意解を与える.   証明終 ■

【付記】(**sup** と **inf** について) 集合 $S(\subset \mathbb{R})$ に対し, $x \leq \alpha \quad \forall\, x \in S$ をみたす $\alpha \in \mathbb{R}$ を S の上界 (じょうかい) といい, このような α が有限値として存在するとき S は上に有界な集合であるという. また $x \geq \beta \quad \forall\, x \in S$ をみたす $\beta \in \mathbb{R}$ を S の下界 (かかい) という. 下に有界な集合も同様に定義される.

実数の連続性により, 上に有界な集合では上界の集合には最小なものが常に存在し, 下に有界な集合では下界の集合には最大なものが常に存在する (証明省略) ので, それらをそれぞれ S の上限, 下限といい $\sup S$ (または $\sup_{x \in S} x$), $\inf S$ (または $\inf_{x \in S} x$) であらわす. ただし S が上に有界でないとき, すなわち有限な上界 α が存在しないときは $\sup S = \infty$, また S が下に有界でないとき, すなわち有限な下界 β が存在しないときは $\inf S = -\infty$ と約束する.

したがって $\xi = \sup_{v \in V} F(v)$ とするとき, $\xi = F(y)$ となる $y \in V$ が存在すれば $\xi = \max_{v \in V} F(v)$ である. また $\eta = \inf_{v \in V} F(v)$ とするとき, $\eta = F(z)$ となる $z \in V$ が存在するならば $\eta = \min_{v \in V} F(v)$ である.

なお, 記号 sup と inf はそれぞれ supremum と infimum の略であるが, least upper bound (最小上界) と greatest lower bound (最大下界) の頭文字をとって, $\sup S$, $\inf S$ をそれぞれ lub$S$, glb$S$ とかくこともある.

4.2　Ritz 法

関数 $\varphi_1(x), \ldots, \varphi_n(x), \ldots \in \mathcal{D}$ をえらんで
$$v_n(x) = \sum_{i=1}^{n} c_i \varphi_i(x) \quad (c_1, \ldots, c_n は定数)$$

とおけば

$$F(v_n) = \frac{1}{2}\Big[\sum_{i=1}^n c_i\varphi_i,\ \sum_{j=1}^n c_j\varphi_j\Big] - \Big(f,\ \sum_{i=1}^n c_i\varphi_i\Big)$$

$$= \frac{1}{2}\sum_{i,\,j=1}^n [\varphi_i,\ \varphi_j]c_ic_j - \sum_{i=1}^n (f,\ \varphi_i)c_i. \qquad (4.10)$$

ここで

$$a_{ij} = [\varphi_i,\ \varphi_j], \quad A = (a_{ij}),$$
$$b_i = (f,\ \varphi_i), \quad \boldsymbol{b} = (b_1,\ldots,b_n)^{\mathrm{t}},$$
$$\boldsymbol{c} = (c_1,\ldots,c_n)^{\mathrm{t}}$$

とおき，(4.10) を行列・ベクトル表示すれば

$$F(v_n) = \frac{1}{2}(A\boldsymbol{c},\ \boldsymbol{c}) - (\boldsymbol{b},\ \boldsymbol{c}). \qquad (4.11)$$

n 次行列 A は内積 [,] に関し，$\varphi_1,\ldots,\varphi_n$ のつくる Gram 行列であるから，$\varphi_1,\ldots,\varphi_n$ が $\overline{E}$ 上 1 次独立ならば A は正定値対称行列である (山本[40] 定理 2.14)．したがって A は正則で n 元連立 1 次方程式 $A\boldsymbol{c} = \boldsymbol{b}$ は一意解をもつ．

このとき次の定理が成り立つ．

定理 4.2 任意の n につき，$\varphi_1,\ldots,\varphi_n$ は $\overline{E}$ 上 1 次独立と仮定し，$\boldsymbol{c}^* = (c_1^*,\ldots,c_n^*)^{\mathrm{t}}$ を $A\boldsymbol{c} = \boldsymbol{b}$ の一意解とする．このとき

$$S_n = \mathrm{span}\{\varphi_1,\ldots,\varphi_n\} = \Big\{\sum_{i=1}^n c_i\varphi_i \mid c_1,\ldots,c_n \in \mathbb{R}\Big\},$$

$$v_n^* = \sum_{i=1}^n c_i^*\varphi_i$$

とおけば

$$\min_{v\in S_n} F(v) = F(v_n^*).$$

すなわち v_n^* は変分問題 $F(v) \to \min\ (v \in S_n)$ の一意解で，u を (BVP) の一意解とするとき

$$F(v_n^*) \geq F(v_{n+1}^*) \geq \cdots \geq F(u). \tag{4.12}$$

【証明】 $v_n = \sum_{i=1}^{n} c_i \varphi_i$ とおけば (4.10) より

$$\frac{\partial F(v_n)}{\partial c_i} = 0 \quad (1 \leq i \leq n) \Leftrightarrow \sum_{j=1}^{n} a_{ij} c_j - b_i = 0 \quad (1 \leq i \leq n)$$

$$\Leftrightarrow A\boldsymbol{c} = \boldsymbol{b}. \tag{4.13}$$

$\boldsymbol{c}^*$ を (4.13) の一意解とすれば (4.11) より

$$\begin{aligned}
F(v_n) &= \frac{1}{2}(A\boldsymbol{c},\ \boldsymbol{c}) - (A\boldsymbol{c}^*,\ \boldsymbol{c}) \\
&= \frac{1}{2}(A(\boldsymbol{c}-\boldsymbol{c}^*),\ \boldsymbol{c}-\boldsymbol{c}^*) - \frac{1}{2}(A\boldsymbol{c}^*,\ \boldsymbol{c}^*) \\
&\geq -\frac{1}{2}(A\boldsymbol{c}^*,\ \boldsymbol{c}^*) \quad (\text{等号は}\ \boldsymbol{c}-\boldsymbol{c}^* = \boldsymbol{0}\ \text{のときに限る}) \\
&= F(v_n^*).
\end{aligned}$$

よって $v_n \neq v_n^*$ ならば $F(v_n) > F(v_n^*)$ であり,v_n^* は変分問題

$$F(v_n) \to \min \quad (v_n \in S_n)$$

の一意解である.

また u を (BVP) の解とするとき $S_n \subset S_{n+1} \subset V$ と定理 4.1 より

$$F(v_n^*) \geq F(v_{n+1}^*) \geq \cdots \geq \inf_{v \in V} F(v) = F(u) = \min_{v \in \mathcal{D}} F(v)$$

を得る. 証明終 ∎

このようにして (BVP) の近似解 v_n^* を求める方法を **Ritz** (リッツ) 法といい,v_n^* を第 n **Ritz** 近似という.

しかし (4.12) は必ずしも

$$\lim_{n \to \infty} F(v_n^*) = F(u) \tag{4.14}$$

を意味しないから $\varphi_1, \ldots, \varphi_n \in \mathcal{D}$ の選択は容易ではない.

Ritz 法のこの難点を克服する方法として 1950 年代後半に登場したのは有限

要素法 (finite element method, 略して FEM) である．この方法は φ_n として
スプライン関数 (spline function) を用いる．

次節において最も簡単な 1 次のスプライン関数の性質を述べ，§4.4 において
この関数を用いる FEM の収束性 (4.14) を証明する．さらに §4.5 においてこ
の方法は有限差分法 (finite difference method, 略して FDM) とよく整合した
性質をもつことを簡単な例で示す．

4.3　スプライン関数

区間 $\overline{E} = [a, b]$ の分割

$$\Delta : a = x_0 < x_1 < \cdots < x_n < x_{n+1} = b \tag{4.15}$$

$$(h_i = x_i - x_{i-1},\ h = \max h_i とおく)$$

に対し，次の条件をみたす区分的 m 次多項式 $S_\Delta^m(x)$ を Δ に属する m 次のス
プライン関数という．

(i)　$S_\Delta^m(x) \in C^{m-1}(\overline{E})$.

(ii)　$S_\Delta^m(x)$ は各部分区間 $[x_i,\ x_{i+1}]$ $(0 \leq i \leq n)$ において m 次多項式で
ある．

特に $m = 1$ のとき $S_\Delta^1(x)$ は連続な折れ線関数であり，各点 x_i における値を指
定すれば一意に定まる．実際，$1 \leq i \leq n$ に対し

$$\widehat{\varphi}_i(x) = \begin{cases} 0 & (a \leq x \leq x_{i-1}), \\ \dfrac{1}{h_i}(x - x_{i-1}) & (x_{i-1} \leq x \leq x_i), \\ \dfrac{1}{h_{i+1}}(x_{i+1} - x) & (x_i \leq x \leq x_{i+1}), \\ 0 & (x_{i+1} \leq x \leq b), \end{cases}$$

$i = 0,\ n+1$ に対し

$$\widehat{\varphi}_0(x) = \begin{cases} \dfrac{1}{h_1}(x_1 - x) & (a \leq x \leq x_1), \\ 0 & (x_1 \leq x \leq b), \end{cases}$$

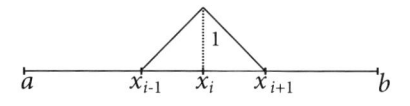

図 4.1　$\widehat{\varphi}_i(x)$　$(1 \leq i \leq n)$

図 4.2　$\widehat{\varphi}_0(x)$　　　　　　　図 4.3　$\widehat{\varphi}_{n+1}(x)$

$$\widehat{\varphi}_{n+1}(x) = \begin{cases} 0 & (a \leq x \leq x_n), \\ \dfrac{1}{h_{n+1}}(x - x_n) & (x_n \leq x \leq b) \end{cases}$$

とおく (図 4.1〜図 4.3 参照).

このとき点 (x_i, y_i)　$(0 \leq i \leq n+1)$ を結ぶ折れ線関数は

$$S_\Delta^1(x) = \sum_{i=0}^{n+1} y_i \widehat{\varphi}_i(x)$$

とかける. 特に $u(x)$ を (BVP) の解とし $y_i = u(x_i)$ とすれば $u \in \mathcal{D}$ より $y_0 = y_{n+1} = 0$, したがって

$$S_\Delta^1(x) = \sum_{i=1}^{n} S_\Delta^1(x_i) \widehat{\varphi}_i(x) = \sum_{i=1}^{n} u(x_i) \widehat{\varphi}_i(x)$$

とかける.

以下 $S_\Delta^1(x)$ を $S_\Delta(x)$ と略記すれば, $x \in (x_i, x_{i+1})$ のとき

$$\frac{dS_\Delta(x)}{dx} = \frac{1}{h_{i+1}}\bigl(u(x_{i+1}) - u(x_i)\bigr).$$

$$\therefore\ \frac{du(x)}{dx} - \frac{dS_\Delta(x)}{dx} = u'(x) - \frac{1}{h_{i+1}}\bigl(u(x_{i+1}) - u(x_i)\bigr). \tag{4.16}$$

$u \in C^2(\overline{E})$ に注意して

$$u(x_{i+1}) - u(x_i) = u(x_{i+1}) - u(x) - \bigl(u(x_i) - u(x)\bigr)$$

$$= (x_{i+1} - x)u'(x) + \frac{1}{2}(x_{i+1} - x)^2 u''(\xi)$$
$$- \left\{ (x_i - x)u'(x) + \frac{1}{2}(x_i - x)^2 u''(\eta) \right\}$$
$$(x < \xi < x_{i+1},\ x_i < \eta < x)$$
$$= h_{i+1} u'(x) + \frac{1}{2}\{(x_{i+1} - x)^2 u''(\xi) - (x_i - x)^2 u''(\eta)\}.$$
$$\therefore\ \frac{du(x)}{dx} - \frac{dS_\Delta(x)}{dx} = -\frac{1}{2h_{i+1}}\{(x_{i+1} - x)^2 u''(\xi) - (x_i - x)^2 u''(\eta)\}.$$

よって $M = \|u''\|_{\overline{E}}$ とおけば
$$\left| \frac{du(x)}{dx} - \frac{dS_\Delta(x)}{dx} \right| \le \frac{1}{2h_{i+1}}\{(x_{i+1} - x)^2 + (x - x_i)^2\} M$$
$$\le \frac{1}{2} h_{i+1} M \le \frac{1}{2} hM, \quad x \in (x_i,\ x_{i+1}). \tag{4.17}$$

$$\left(\begin{array}{c} \alpha = x_{i+1} - x,\ \beta = x - x_i \text{とおけば } h_{i+1} = \alpha + \beta. \\ \therefore\ \alpha^2 + \beta^2 \le (\alpha + \beta)^2 = h_{i+1}^2. \end{array} \right)$$

区間 $[x_i,\ x_{i+1}]$ の端点 x_i と x_{i+1} においては $S'_\Delta(x_i) = S'_\Delta(x_i + 0)$, $S'_\Delta(x_{i+1}) = S'_\Delta(x_{i+1} - 0)$ と定めれば (4.16) は $x = x_i$ と $x = x_{i+1}$ のときも成り立ち, (4.17) は $x \in [x_i,\ x_{i+1}]$ に対して成り立つ.

さらに
$$\kappa = \begin{cases} i & (x - x_i \le x_{i+1} - x \text{ のとき}), \\ i+1 & (x_{i+1} - x < x - x_i \text{ のとき}) \end{cases}$$
とおけば, $|x - x_\kappa| \le \frac{1}{2} h_{i+1} \le \frac{1}{2} h\ \forall\ x \in [x_i,\ x_{i+1}]$ であり
$$u(x) - S_\Delta(x) = \int_{x_\kappa}^{x} \{u'(t) - S'_\Delta(t)\} dt \quad (\because\ u(x_\kappa) = S_\Delta(x_\kappa)).$$
$$\therefore\ |u(x) - S_\Delta(x)| \le \left| \int_{x_\kappa}^{x} \frac{1}{2} hM\, dt \right| = \frac{1}{2} hM |x - x_\kappa|$$
$$\le \frac{1}{4} h^2 M, \quad x \in [x_i,\ x_{i+1}]. \tag{4.18}$$

4.4 有限要素法

前節に定義した 1 次のスプライン関数 $\widehat{\varphi}_1, \ldots, \widehat{\varphi}_n$ は V に属しかつ $\overline{E} = [a, b]$ 上 1 次独立であるから定理 4.2 が使える. すなわち

$$\widehat{S}_n = \mathrm{span}\{\widehat{\varphi}_1, \ldots, \widehat{\varphi}_n\},$$
$$\widehat{A} = ([\widehat{\varphi}_i, \widehat{\varphi}_j])_{1 \leq i,\ j \leq n},$$
$$\widehat{b}_i = (f, \widehat{\varphi}_i), \quad \widehat{\boldsymbol{b}} = (\widehat{b}_1, \ldots, \widehat{b}_n)^{\mathrm{t}}$$

とおき, $\widehat{\boldsymbol{c}} = (\widehat{c}_1, \ldots, \widehat{c}_n)^{\mathrm{t}}$ を $\widehat{A}\boldsymbol{c} = \widehat{\boldsymbol{b}}$ の一意解として,対応する第 n Ritz 近似

$$\widehat{v}_n = \sum_{i=1}^n \widehat{c}_i \widehat{\varphi}_i$$

をつくれば

$$\min_{v \in \widehat{S}_n} F(v) = F(\widehat{v}_n)$$

である.

このとき次の定理が成り立つ.

定理 4.3 適当な正定数 C をとれば,$h \to 0$ のとき

$$\|\widehat{v}_n - u\|_{\overline{E}} \leq Ch \ \to\ 0.$$

すなわち $\widehat{v}_n$ は u に収束する.

このようにして u の近似解を求める方法を有限要素法,$\widehat{v}_n$ を 1 次要素を用いる第 n 有限要素近似という.

定理 4.3 を証明するために,まず次の 2 つの補題を証明する.

補題 4.2

$$p_* = \min_{x \in \overline{E}} p(x),\ \lambda = \frac{p_*}{b-a},\ \Lambda = (b-a)\|p\|_{\overline{E}} + (b-a)^3 \|r\|_{\overline{E}}$$

とおくとき，$v \in V$ ならば次が成り立つ．
$$\sqrt{\lambda}||v||_{\overline{E}} \leq ||v||_V \leq \sqrt{\Lambda}||v'||_{\overline{E}}.$$

【証明】 $v \in V$ ならば $v(x) = \int_a^x v'(t)dt$.

$$\therefore \ v(x)^2 = \left(\int_a^x v'(t)dt\right)^2 \leq \left(\int_a^x 1^2 dt\right)\left(\int_a^x |v'(t)|^2 dt\right)$$
$$\leq (b-a)||v'||^2 \tag{4.19}$$
$$\leq (b-a)^2||v'||_{\overline{E}}^2.$$
$$\therefore \ ||v||_{\overline{E}} \leq (b-a)||v'||_{\overline{E}}. \tag{4.20}$$

$$\therefore \ [v, \ v] = \int_a^b \{p(v')^2 + rv^2\}dt$$
$$\leq (b-a)||p||_{\overline{E}}||v'||_{\overline{E}}^2 + (b-a)||r||_{\overline{E}}||v||_{\overline{E}}^2$$
$$\leq \Lambda ||v'||_{\overline{E}}^2 \quad ((4.20) \text{による}). \tag{4.21}$$

一方
$$[v, \ v] \geq \int_a^b p|v'|^2 dt \geq p_*||v'||^2$$
$$\geq \frac{p_*}{b-a}||v||_{\overline{E}}^2 \quad ((4.19) \text{による})$$
$$= \lambda ||v||_{\overline{E}}^2. \tag{4.22}$$

(4.21) と (4.22) より
$$\sqrt{\lambda}||v||_{\overline{E}} \leq ||v||_V \leq \sqrt{\Lambda}||v'||_{\overline{E}}$$

を得る． 証明終 ■

補題 4.3 u を (BVP) の解とし，$\widehat{S}_n = \mathrm{span}\{\widehat{\varphi}_1, \ldots, \widehat{\varphi}_n\}$ とおく．$\widehat{v}_n$ を 1 次要素を用いる第 n 有限要素近似とするとき，次が成り立つ．

(i) $\quad ||\widehat{v}_n - u||_V \leq ||v - u||_V \quad \forall \ v \in \widehat{S}_n.$

(ii) $||\widehat{v}_n - u||_{\overline{E}} \leq \sqrt{\dfrac{\Lambda}{\lambda}}||v' - u'||_{\overline{E}} \quad \forall\, v \in \widehat{S}_n.$

【証明】 (i) 補題 4.1 により u は変分方程式 (4.5) をみたす．ゆえに

$$[u,\ v] = (f,\ v) \quad \forall\, v \in \widehat{S}_n \quad (\because\ \widehat{S}_n \subset V).$$

$$\begin{aligned}
\therefore\ [v-u,\ v-u] &= [v,\ v] - 2[v,\ u] + [u,\ u] \\
&= 2F(v) + [u,\ u] \\
&\geq 2F(\widehat{v}_n) + [u,\ u] \\
&= [\widehat{v}_n - u,\ \widehat{v}_n - u] \quad (\because\ [u,\ \widehat{v}_n] = (f,\ \widehat{v}_n)).
\end{aligned}$$

$$\therefore\ ||\widehat{v}_n - u||_V \leq ||v - u||_V \quad \forall\, v \in \widehat{S}_n. \tag{4.23}$$

(ii) 補題 4.2 を $\widehat{v}_n - u \in V$ に適用すれば

$$\sqrt{\lambda}||\widehat{v}_n - u||_{\overline{E}} \leq ||\widehat{v}_n - u||_V. \tag{4.24}$$

(4.23) と補題 4.2 によって

$$\begin{aligned}
||\widehat{v}_n - u||_V &\leq ||v - u||_V \quad \forall\, v \in \widehat{S}_n \\
&\leq \sqrt{\Lambda}||(v - u)'||_{\overline{E}} \\
&= \sqrt{\Lambda}||v' - u'||_{\overline{E}}.
\end{aligned} \tag{4.25}$$

(4.24) と (4.25) より

$$\sqrt{\lambda}||\widehat{v}_n - u||_{\overline{E}} \leq \sqrt{\Lambda}||v' - u'||_{\overline{E}} \quad \forall\, v \in \widehat{S}_n.$$

$$\therefore\ ||\widehat{v}_n - u||_{\overline{E}} \leq \sqrt{\dfrac{\Lambda}{\lambda}}||v' - u'||_{\overline{E}} \quad \forall\, v \in \widehat{S}_n. \qquad 証明終\ \blacksquare$$

【定理 4.3 の証明】 $v(x) = \displaystyle\sum_{i=1}^{n} u(x_i)\widehat{\varphi}_i(x)$ とおけば $v = S_\Delta(x) \in \widehat{S}_n \subset V$. ゆえに (4.17) によって

$$||v' - u'||_{\overline{E}} \leq \dfrac{1}{2}hM \quad (M = ||u''||_{\overline{E}}).$$

補題 4.3 (ii) の不等式の右辺に上の不等式を代入すれば

$$||\widehat{v}_n - u||_{\overline{E}} \leq \sqrt{\frac{\Lambda}{\lambda}} \cdot \frac{1}{2}hM = Ch \quad \left(C = \frac{1}{2}\sqrt{\frac{\Lambda}{\lambda}}M\right).$$

C は分割 Δ と v に無関係な定数である．かくして定理 4.3 が示された．

証明終 ∎

定理 4.3 によれば，1 次要素を用いる有限要素解の精度は 1 次 (h のオーダー) であるが，実は **Nitsche** のトリックまたは **Nitsche** のリフトと呼ばれる巧妙な技法によって L^2 ノルムに関して 2 次 (h^2 のオーダー) であることが知られている．証明は山本 [37] を参照されたい．

一方，次章定理 5.7 で示すように，任意分点を用いる有限差分解の精度は，打ち切り誤差が 1 次精度であっても，解 u が C^4 級ならば最大値ノルムに関して 2 次精度である．これは我が国ではあまり知られていない事実である．

FDM と FEM の原理は全く異なるが，このように両者は絶妙なバランスを保っているのである．

4.5　有限要素行列と有限差分行列の比較

この章を終えるにあたって，簡単な境界値問題

$$-u'' + ru = f \ (x \in E), \quad u(a) = u(b) = 0 \quad (r \text{ と } f \text{ は定数})$$

を例にとり，FEM と FDM の係数行列 $\widehat{A}$ と A を比較してみよう．

4.5.1　有限要素行列

1 次要素 $\widehat{\varphi}_i \ (1 \leq i \leq n)$ を再記すれば

$$\widehat{\varphi}_i(x) = \begin{cases} \dfrac{1}{h_i}(x - x_{i-1}) & (x_{i-1} \leq x \leq x_i), \\ \dfrac{1}{h_{i+1}}(x_{i+1} - x) & (x_i \leq x \leq x_{i+1}), \\ 0 & (\text{そのほか}). \end{cases}$$

したがって $|i - j| \geq 2$ のとき $\widehat{\varphi}_i(x)\widehat{\varphi}_j(x) = 0 \ \forall x \in \overline{E}$ であるから，r が定数でなくても $[\widehat{\varphi}_i, \widehat{\varphi}_j] = 0 \ (|i - j| \geq 2)$ となって $\widehat{A} = ([\widehat{\varphi}_i, \widehat{\varphi}_j])$ は対称な 3

重対角行列である．

さらに計算を実行すれば，r と f が定数のとき

$$[\widehat{\varphi}_i,\ \widehat{\varphi}_i] = \frac{1}{h_i} + \frac{1}{h_{i+1}} + \frac{r}{3}(h_i + h_{i+1}) \quad (1 \leq i \leq n),$$

$$[\widehat{\varphi}_i,\ \widehat{\varphi}_{i+1}] = -\frac{1}{h_{i+1}} + \frac{r}{6}h_{i+1} = [\widehat{\varphi}_{i+1},\ \widehat{\varphi}_i] \quad (1 \leq i \leq n-1),$$

$$(f,\ \widehat{\varphi}_i) = \frac{f}{2}(h_i + h_{i+1})$$

となる．

よって有限要素方程式は次で与えられる．

$$\widehat{A}\boldsymbol{c} = fH\boldsymbol{e}. \tag{4.26}$$

ただし

$$\widehat{A} = \begin{pmatrix} \hat{a}_1 & \hat{b}_1 & & & \huge 0 \\ \hat{b}_1 & \hat{a}_2 & \hat{b}_2 & & \\ & \hat{b}_2 & \ddots & \ddots & \\ & & \ddots & \hat{a}_{n-1} & \hat{b}_{n-1} \\ \huge 0 & & & \hat{b}_{n-1} & \hat{a}_n \end{pmatrix},$$

$$\hat{a}_i = \frac{1}{h_i} + \frac{1}{h_{i+1}} + \frac{r}{3}(h_i + h_{i+1}) \quad (1 \leq i \leq n),$$

$$\hat{b}_i = -\frac{1}{h_{i+1}} + \frac{r}{6}h_{i+1} \quad (1 \leq i \leq n-1),$$

$$\boldsymbol{c} = (c_1, \ldots, c_n)^{\mathrm{t}},$$

$$H = \mathrm{diag}\Big(\frac{1}{2}(h_1 + h_2), \ldots, \frac{1}{2}(h_n + h_{n+1})\Big),$$

$$\boldsymbol{e} = (1, \ldots, 1)^{\mathrm{t}}.$$

4.5.2 有限差分行列

この場合対応する差分方程式 (3.14) は $(BC4)$ の場合であって

$$A\boldsymbol{U} = fH\boldsymbol{e} \tag{4.27}$$

である. ただし

$$A = \begin{pmatrix} a_1 & -1/h_2 & & \\ -1/h_2 & a_2 & \ddots & \\ & \ddots & \ddots & -1/h_n \\ & & -1/h_n & a_n \end{pmatrix},$$

$$a_i = \frac{1}{h_i} + \frac{1}{h_{i+1}} + \frac{r}{2}(h_i + h_{i+1}) \quad (1 \leq i \leq n),$$

$$\boldsymbol{U} = (U_1, \ldots, U_n)^{\mathrm{t}}.$$

また H と $\boldsymbol{e}$ は (4.26) で定義された対角行列とベクトルである.

したがって $r=0$ ならば $\widehat{A} = A$ で (4.26) と (4.27) は同一の方程式となるが, $r \neq 0$ ならば $\widehat{A}$ と A は微妙に異なることがわかる.

第5章 Green 行列

5.1 3重対角行列

第3章でみたように，2点境界値問題 ($\mathcal{L}, \mathcal{D}$) を有限差分近似すれば，次の形の行列 A があらわれる．

$$A = \begin{pmatrix} b_1 & c_1 & & & \\ a_2 & b_2 & c_2 & & \\ & \ddots & \ddots & \ddots & \\ & & a_{m-1} & b_{m-1} & c_{m-1} \\ & & & a_m & b_m \end{pmatrix}. \tag{5.1}$$

(勿論 §3.2 (BC1)〜(BC4) に応じて $m = n+2,\ n+1,\ n$ である．)

(5.1) は **3重対角行列**または **3対角行列** (**tridiagonal matrix**) と呼ばれる．この形の行列は微分方程式だけでなくほかの各種問題とも関連してあらわれ，それ自身興味深い性質をもつ．

この節では，2点境界値問題からひとまず離れて，3重対角行列の一般的性質について述べる．

定理 5.1 (山本[36], Yamamoto[32]) A を (5.1) の形の実3重対角行列とする．$a_i \neq 0\ \forall i$ のとき，A が対角化可能であるための必要十分条件は A の固有値がすべて相異なることである．

【証明】 A を対角化可能と仮定する．k 個の勝手な数 (実数または複素数) $\alpha_1, \ldots, \alpha_k$ をとり，I_m を m 次単位行列として

$$\widetilde{A} = (A - \alpha_1 I_m) \cdots (A - \alpha_k I_m)$$

をつくれば，簡単な計算により，$k < m$ ならば $\widetilde{A}$ の $(k+1, 1)$ 要素は $a_2 a_3 \cdots a_{k+1} \neq 0$ であり，$\widetilde{A} \neq O$. よって A の最小多項式の次数は m でなければならない．したがって A の固有値はすべて相異なる．

逆に A の固有値 $\lambda_1, \ldots, \lambda_m$ が相異なれば，対応する m 個の固有ベクトルを並べてつくった行列 V は正則で $AV = V \mathrm{diag}(\lambda_1, \ldots, \lambda_m)$ となり，A は V により対角化される． 証明終 ∎

よく知られているように，実対称行列 ($A^{\mathrm{t}} = A$) および実交代行列 ($A^{\mathrm{t}} = -A$) は対角化可能であり，それらの固有値はそれぞれ実数および純虚数であるから，次の系を得る．

系 5.1.1 $a_i \neq 0 \quad \forall i$ なる実対称 3 重対角行列 A の固有値はすべて相異なる実数である．

系 5.1.2 $a_i \neq 0 \quad \forall i$ なる実交代 3 重対角行列 A の固有値はすべて相異なる純虚数である．

なお，定理 5.1 の証明は複素 3 重対角行列に対してもそのまま通用する．よく知られているように，正規行列 (A の共役転置行列を A^* とするとき $AA^* = A^*A$ をみたす行列) は，ユニタリ行列により対角化可能 (山本 [40] 系 2.3.2) であるから，次が成り立つ．

系 5.1.3 (5.1) の行列 A は複素行列も許すとする．A が正規行列で $a_i \neq 0 \quad \forall i$ ならば，A の固有値はすべて相異なる．

系 5.1.1 と系 5.1.2 はこの系の特別な場合である．

定理 5.2 (5.1) において a_i, c_i は実数で $a_i c_{i-1} > 0 \quad (2 \leq i \leq m)$ のとき次が成り立つ．

(i) A の任意の固有値 λ の虚数部分 $\mathrm{Im}(\lambda)$ は次をみたす.
$$\min_i \mathrm{Im}(b_i) \leq \mathrm{Im}(\lambda) \leq \max_i \mathrm{Im}(b_i). \tag{5.2}$$

(ii) b_i がすべて実数ならば A の固有値は相異なる実数である.

(iii) (Cauchy) b_i がすべて実数ならば A の相隣る固有値の間に A の $m-1$ 次首座小行列

$$A_{m-1} = A\begin{pmatrix} 1 & 2 & \cdots & m-1 \\ 1 & 2 & \cdots & m-1 \end{pmatrix} = \begin{pmatrix} b_1 & c_1 & & \\ a_2 & b_2 & \ddots & \\ & \ddots & \ddots & c_{m-1} \\ & & a_{m-1} & b_{m-1} \end{pmatrix}$$

の固有値が丁度1つある. すなわち $\lambda_1 > \cdots > \lambda_m$ を A の固有値, $\lambda_1^{(m-1)} > \cdots > \lambda_{m-1}^{(m-1)}$ を A_{m-1} の固有値とすれば

$$\lambda_1 > \lambda_1^{(m-1)} > \lambda_2 > \lambda_2^{(m-1)} > \lambda_3 > \cdots > \lambda_{m-1}^{(m-1)} > \lambda_m.$$

【証明】 (i) $a_i c_{i-1} > 0 \ (2 \leq i \leq m)$ のとき, 対角行列 $D = \mathrm{diag}(d_1, \ldots, d_m)$ を

$$d_1 = 1, \quad d_i = \prod_{k=2}^{i} \sqrt{\frac{a_k}{c_{k-1}}} \quad (2 \leq i \leq m)$$

として定めれば

$$D^{-1}AD = \begin{pmatrix} b_1 & \sqrt{a_2 c_1} & & & \\ \sqrt{a_2 c_1} & b_2 & \ddots & & \\ & \ddots & \ddots & & \sqrt{a_m c_{m-1}} \\ & & \sqrt{a_m c_{m-1}} & b_m \end{pmatrix}. \tag{5.3}$$

$D^{-1}AD$ の固有値 λ に対応する長さ1の固有ベクトルを $\boldsymbol{x} = (x_1, \ldots, x_m)^{\mathrm{t}}$ とすれば $D^{-1}AD\boldsymbol{x} = \lambda \boldsymbol{x}$ より

$$\lambda = \lambda \boldsymbol{x}^* \boldsymbol{x} = \boldsymbol{x}^* (D^{-1}AD\boldsymbol{x})$$

$$= \sum_{i=1}^{m} b_i |x_i|^2 + \sum_{i=1}^{m-1} \sqrt{a_{i+1}c_i}(\overline{x}_i x_{i+1} + x_i \overline{x}_{i+1}).$$

$$\therefore \mathrm{Im}(\lambda) = \mathrm{Im}\Big(\sum_{i=1}^{m} b_i |x_i|^2\Big) = \sum_{i=1}^{m} \mathrm{Im}(b_i)|x_i|^2.$$

$$\therefore \Big(\min_i \mathrm{Im}(b_i)\Big) \sum_{i=1}^{m} |x_i|^2 \le \mathrm{Im}(\lambda) \le \Big(\max_i \mathrm{Im}(b_i)\Big) \sum_{i=1}^{m} |x_i|^2.$$

よって (5.2) が成り立つ.

(ii) b_i がすべて実数ならば (5.3) より $D^{-1}AD$ は実対称行列であり,直交行列により対角化可能である.よって定理 5.1 により $D^{-1}AD$ の固有値は相異なる実数である.$D^{-1}AD$ と A の固有値は同じであるから (ii) が示された.

(iii) この結果は Cauchy によるものであるが,ここでは Ostrowski (オストロスキーまたはオストロフスキー) (1952) による証明を紹介する.

(5.3) によって A は最初から実対称 ($a_{i+1} = c_i \ \ \forall \, i$) としてよい.このとき

$$A_{m-1} = \begin{pmatrix} b_1 & c_1 & & \\ c_1 & b_2 & \ddots & \\ & \ddots & \ddots & c_{m-2} \\ & & c_{m-2} & b_{m-1} \end{pmatrix}$$

も対称行列であるから適当な $m-1$ 次直交行列 T_{m-1} により

$$T_{m-1}^{\mathrm{t}} A_{m-1} T_{m-1} = \begin{pmatrix} \lambda_1^{(m-1)} & & \\ & \ddots & \\ & & \lambda_{m-1}^{(m-1)} \end{pmatrix}$$

と対角化できる.簡単のため $\lambda_i^{(m-1)}$ を λ_i' とかけば定理 5.1 により $i \ne j$ ならば $\lambda_i' \ne \lambda_j'$ である.ここで

$$T = \begin{pmatrix} T_{m-1} & \\ & 1 \end{pmatrix}$$

とおけば

$$T^{\mathrm{t}}AT = \begin{pmatrix} \lambda'_1 & & & \alpha_1 \\ & \ddots & & \vdots \\ & & \lambda'_{m-1} & \alpha_{m-1} \\ \hline \alpha_1 & \cdots & \alpha_{m-1} & \alpha_m \end{pmatrix}$$

とかける．いま

$$d_{m-1}(\lambda) = \det(\lambda I_{m-1} - A_{m-1}),$$
$$d_m(\lambda) = \det(\lambda I_m - A)$$

とおけば

$$d_{m-1}(\lambda) = \det\bigl(T_{m-1}(\lambda I_{m-1} - T^{\mathrm{t}}_{m-1}A_{m-1}T_{m-1})T^{\mathrm{t}}_{m-1}\bigr)$$
$$= \det \begin{pmatrix} \lambda - \lambda'_1 & & \\ & \ddots & \\ & & \lambda - \lambda'_{m-1} \end{pmatrix} = \prod_{i=1}^{m-1}(\lambda - \lambda'_i),$$
$$d_m(\lambda) = \det(\lambda I_m - T^{\mathrm{t}}AT)$$
$$= \det \begin{pmatrix} \lambda - \lambda'_1 & & & -\alpha_1 \\ & \ddots & & \vdots \\ & & \lambda - \lambda'_{m-1} & -\alpha_{m-1} \\ -\alpha_1 & \cdots & -\alpha_{m-1} & \lambda - \alpha_m \end{pmatrix}$$
$$= d_{m-1}(\lambda)\Bigl[\lambda - \alpha_m - \sum_{i=1}^{m-1} \frac{|\alpha_i|^2}{\lambda - \lambda'_i}\Bigr]. \tag{5.4}$$

(5.4) の [ ] 内は m 個の開区間

$$(-\infty,\ \lambda'_{m-1}),\ (\lambda'_{m-1},\ \lambda'_{m-2}), \ldots, (\lambda'_1,\ \infty)$$

の各々で $-\infty$ から $+\infty$ に符号をかえるから $d_m(\lambda)$ の m 個の零点はこの各開区間内に丁度 1 個ずつ存在する． 証明終 ∎

■注意 5.1　定理 5.2 (iii) は Hermite 行列の固有値に関する分離定理の特別な場合である．これについては山本 [36), 40)] を参照されたい．

定理 5.3　m 次 3 重対角行列

$$A = \begin{pmatrix} b & c & & & \\ a & b & \ddots & & \\ & \ddots & \ddots & c & \\ & & a & b & \end{pmatrix}, \quad ac > 0$$

の固有値 λ_j と対応する固有ベクトル $\boldsymbol{x}^{(j)}$ は次で与えられる．

$$\lambda_j = b + 2\sqrt{ac}\cos\frac{j\pi}{m+1},$$

$$\boldsymbol{x}^{(j)} = \left(\sin\frac{j\pi}{m+1}, \sqrt{\frac{a}{c}}\sin\frac{2j\pi}{m+1}, \dots, \sqrt{\frac{a}{c}}^{m-1}\sin\frac{mj\pi}{m+1}\right)^{\mathrm{t}}, \quad 1 \leq j \leq m.$$

特に　$b=2,\ a=c=-1$ のときは　$\lambda_j = 4\sin^2\dfrac{j\pi}{2(m+1)}$,

　　　$b=2,\ a=c=1$ のときは　$\lambda_j = 4\cos^2\dfrac{j\pi}{2(m+1)}$.

【証明】

$$T = \begin{pmatrix} 0 & 1 & & \\ 1 & 0 & \ddots & \\ & \ddots & \ddots & 1 \\ & & 1 & 0 \end{pmatrix} \quad (m\text{ 次}),$$

$$D = \mathrm{diag}(d_1, \dots, d_m), \quad d_j = \sqrt{\frac{a}{c}}^{j-1}$$

とおけば

$$D^{-1}AD = bI + \mathrm{sgn}(a)\sqrt{ac}\,T. \tag{5.5}$$

一般に m 次行列 $B = (b_{ij})$ の固有値を $\lambda_1(B), \dots, \lambda_m(B)$ とするとき

$$\rho(B) \equiv \max_i |\lambda_i(B)| \quad (\rho(B) \text{ を } B \text{ のスペクトル半径という})$$
$$\leq ||B||_\infty = \max_i \sum_{j=1}^m |b_{ij}|$$

である (山本 [36],[40]).

この結果を T に適用すれば $\rho(T) \leq ||T||_\infty = 2$ である. よって T の任意の固有値 μ を $\mu = 2\cos\theta$ とおき, μ に対応する固有ベクトルを $\boldsymbol{y} = (y_1, \ldots, y_m)^{\mathrm{t}} \neq 0$ とおく. $T\boldsymbol{y} = \mu\boldsymbol{y}$ を成分ごとにかき下せば

$$y_2 = 2(\cos\theta)y_1,$$
$$y_{k-1} + y_{k+1} = 2(\cos\theta)y_k \quad (2 \leq k \leq m-1), \tag{5.6}$$
$$y_{m-1} = 2(\cos\theta)y_m. \tag{5.7}$$

ここで

$$y_k = \sin k\theta \quad (1 \leq k \leq m) \tag{5.8}$$

とおけば等式

$$\sin(k-1)\theta + \sin(k+1)\theta = 2\cos\theta \sin k\theta$$

によって (5.6) は θ の値によらず自動的にみたされる. さらに (5.8) を (5.7) に代入すれば

$$\sin(m-1)\theta = 2\cos\theta \sin m\theta$$
$$= \sin(m-1)\theta + \sin(m+1)\theta.$$
$$\therefore \sin(m+1)\theta = 0. \quad \therefore \theta = \frac{j\pi}{m+1} \quad (1 \leq j \leq m).$$

これで T の相異なる固有値 $\mu_j = 2\cos\theta_j = 2\cos\frac{j\pi}{m+1}$ と対応する固有ベクトル

$$\boldsymbol{y}^{(j)} = (\sin\theta_j, \ \sin 2\theta_j, \ldots, \sin m\theta_j)^{\mathrm{t}}$$

が定まった. 2つの集合 $\{\cos\theta_j \mid 1 \leq j \leq m\}$ と $\{-\cos\theta_j \mid 1 \leq j \leq m\}$ は一致するから $\mathrm{sgn}(a)\sqrt{ac}T$ の固有値の全体と $\sqrt{ac}T$ の固有値の全体は一致する.

よって A の固有値は a の符号には関係なく $bI + \sqrt{ac}T$ の固有値に等しく

$$\lambda_j = b + 2\sqrt{ac}\cos\theta_j = b + 2\sqrt{ac}\cos\frac{j\pi}{m+1} \quad (1 \leq j \leq m). \tag{5.9}$$

また対応する固有ベクトルは $\boldsymbol{x}^{(j)} = D\boldsymbol{y}^{(j)}$ $(1 \leq j \leq m)$ で与えられる.

特に $b = 2$, $a = c = -1$ のとき $A = 2I - T$ とかけるから

$$\lambda_j = 2 - 2\cos\frac{j\pi}{m+1} = 4\sin^2\frac{j\pi}{2(m+1)} \quad (1 \leq j \leq m)$$

である. (5.9) を適用すれば $\lambda_j = 2 + 2\cos\frac{j\pi}{m+1} = 4\cos^2\frac{j\pi}{2(m+1)}$ $(1 \leq j \leq m)$ となるが両者は番号をつけかえたもので全体としては一致する. 　　証明終　■

■**注意 5.2**　定理 5.3 は $ac < 0$ のときもそのまま成り立つ. ただし, このとき $\sqrt{ac}$ は純虚数をあらわす. 証明は (山本 [41] 定理 3.3) にある.

5.2　Green 行列 (1)

m 次実対称 3 重対角行列

$$A = \begin{pmatrix} b_1 & a_2 & & \\ a_2 & b_2 & \ddots & \\ & \ddots & \ddots & a_m \\ & & a_m & b_m \end{pmatrix}, \quad a_i \neq 0 \quad \forall i \tag{5.10}$$

を考える. この節では次の定理を証明する.

定理 5.4 (Gantmacher-Krein (ガンマッケル・クライン)[14])

(5.10) において A が正則ならば適当な 2 つのベクトル $\boldsymbol{u} = (u_1, \ldots, u_m)$ と $\boldsymbol{v} = (v_1, \ldots, v_m)$ をえらんで

$$A^{-1} = \begin{pmatrix} u_1 v_1 & u_1 v_2 & \cdots & u_1 v_m \\ u_1 v_2 & u_2 v_2 & \cdots & u_2 v_m \\ \vdots & \vdots & \ddots & \vdots \\ u_1 v_m & u_2 v_m & \cdots & u_m v_m \end{pmatrix} = (u_{\min(i,j)} v_{\max(i,j)}) \quad (5.11)$$

とかける.すなわち $A^{-1} = (g_{ij})$ とおくとき

$$g_{ij} = \begin{cases} u_i v_j & (i \leq j), \\ v_i u_j & (i > j). \end{cases} \quad (5.12)$$

逆に (5.12) の形の任意の正則行列 $G = (g_{ij})$, $g_{ij} = u_{\min(i,j)} v_{\max(i,j)}$ はある既約3重対角行列の逆行列に等しい.G は **Green 行列**と呼ばれる (山本[41] 参照).

【証明】 A を (5.10) で定義される正則行列とする.このとき,$\{u_i\}$, $\{\widetilde{v}_i\}$ を次により定める (**Bukhberger-Emel'yanenko** のアルゴリズム):

$$u_0 = 0, \quad u_1 = h_1,$$
$$u_i = -\frac{1}{a_i}(a_{i-1} u_{i-2} + b_{i-1} u_{i-1}) \quad (i = 2, 3, \ldots, m+1),$$
$$\widetilde{v}_{m+1} = 0, \quad \widetilde{v}_m = h_{m+1},$$
$$\widetilde{v}_i = -\frac{1}{a_{i+1}}(b_{i+1} \widetilde{v}_{i+1} + a_{i+2} \widetilde{v}_{i+2}) \quad (i = m-1, \ldots, 1, 0).$$

ただし $h_1 h_{m+1} \neq 0$ とし $a_1 \neq 0$ と $a_{m+1} \neq 0$ は任意でよい.

このとき $u_{m+1} \neq 0$ かつ $\widetilde{v}_0 \neq 0$ である (なぜならば,仮に $u_{m+1} = 0$ とすれば,$\boldsymbol{u} = (u_1, \ldots, u_m)^{\mathrm{t}}$ は $A\boldsymbol{u} = \boldsymbol{0}$ をみたし,$u_1 = h_1 \neq 0$ であるから $\boldsymbol{u} \neq \boldsymbol{0}$.これは A が正則であることに矛盾する.同様に $\widetilde{v}_0 = 0$ としても矛盾を生じる).

この $\{u_i\}$, $\{\widetilde{v}_i\}$ を用いて $\widetilde{g}_{ij}$ を

$$\widetilde{g}_{ij} = \begin{cases} u_i \widetilde{v}_j & (i \leq j), \\ \widetilde{v}_i u_j & (i > j) \end{cases}$$

により定義すると,$i \neq j$ ならば

$$a_i \widetilde{g}_{i-1,j} + b_i \widetilde{g}_{ij} + a_{i+1} \widetilde{g}_{i+1,j}$$
$$= \begin{cases} (a_i u_{i-1} + b_i u_i + a_{i+1} u_{i+1}) \widetilde{v}_j & (i < j \text{ のとき}) \\ (a_i \widetilde{v}_{i-1} + b_i \widetilde{v}_i + a_{i+1} \widetilde{v}_{i+1}) u_j & (i > j \text{ のとき}) \end{cases}$$
$$= 0. \tag{5.13}$$

また $i = j$ のとき

$$a_i \widetilde{g}_{i-1,i} + b_i \widetilde{g}_{ii} + a_{i+1} \widetilde{g}_{i+1,i}$$
$$= a_i u_{i-1} \widetilde{v}_i + b_i u_i \widetilde{v}_i + a_{i+1} \widetilde{v}_{i+1} u_i$$
$$= a_i u_{i-1} \widetilde{v}_i + u_i (b_i \widetilde{v}_i + a_{i+1} \widetilde{v}_{i+1})$$
$$= a_i u_{i-1} \widetilde{v}_i + u_i (-a_i \widetilde{v}_{i-1})$$
$$= a_i (u_{i-1} \widetilde{v}_i - u_i \widetilde{v}_{i-1}). \tag{5.14}$$

ここで $W_i = a_i(u_{i-1}\widetilde{v}_i - u_i \widetilde{v}_{i-1})$ とおけば

$$W_i = (a_i \widetilde{v}_i) u_{i-1} - (a_i u_i) \widetilde{v}_{i-1}$$
$$= -(a_{i-1}\widetilde{v}_{i-2} + b_{i-1}\widetilde{v}_{i-1}) u_{i-1} + (a_{i-1} u_{i-2} + b_{i-1} u_{i-1}) \widetilde{v}_{i-1}$$
$$= a_{i-1}(u_{i-2}\widetilde{v}_{i-1} - u_{i-1}\widetilde{v}_{i-2})$$
$$= W_{i-1}$$
$$= \cdots = W_2 = a_2(u_1 \widetilde{v}_2 - u_2 \widetilde{v}_1)$$
$$= (a_2 \widetilde{v}_2) u_1 - (a_2 u_2) \widetilde{v}_1$$
$$= (-a_1 \widetilde{v}_0 - b_1 \widetilde{v}_1) u_1 + (a_1 u_0 + b_1 u_1) \widetilde{v}_1$$
$$= a_1(u_0 \widetilde{v}_1 - u_1 \widetilde{v}_0) = W_1. \tag{5.15}$$

$u_0 = 0$, $u_1 = h_1$ であったから $W_1 = -a_1 h_1 \widetilde{v}_0 \neq 0$ であり (5.14) と (5.15) より

$$a_i \widetilde{g}_{i-1,i} + b_i \widetilde{g}_{ii} + a_i \widetilde{g}_{i+1,i} = W_1 \quad \forall \, i. \tag{5.16}$$

よって $v_i = \widetilde{v}_i/W_1$, $g_{ij} = \widetilde{g}_{ij}/W_1$ とおけば g_{ij} は (5.12) をみたし (5.13) と (5.16) より

$$A(g_{ij}) = I_m \quad すなわち \quad A^{-1} = (g_{ij}).$$

逆に (5.12) により定義される m 次行列 $G = (g_{ij})$ に対し

$$G\begin{pmatrix} i_1 & i_2 & \cdots & i_p \\ j_1 & j_2 & \cdots & j_p \end{pmatrix} = \begin{pmatrix} g_{i_1 j_1} & g_{i_1 j_2} & \cdots & g_{i_1 j_p} \\ g_{i_2 j_1} & g_{i_2 j_2} & \cdots & g_{i_2 j_p} \\ \vdots & \vdots & \ddots & \vdots \\ g_{i_p j_1} & g_{i_p j_2} & \cdots & g_{i_p j_p} \end{pmatrix}$$

$$\begin{pmatrix} 1 \leq i_1 < i_2 < \cdots < i_p \leq m \\ 1 \leq j_1 < j_2 < \cdots < j_p \leq m \end{pmatrix}$$

とおけば，ひとまず $u_i v_i \neq 0 \quad \forall i$ と仮定して

$$\det G = \det G \begin{pmatrix} 1 & 2 & \cdots & m \\ 1 & 2 & \cdots & m \end{pmatrix}$$

$$= \begin{vmatrix} u_1 v_1 & u_1 v_2 & \cdots & u_1 v_m \\ u_1 v_2 & u_2 v_2 & \cdots & u_2 v_m \\ u_1 v_3 & u_2 v_3 & \cdots & u_3 v_m \\ \vdots & \vdots & \ddots & \vdots \\ u_1 v_m & u_2 v_m & \cdots & u_m v_m \end{vmatrix} \tag{5.17}$$

$$= \begin{vmatrix} \hat{g}_1 & 0 & \cdots & 0 \\ u_1 v_2 & u_2 v_2 & \cdots & u_2 v_m \\ u_1 v_3 & u_2 v_3 & \cdots & u_3 v_m \\ \vdots & \vdots & \ddots & \vdots \\ u_1 v_m & u_2 v_m & \cdots & u_m v_m \end{vmatrix} \begin{pmatrix} ただし \quad \hat{g}_1 = u_1 v_1 - \dfrac{u_1^2 v_2}{u_2} \\ = \dfrac{u_1}{u_2} \begin{vmatrix} v_1 & v_2 \\ u_1 & u_2 \end{vmatrix} \end{pmatrix}$$

$$\left(この行列式は (5.17) の第 2 行に $-\dfrac{u_1}{u_2}$ をかけて第 1 行に加えれば得られる. \right)$$

$$= \hat{g}_1 \det G \begin{pmatrix} 2 & 3 & \cdots & m \\ 2 & 3 & \cdots & m \end{pmatrix}.$$

同様な操作を $\det G\begin{pmatrix} 2 & 3 & \cdots & m \\ 2 & 3 & \cdots & m \end{pmatrix}$ について行えば

$$\det G\begin{pmatrix} 2 & 3 & \cdots & m \\ 2 & 3 & \cdots & m \end{pmatrix} = \hat{g}_2 \det G\begin{pmatrix} 3 & 4 & \cdots & m \\ 3 & 4 & \cdots & m \end{pmatrix}.$$

ただし $\hat{g}_2 = u_2 v_2 - \dfrac{u_2}{u_3}(u_2 v_3) = \dfrac{u_2}{u_3}\begin{vmatrix} v_2 & v_3 \\ u_2 & u_3 \end{vmatrix}.$

以下これをくり返して

$$\det G = \hat{g}_1 \hat{g}_2 \cdots \hat{g}_{m-1} \det G\begin{pmatrix} m \\ m \end{pmatrix}$$

$$= u_1 \begin{vmatrix} v_1 & v_2 \\ u_1 & u_2 \end{vmatrix} \begin{vmatrix} v_2 & v_3 \\ u_2 & u_3 \end{vmatrix} \cdots \begin{vmatrix} v_{m-1} & v_m \\ u_{m-1} & u_m \end{vmatrix} \cdot v_m.$$

上式は $u_i v_i \neq 0 \quad \forall i$ を仮定して得られたものであるが，右辺は $u_1, \ldots, u_m$, $v_1, \ldots, v_m$ の整多項式であるから任意の $\{u_i\}, \{v_i\}$ に対して成り立つ恒等式である．

よって

$$\det G \neq 0 \Leftrightarrow u_1 \begin{vmatrix} v_1 & v_2 \\ u_1 & u_2 \end{vmatrix} \begin{vmatrix} v_2 & v_3 \\ u_2 & u_3 \end{vmatrix} \cdots \begin{vmatrix} v_{m-1} & v_m \\ u_{m-1} & u_m \end{vmatrix} v_m \neq 0. \quad (5.18)$$

このとき

$$a_{i+1} = \dfrac{-1}{\begin{vmatrix} v_i & v_{i+1} \\ u_i & u_{i+1} \end{vmatrix}} \quad (1 \leq i \leq m-1),$$

$$b_i = \begin{cases} \dfrac{u_2}{u_1 \begin{vmatrix} v_1 & v_2 \\ u_1 & u_2 \end{vmatrix}} & (i=1), \\[2em] \dfrac{\begin{vmatrix} v_{i-1} & v_{i+1} \\ u_{i-1} & u_{i+1} \end{vmatrix}}{\begin{vmatrix} v_{i-1} & v_i \\ u_{i-1} & u_i \end{vmatrix} \cdot \begin{vmatrix} v_i & v_{i+1} \\ u_i & u_{i+1} \end{vmatrix}} & (2 \le i \le m-1), \\[2em] \dfrac{v_{m-1}}{v_m \begin{vmatrix} v_{m-1} & v_m \\ u_{m-1} & u_m \end{vmatrix}} & (i=m), \end{cases}$$

$$A = \begin{pmatrix} b_1 & a_2 & & \\ a_2 & b_2 & \ddots & \\ & \ddots & \ddots & a_m \\ & & a_m & b_m \end{pmatrix}$$

とおけば直接計算によって $A(g_{ij}) = I_m$ を示すことができる. 証明終 ∎

定義 5.1 適当な $\{u_i\}$ と $\{v_i\}$ により (5.12) の形であらわされる行列 $G = (g_{ij})$ を **Green** 行列という.

定理 5.4 によって正則な実対称 3 重対角行列 A と正則な Green 行列との間には 1 対 1 対応が存在する.

系 5.4.1 Green 行列 $G = (g_{ij})$, $g_{ij} = u_{\min(i,j)} v_{\max(i,j)}$ が正則であるための必要十分条件は

$$u_1 \ne 0, \quad v_m \ne 0, \quad v_i u_{i+1} - v_{i+1} u_i \ne 0 \quad (1 \le i \le m-1).$$

【証明】 (5.18) による. 証明終 ∎

5.3 Green 行列 (2)

この節では定理 5.4 を一般な正則 3 重対角行列

$$A = \begin{pmatrix} b_1 & c_1 & & & \\ a_2 & b_2 & \ddots & & \\ & \ddots & \ddots & c_{m-1} \\ & & a_m & b_m \end{pmatrix}, \quad a_i \neq 0, \quad c_i \neq 0 \qquad (5.19)$$

に拡張する.

$$D = \mathrm{diag}(d_1, \ldots, d_m), \quad d_i = \begin{cases} 1 & (i=1), \\ \displaystyle\prod_{k=1}^{i-1} \frac{c_k}{a_{k+1}} & (2 \leq i \leq m-1) \end{cases} \qquad (5.20)$$

とおけば容易に確かめられるように $B = DA$ は既約かつ正則な実対称 3 重対角行列である.

よって定理 5.4 により $B^{-1} = G = (g_{ij})$ は正則な Green 行列であり

$$A^{-1} = (D^{-1}B)^{-1} = B^{-1}D = GD. \qquad (5.21)$$

これを A^{-1} の **GD 分解** (**GD decomposition**) という. A が (5.19) により与えられれば条件 $d_1 = 1$ の下で A^{-1} の GD 分解は一意的に定まる. 特に A が正則実対称 3 重対角行列の場合には, A^{-1} の GD 分解は G 自身である.

さて, (5.19) の 3 重対角行列 A に対し, α, β を $\alpha\beta \neq 0$ なる任意の実数とし $\{\Phi_i\}, \{\Psi_i\}$ を次により定義する.

$$\Phi_1 = \alpha, \ \Phi_2 = -\frac{b_1}{c_1}\Phi_1, \ \Phi_{i+1} = -\frac{1}{c_i}(a_i\Phi_{i-1} + b_i\Phi_i) \ (i = 2, 3, \ldots, m-1),$$

$$\Phi_{m+1} = a_m\Phi_{m-1} + b_m\Phi_m,$$

$$\Psi_m = \beta, \ \Psi_{m-1} = -\frac{b_m}{a_m}\Psi_m, \ \Psi_{i-1} = -\frac{1}{a_i}(b_i\Psi_i + c_i\Psi_{i+1}) \ (i = m-1, \ldots, 3, 2),$$

$$\Psi_0 = b_1\Psi_1 + c_1\Psi_2.$$

さらに m 次行列 $\Theta = (\theta_{ij})$ を

$$\theta_{ij} = \begin{cases} \Phi_i \Psi_j & (i \leq j) \\ \Psi_i \Phi_j & (i > j) \end{cases}, \quad 1 \leq i,\, j \leq m$$

により定義する.

補題 5.1

$$W_j = \begin{cases} (b_1 \Psi_1 + c_1 \Psi_2)\alpha = \Psi_0 \alpha & (j = 1), \\ a_j(\Phi_{j-1} \Psi_j - \Phi_j \Psi_{j-1}) & (2 \leq j \leq m-1), \\ (a_m \Phi_{m-1} + b_m \Phi_m)\beta = \Phi_{m+1} \beta & (j = m) \end{cases} \quad (5.22)$$

とおくとき

$$A\Theta = \begin{pmatrix} W_1 & & \\ & \ddots & \\ & & W_m \end{pmatrix}. \quad (5.23)$$

特に A が正則ならば $W_j \neq 0 \quad \forall j$ である.

【証明】 (5.23) は直接計算して確かめられる. 念の為以下にそれを記す. $A\Theta$ の $(1,\,1)$ 要素は

$$b_1 \theta_{11} + c_1 \theta_{21} = b_1 \Phi_1 \Psi_1 + c_1 \Psi_2 \Phi_1 = (b_1 \Psi_1 + c_1 \Psi_2)\Phi_1 = W_1.$$

また $j \geq 2$ のとき $(1,\,j)$ 要素は

$$b_1 \theta_{1j} + c_1 \theta_{2j} = b_1 \Phi_1 \Psi_j + c_1 \Psi_j \Phi_2 = (b_1 \Phi_1 + c_1 \Phi_2)\Psi_j = 0.$$

$2 \leq i \leq m-1$ のとき $(i,\,i)$ 要素は

$$a_i \theta_{i-1,i} + b_i \theta_{ii} + c_i \theta_{i+1,i}$$
$$= a_i \Phi_{i-1} \Psi_i + b_i \Phi_i \Psi_i + c_i \Psi_{i+1} \Phi_i$$
$$= (a_i \Phi_{i-1} + b_i \Phi_i)\Psi_i - (a_i \Psi_{i-1} + b_i \Psi_i)\Phi_i$$
$$= a_i(\Phi_{i-1} \Psi_i - \Phi_i \Psi_{i-1}) = W_i.$$

また $(i,\,j) \quad (i \neq j)$ 要素は

$$a_i\theta_{i-1,j} + b_i\theta_{ij} + c_i\theta_{i+1,j}$$
$$= \begin{cases} a_i\Phi_{i-1}\Psi_j + b_i\Phi_i\Psi_j + c_i\Phi_{i+1}\Psi_j & (i<j) \\ a_i\Psi_{i-1}\Phi_j + b_i\Psi_i\Phi_j + c_i\Psi_{i+1}\Phi_j & (i>j) \end{cases}$$
$$= \begin{cases} (a_i\Phi_{i-1} + b_i\Phi_i + c_i\Phi_{i+1})\Psi_j & (i<j) \\ (a_i\Psi_{i-1} + b_i\Psi_i + c_i\Psi_{i+1})\Phi_j & (i>j) \end{cases}$$
$$= 0.$$

(m, m) 要素は

$$a_m\theta_{m-1,m} + b_m\theta_{mm}$$
$$= a_m\Phi_{m-1}\Psi_m + b_m\Phi_m\Psi_m$$
$$= (a_m\Phi_{m-1} + b_m\Phi_m)\beta = W_m.$$

最後に $1 \le j \le m-1$ のとき (m, j) 要素は

$$a_m\theta_{m-1,j} + b_m\theta_{mj} = (a_m\Psi_{m-1} + b_m\Psi_m)\Phi_j = 0.$$

これで (5.23) が示された．ここで A が正則ならば $W_1 \ne 0$ である．なぜならば $W_1 = 0$ とすれば $A\Theta$ の第 1 列は $A(\theta_{11},\ldots,\theta_{m1})^{\mathrm{t}} = \mathbf{0}$ となる．したがって A が正則ならば $(\theta_{11},\ldots,\theta_{m1})^{\mathrm{t}} = (0,\ldots,0)^{\mathrm{t}}$ であるが $\theta_{m1} = \Psi_m\Phi_1 = \beta\alpha \ne 0$ であるから不合理である．

さらに $W_j \ne 0$ $(2 \le j \le m)$ である．実際 W_j の定義によって，$2 \le j \le m-1$ のとき

$$W_j = (a_j\Phi_{j-1})\Psi_j - \Phi_j(a_j\Psi_{j-1})$$
$$= -(b_j\Phi_j + c_j\Phi_{j+1})\Psi_j + \Phi_j(b_j\Psi_j + c_j\Psi_{j+1})$$
$$= c_j(\Phi_j\Psi_{j+1} - \Phi_{j+1}\Psi_j)$$
$$= \frac{c_j}{a_{j+1}}a_{j+1}(\Phi_j\Psi_{j+1} - \Phi_{j+1}\Psi_j) = \frac{c_j}{a_{j+1}}W_{j+1}.$$
$$\therefore W_{j+1} = \frac{a_{j+1}}{c_j}W_j \quad (2 \le j \le m-1). \tag{5.24}$$

同様に

$$W_1 = (b_1\Psi_1 + c_1\Psi_2)\alpha$$
$$= (b_1\Phi_1)\Psi_1 + (c_1\Psi_2)\Phi_1$$
$$= (-c_1\Phi_2)\Psi_1 + (c_1\Psi_2)\Phi_1$$
$$= c_1(\Phi_1\Psi_2 - \Phi_2\Psi_1) = \frac{c_1}{a_2}W_2.$$
$$\therefore W_2 = \frac{a_2}{c_1}W_1. \tag{5.25}$$

(5.24) と (5.25) より

$$W_j = \frac{a_j}{c_{j-1}} \cdot \frac{a_{j-1}}{c_{j-2}} \cdots \frac{a_2}{c_1} W_1 \neq 0 \quad (2 \leq j \leq m). \tag{5.26}$$

結局 A が正則ならば $W_j \neq 0$ $(1 \leq j \leq m)$ である. 証明終 ■

■注意 **5.3** 上記証明は定理 5.4 の証明と本質的に同一のものである. 特に A が対称ならば $a_k = c_{k-1}$ であるから (5.26) より $W_j = W_1$ $\forall j$. これは (5.15) にほかならない.

■注意 **5.4** (5.22) において $a_1 \neq 0$ を任意の非零実数として

$$a_1\Psi_0 + b_1\Psi_1 + c_1\Psi_2 = 0 \quad \text{すなわち} \quad \Psi_0 = -\frac{1}{a_1}(b_1\Psi_1 + c_1\Psi_2)$$

により Ψ_0 を定義し, かつ $\Phi_0 = 0$ とおけば

$$W_j = a_j(\Phi_{j-1}\Psi_j - \Phi_j\Psi_{j-1})$$
$$= a_j \begin{vmatrix} \Phi_{j-1} & \Psi_{j-1} \\ \Phi_j & \Psi_j \end{vmatrix} \quad (1 \leq j \leq m)$$

と 1 つの式にまとめられる. 実際, このとき (5.22) より

$$W_1 = (b_1\Psi_1 + c_1\Psi_2)\alpha = (-a_1\Psi_0)\Phi_1 = a_1(\Phi_0\Psi_1 - \Phi_1\Psi_0) \quad (\because \Phi_0 = 0)$$
$$= a_1 \begin{vmatrix} \Phi_0 & \Psi_0 \\ \Phi_1 & \Psi_1 \end{vmatrix}$$

かつ

$$W_m = (a_m\Phi_{m-1} + b_m\Phi_m)\beta$$

$$= (a_m \Phi_{m-1} + b_m \Phi_m) \Psi_m$$
$$= a_m \Phi_{m-1} \Psi_m + \Phi_m (b_m \Psi_m)$$
$$= a_m \Phi_{m-1} \Psi_m + \Phi_m (-a_m \Psi_{m-1})$$
$$= a_m (\Phi_{m-1} \Psi_m - \Phi_m \Psi_{m-1})$$
$$= a_m \begin{vmatrix} \Phi_{m-1} & \Psi_{m-1} \\ \Phi_m & \Psi_m \end{vmatrix}$$

である.

定理 5.5 (5.19) の行列 A が正則ならば,$A^{-1} = (g_{ij})$ は次で与えられる.
$$g_{ij} = \frac{1}{W_j} \begin{cases} \Phi_i \Psi_j & (i \leq j) \\ \Psi_i \Phi_j & (i \geq j) \end{cases}.$$
ただし
$$W_j = \begin{cases} (b_1 \Psi_1 + c_1 \Psi_2) \Phi_1 & (j = 1) \\ \dfrac{a_j}{c_{j-1}} \cdot \dfrac{a_{j-1}}{c_{j-2}} \cdots \dfrac{a_2}{c_1} W_1 & (2 \leq j \leq m) \end{cases} \quad (5.27)$$
$$\neq 0 \quad \forall j.$$
特に $a_1 \neq 0$ を任意に与えて
$$\Psi_0 = -\frac{1}{a_1}(b_1 \Psi_1 + c_1 \Psi_2)$$
とおけば
$$W_j = a_j \begin{vmatrix} \Phi_{j-1} & \Psi_{j-1} \\ \Phi_j & \Psi_j \end{vmatrix} \quad (1 \leq j \leq m). \quad (5.28)$$

【証明】 補題 5.1 と (5.26) による.また (5.28) は注意 5.4 に示した.

証明終 ■

【付記】 k を与えられた自然数とする.m 次行列 $A = (a_{ij})$ が $|i - j| > k$ のとき $a_{ij} = 0$ かつ $i - j = k$, $j' - i' = k$ で $a_{ij} a_{i'j'} \neq 0$ なる (i, j) と (i', j') が存

在するとき，A を幅 $2k+1$ の帯行列 (**band matrix**) という．また $i-j>p$ または $j-i>q$ のとき $a_{ij}=0$ かつ $i-j=p,\ j'-i'=q$ で $a_{ij}a_{i'j'}\neq 0$ なる $(i,\ j)$ と $(i',\ j')$ が存在するとき，A を幅 $p+q+1$ の帯行列という．

このような帯行列の逆転公式は Yamamoto-Ikebe[43] に見出される．ただし結果はかなり複雑である．

5.4　$-(pu')'$ に対する有限差分行列の逆転公式

この節では次節のための準備として対称作用素
$$\mathcal{L}u=-\frac{d}{dx}\Big(p(x)\frac{du}{dx}\Big)\quad (x\in E=(a,\ b)),$$
$$\mathcal{D}=\big\{u\in C^2(\bar{E})\mid B_1(u)=B_2(u)=0\big\}$$
に対する差分近似 (3.14) を考え，対応する差分行列 A の逆転公式を導く．この場合 (3.15)〜(3.18) において

$$a_i=\begin{cases}\dfrac{\alpha_0}{\alpha_1}(p_0-p_0'\omega_0) & (i=0,\ \alpha_1\neq 0),\\[6pt]\dfrac{1}{h_i}p_{i-\frac{1}{2}} & (1\leq i\leq n),\\[6pt]\dfrac{1}{h_{n+1}}p_{n+1} & (i=n+1),\end{cases}$$

$$c_i=\begin{cases}\dfrac{1}{h_1}p_0 & (i=0),\\[6pt]\dfrac{1}{h_{i+1}}p_{i+\frac{1}{2}} & (1\leq i\leq n),\\[6pt]\dfrac{\beta_0}{\beta_1}(p_{n+1}+p_{n+1}'\omega_{n+1}) & (i=n+1,\ \beta_1\neq 0),\end{cases}$$

$$b_i=a_i+c_i\quad (0\leq i\leq n+1)$$

であることに注意する．したがって

$a_i > 0$ $(1 \leq i \leq n+1)$, $c_i > 0$ $(0 \leq i \leq n)$, $a_{i+1} = c_i$ $(1 \leq i \leq n-1)$ かつ $h = \max_i h_i$ が十分小さいとき,

$$\alpha_0 \neq 0 \Leftrightarrow a_0 > 0,$$
$$\beta_0 \neq 0 \Leftrightarrow c_{n+1} > 0$$

である. 以下これを仮定する.

さて定理 5.5 を応用して $A^{-1} = (g_{ij})$ の形をさらに具体的に決定するために, §3.2 の境界条件をさらに細かく次の場合に分ける.

I. (BC1) $\alpha_1 \beta_1 \neq 0$ のとき
 Case1.1 $\alpha_0 \beta_0 \neq 0$, Case1.2 $\alpha_0 \neq 0, \beta_0 = 0$,
 Case1.3 $\alpha_0 = 0, \beta_0 \neq 0$.
II. (BC2) $\alpha_1 \neq 0, \beta_1 = 0$ のとき (このとき $\beta_0 = 1$ であることに注意)
 Case2.1 $\alpha_0 \neq 0$, Case2.2 $\alpha_0 = 0$.
III. (BC3) $\alpha_1 = 0, \beta_1 \neq 0$ のとき (このとき $\alpha_0 = 1$ であることに注意)
 Case3.1 $\beta_0 \neq 0$, Case3.2 $\beta_0 = 0$.
IV. (BC4) $\alpha_1 = \beta_1 = 0$ のとき (このとき $\alpha_0 = \beta_0 = 1$ であってこれ以上細分しない)

上記各場合に対応する差分行列 A は次で与えられる.

Case1.1

$$A = \begin{pmatrix} a_0 + c_0 & -c_0 & & & \\ -a_1 & a_1 + c_1 & \ddots & & \\ & \ddots & \ddots & -c_n & \\ & & -a_{n+1} & a_{n+1} + c_{n+1} \end{pmatrix}, \quad a_i, c_i > 0.$$

(5.29)

Case1.2 A は (5.29) で $c_{n+1} = 0$ として得られる:

$$A = \begin{pmatrix} a_0 + c_0 & -c_0 & & & \\ -a_1 & a_1 + c_1 & \ddots & & \\ & \ddots & \ddots & -c_n & \\ & & -a_{n+1} & a_{n+1} \end{pmatrix}, \quad a_i, c_i > 0.$$

Case1.3 A は (5.29) で $a_0 = 0$ としたものである：

$$A = \begin{pmatrix} c_0 & -c_0 & & & \\ -a_1 & a_1 + c_1 & \ddots & & \\ & \ddots & \ddots & -c_n & \\ & & -a_{n+1} & a_{n+1} + c_{n+1} \end{pmatrix}, \quad a_i,\ c_i > 0.$$

Case2.1 A は (5.29) の最後の行と列を取り除いて得られる：

$$A = \begin{pmatrix} a_0 + c_0 & -c_0 & & & \\ -a_1 & a_1 + c_1 & \ddots & & \\ & \ddots & \ddots & -c_{n-1} & \\ & & -a_n & a_n + c_n \end{pmatrix}, \quad a_i,\ c_i > 0.$$

Case2.2 A は上の行列で $a_0 = 0$ としたものである：

$$A = \begin{pmatrix} c_0 & -c_0 & & & \\ -a_1 & a_1 + c_1 & \ddots & & \\ & \ddots & \ddots & -c_{n-1} & \\ & & -a_n & a_n + c_n \end{pmatrix}, \quad a_i,\ c_i > 0.$$

Case3.1 A は (5.29) の最初の行と最初の列を取り除いたものである：

$$A = \begin{pmatrix} a_1 + c_1 & -c_1 & & & \\ -a_2 & a_2 + c_2 & \ddots & & \\ & \ddots & \ddots & -c_n & \\ & & -a_{n+1} & a_{n+1} + c_{n+1} \end{pmatrix}, \quad a_i,\ c_i > 0.$$

Case3.2 A は上の行列で $c_{n+1} = 0$ としたものである：

$$A = \begin{pmatrix} a_1 + c_1 & -c_1 & & & \\ -a_2 & a_2 + c_2 & \ddots & & \\ & \ddots & \ddots & -c_n & \\ & & -a_{n+1} & a_{n+1} \end{pmatrix}, \quad a_i,\ c_i > 0.$$

Case4.1((BC4)) A は (5.29) の行列の最初と最後の行と列を取り除いた n 次行列である:

$$A = \begin{pmatrix} a_1 + c_1 & -c_1 & & \\ -a_2 & a_2 + c_2 & \ddots & \\ & \ddots & \ddots & -c_{n-1} \\ & & -a_n & a_n + c_n \end{pmatrix}, \quad a_i,\ c_i > 0.$$

$c_i = a_{i+1}$ $(1 \leq i \leq n-1)$ であるからこの行列 A は対称行列である.

■**注意 5.5** $c_0 = \frac{1}{h_1}p_0$, $a_1 = \frac{1}{h_1}p_{\frac{1}{2}}$, $c_n = \frac{1}{h_{n+1}}p_{n+\frac{1}{2}}$, $a_{n+1} = \frac{1}{h_{n+1}}p_{n+1}$ であるから $p_0 \neq p_{\frac{1}{2}}$ または $p_{n+\frac{1}{2}} \neq p_{n+1}$ ならば (BC1)〜(BC3) の行列は対称ではない. $(\mathcal{L}, \mathcal{D})$ は対称であるから (BC1)〜(BC3) の各行列は対称性を保持しない (これが仮想分点法の欠点である). 一方 (BC4) の行列は対称性を保存する.

実用上対称性を保存する差分近似が望ましいことはいうまでもない. そのような差分近似は次節で述べる.

さて上記行列 A は既約強優対角 L 行列であるから, 定理 3.1 によってすべて正則である. 次の定理 5.6 において, (BC1) の各行列に対する逆転公式を与えるが, この定理は (BC2)〜(BC4) に対する逆転公式も含んでいる (100 頁注意 5.6 参照).

定理 5.6 (**(BC1) に対する逆転公式**) Case1.1〜1.3 の行列 A の逆行列 $A^{-1} = (g_{ij})$ は次で与えられる.

 (i)   Case1.1 のとき. y_i, z_i, w_j を次のように定める.

$$y_i = \begin{cases} a_0 & (i = 0), \\ a_0 \prod_{k=0}^{i-1} \frac{c_k}{a_k} & (1 \leq i \leq n+2), \end{cases}$$

$$z_i = \begin{cases} 0 & (i = -1), \\ \sum_{k=0}^{i} \dfrac{1}{y_k} & (0 \leq i \leq n+2), \end{cases}$$

$$w_j = \frac{a_j}{y_j} z_{n+2} \quad (0 \leq j \leq n+1).$$

このとき

$$g_{ij} = \frac{1}{w_j} \begin{cases} z_i(z_{n+2} - z_j) & (0 \leq i \leq j \leq n+1) \\ z_j(z_{n+2} - z_i) & (n+1 \geq i > j \geq 0) \end{cases}. \tag{5.30}$$

(ii) Case1.2 のとき．上記記号を用いて

$$g_{ij} = \frac{y_j}{a_j} \begin{cases} z_i & (0 \leq i \leq j \leq n+1) \\ z_j & (n+1 \geq i > j \geq 0) \end{cases}.$$

(iii) Case1.3 のとき．$\widetilde{y}_i$ と $\widetilde{z}_i$ を次により定める．

$$\widetilde{y}_i = \begin{cases} a_1 & (i = 0), \\ a_1 \prod_{k=1}^{i} \dfrac{c_k}{a_k} & (1 \leq i \leq n+1), \end{cases}$$

$$\widetilde{z}_i = \begin{cases} 0 & (i = -1), \\ \sum_{k=1}^{i} \dfrac{1}{\widetilde{y}_k} & (\alpha \leq i \leq n+1). \end{cases}$$

このとき

$$g_{ij} = \frac{\widetilde{y}_j}{c_j} \begin{cases} \widetilde{z}_{n+1} - \widetilde{z}_{j-1} & (0 \leq i \leq j \leq n+1) \\ \widetilde{z}_{n+1} - \widetilde{z}_{i-1} & (n+1 \geq i > j \geq 0) \end{cases}.$$

【証明】 (i) 定理 5.5 を用いる．補題 5.1 の証明を参考にして $\{u_i\}$, $\{v_i\}$ を

$$u_{-1} = 0, \quad u_0 = \alpha, \quad -a_i u_{i-1} + (a_i + c_i) u_i - c_i u_{i+1} = 0,$$

$$i = 0, 1, 2, \ldots, n+1, \tag{5.31}$$

$$v_{n+2} = 0, \quad v_{n+1} = \beta, \quad -a_i v_{i-1} + (a_i + c_i) v_i - c_i v_{i+1} = 0,$$
$$i = n+1, \ldots, 2, 1, 0 \tag{5.32}$$

として定義する．ただし α, β は任意に与えられた定数で $\alpha\beta \neq 0$ とする．
(5.31) により $a_i(u_i - u_{i-1}) = c_i(u_{i+1} - u_i)$ である．

$$\therefore \ u_{i+1} - u_i = \frac{a_i}{c_i}(u_i - u_{i-1}) = \Big(\prod_{k=0}^{i} \frac{a_k}{c_k}\Big)(u_0 - u_{-1}).$$

$$\therefore \ u_{i+1} = (u_{i+1} - u_i) + (u_i - u_{i-1}) + \cdots + (u_1 - u_0) + (u_0 - u_{-1})$$
$$= \Big\{\prod_{k=0}^{i}\frac{a_k}{c_k} + \prod_{k=0}^{i-1}\frac{a_k}{c_k} + \cdots + \frac{a_0}{c_0} + 1\Big\}\alpha$$
$$= \Big(\frac{a_0}{y_{i+1}} + \frac{a_0}{y_i} + \cdots + \frac{a_0}{y_1} + \frac{a_0}{y_0}\Big)\alpha$$
$$= a_0 z_{i+1} \alpha.$$

$$\therefore \ u_i = (a_0 \alpha) z_i \quad (0 \le i \le n+2). \tag{5.33}$$

一方 (5.32) より

$$a_i(v_{i-1} - v_i) = c_i(v_i - v_{i+1}), \quad i = n+1, \ldots, 2, 1, 0.$$

$$\therefore \ v_{i-1} - v_i = \frac{c_i}{a_i}(v_i - v_{i+1}) = \Big(\prod_{k=i}^{n+1}\frac{c_k}{a_k}\Big)(v_{n+1} - v_{n+2})$$
$$= \Big(\prod_{k=i}^{n+1}\frac{c_k}{a_k}\Big)\beta. \tag{5.34}$$

ここで

$$\prod_{k=i}^{n+1}\frac{c_k}{a_k} = \Big(\prod_{k=0}^{i-1}\frac{a_k}{c_k}\Big)\Big(\prod_{k=0}^{n+1}\frac{c_k}{a_k}\Big) = \frac{a_0}{y_i} \cdot \frac{y_{n+2}}{a_0} = \frac{y_{n+2}}{y_i}$$

に注意すれば，$-1 \le j \le n+2$ のとき

$$v_j = (v_j - v_{j+1}) + (v_{j+1} - v_{j+2}) + \cdots + (v_{n+1} - v_{n+2})$$
$$= \Big(\frac{y_{n+2}}{y_{j+1}} + \frac{y_{n+2}}{y_{j+2}} + \cdots + \frac{y_{n+2}}{y_{n+1}} + \frac{y_{n+2}}{y_{n+2}}\Big)\beta$$

$$= (z_{n+2} - z_j)y_{n+2}\beta. \tag{5.35}$$

また，行列 (5.29) を (5.19) の特別な場合とみなせば，(5.27) によって

$$W_0 = \{(a_0 + c_0)v_0 - c_0 v_1\}u_0 = (a_0 v_{-1})u_0$$

$$(\because a_0(v_{-1} - v_0) = c_0(v_0 - v_1))$$

$$= a_0(z_{n+2} - z_{-1})y_{n+2}\beta \cdot \alpha$$

$$= a_0 z_{n+2} y_{n+2} \beta\alpha \quad (\because z_{-1} = 0) \tag{5.36}$$

かつ $1 \leq j \leq n+1$ のとき

$$W_j = \frac{a_j}{c_{j-1}} \cdot \frac{a_{j-1}}{c_{j-2}} \cdots \frac{a_1}{c_0} W_0$$

$$= a_j \Big(\prod_{k=0}^{j-1} \frac{a_k}{c_k}\Big)\frac{1}{a_0}W_0 = \frac{a_j}{y_j}W_0 = \frac{a_j}{y_j}a_0\alpha\beta y_{n+2} z_{n+2}.$$

$$\therefore g_{ij} = \frac{1}{W_j}\begin{cases} u_i v_j & (0 \leq i \leq j \leq n+1) \\ u_j v_i & (n+1 \geq i > j \geq 0) \end{cases}$$

$$= \frac{y_j}{a_j z_{n+2}}\begin{cases} z_i(z_{n+2} - z_j) & (0 \leq i \leq j \leq n+1) \\ z_j(z_{n+2} - z_i) & (n+1 \geq i > j \geq 0) \end{cases}$$

$$= \frac{1}{w_j}\begin{cases} z_i(z_{n+2} - z_j) & (0 \leq i \leq j \leq n+1) \\ z_j(z_{n+2} - z_i) & (n+1 \geq i > j \geq 0) \end{cases} \quad \Big(\because w_j = \frac{a_j}{y_j}z_{n+2}\Big).$$

ここで $c_{j-1} = a_j$ $(2 \leq j \leq n)$ であるから $y_j = \frac{c_0}{a_1}c_{j-1} = \frac{c_0}{a_1}a_j$ $(2 \leq j \leq n)$.

$$\therefore \frac{a_j}{y_j} = \frac{a_1}{c_0} \quad (2 \leq j \leq n).$$

$y_1 = a_0 \times \frac{c_0}{a_0} = c_0$ であるから，上式と併せて

$$\frac{a_j}{y_j} = \frac{a_1}{c_0} \quad (1 \leq j \leq n).$$

また $y_{n+1} = \frac{c_0}{a_1}c_n$ である．よって

$$d_j = \frac{y_j}{a_j} = \begin{cases} 1 & (j = 0), \\ \dfrac{c_0}{a_1} & (1 \leq j \leq n), \\ \dfrac{c_0}{a_1} \cdot \dfrac{c_n}{a_{n+1}} & (j = n+1), \end{cases}$$

$$\widetilde{u}_i = z_i, \quad \widetilde{v}_j = \frac{1}{z_{n+2}}(z_{n+2} - z_j)$$

とおけば $g_{ij} = \widetilde{u}_{\min(i,\,j)} \widetilde{v}_{\max(i,\,j)} d_j$ とかける.

$$\therefore A^{-1} = (g_{ij}) = (\widetilde{u}_{\min(i,j)} \widetilde{v}_{\max(i,j)}) \begin{pmatrix} 1 & & & \\ & d_1 & & \\ & & \ddots & \\ & & & d_{n+1} \end{pmatrix}.$$

これは A^{-1} の GD 分解を与える.

(ii) $\beta_0 = 0$ のとき $c_{n+1} = 0$ であるから (5.34) より $v_{i-1} - v_i = 0 \quad \forall\, i$.

$$\therefore v_i = v_{n+1} = \beta \quad \forall\, i.$$

$$\therefore W_0 = \{(a_0 + c_0)v_0 - c_0 v_1\} u_0 = a_0 v_0 u_0 = a_0 \beta \alpha$$

かつ $1 \leq j \leq n+1$ のとき

$$W_j = \frac{a_j}{c_{j-1}} \frac{a_{j-1}}{c_{j-2}} \cdots \frac{a_2}{c_1} \frac{a_1}{c_0} W_0$$
$$= a_j \Big(\prod_{k=0}^{j-1} \frac{a_k}{c_k}\Big) \frac{1}{a_0} W_0 = \frac{a_j}{y_j} \cdot a_0 \beta \alpha.$$

$j = 0$ のとき $\dfrac{a_j}{y_j} = \dfrac{a_0}{y_0} = 1$ であるから $d_j = \dfrac{y_j}{a_j} \quad (0 \leq j \leq n+1)$ とおけば $d_0 = 1$ である.

また (5.33) により $u_i = a_0 \alpha z_i \quad \forall\, i$ はこの場合にも成り立つ. よって

$$g_{ij} = \frac{1}{W_j} \begin{cases} u_i v_j & (0 \leq i \leq j \leq n+1) \\ u_j v_i & (n+1 \geq i > j \geq 0) \end{cases},$$

$$= d_j \begin{cases} z_i & (0 \leq i \leq j \leq n+1) \\ z_j & (n+1 \geq i > j \geq 0) \end{cases}.$$

すなわち A^{-1} の GD 分解

$$A^{-1} = \begin{pmatrix} z_0 & z_0 & \cdots & z_0 & z_0 \\ z_0 & z_1 & \cdots & z_1 & z_1 \\ \vdots & \vdots & \ddots & \vdots & \vdots \\ z_0 & z_1 & \cdots & z_n & z_n \\ z_0 & z_1 & \cdots & z_n & z_{n+1} \end{pmatrix} \begin{pmatrix} d_0 = 1 & & & & \\ & d_1 & & & \\ & & \ddots & & \\ & & & d_n & \\ & & & & d_{n+1} \end{pmatrix}$$

$$= (\widetilde{u}_{\min(i,j)} \widetilde{v}_{\max(i,j)}) \mathrm{diag}(d_0, d_1, \ldots, d_{n+1})$$

$(\widetilde{u}_i = z_i,\ \widetilde{v}_j = 1)$

を得る.

(iii) $\alpha_0 = 0$ のとき $a_0 = 0$ であるから今度は (5.31) より $u_i = \alpha \quad \forall\, i$. また (5.32) より $a_i(v_{i-1} - v_i) = c_i(v_i - v_{i+1})$ である.

$$\therefore\ v_{i-1} = (v_{i-1} - v_i) + (v_i - v_{i+1}) + \cdots + (v_{n+1} - v_{n+2})$$
$$= \Big(\prod_{k=i}^{n+1} \frac{c_k}{a_k} + \prod_{k=i+1}^{n+1} \frac{c_k}{a_k} + \cdots + \frac{c_{n+1}}{a_{n+1}} + 1 \Big) \beta.$$

ここで $c_{n+1} \neq 0$ に注意して

$$\widetilde{y}_i = \begin{cases} a_1 & (i = 0), \\ c_i \displaystyle\prod_{k=1}^{i-1} \frac{c_k}{a_{k+1}} = a_1 \prod_{k=1}^{i} \frac{c_k}{a_k} & (1 \leq i \leq n+1), \end{cases}$$

$$\widetilde{z}_i = \begin{cases} 0 & (i = -1), \\ \displaystyle\sum_{k=0}^{i} \frac{1}{\widetilde{y}_k} & (0 \leq i \leq n+1), \end{cases}$$

とおけば
$$\prod_{k=i}^{n+1}\frac{c_k}{a_k} = \Big(\prod_{k=1}^{i-1}\frac{a_k}{c_k}\Big)\Big(\prod_{k=1}^{n+1}\frac{c_k}{a_k}\Big) = \frac{a_1}{\widetilde{y}_{i-1}} \cdot \frac{\widetilde{y}_{n+1}}{a_1} = \frac{\widetilde{y}_{n+1}}{\widetilde{y}_{i-1}}$$
より
$$v_i = \Big(\frac{\widetilde{y}_{n+1}}{\widetilde{y}_i} + \frac{\widetilde{y}_{n+1}}{\widetilde{y}_{i+1}} + \cdots + \frac{\widetilde{y}_{n+1}}{\widetilde{y}_n} + \frac{\widetilde{y}_{n+1}}{\widetilde{y}_{n+1}}\Big)\beta$$
$$= (\widetilde{z}_{n+1} - z_{i-1})\widetilde{y}_{n+1}\beta \quad (0 \le i \le n+1).$$

また (5.27) と $a_0 = 0$ より
$$W_0 = \big\{(a_0 + c_0)v_0 - c_0 v_1\big\}u_0$$
$$= c_0(v_0 - v_1)\alpha = c_0\Big(\prod_{k=1}^{n+1}\frac{c_k}{a_k}\Big)\beta\alpha = c_0 \cdot \frac{\widetilde{y}_{n+1}}{a_1} \cdot \beta\alpha.$$

$1 \le j \le n+1$ のとき
$$W_j = \frac{a_j}{c_{j-1}}\frac{a_{j-1}}{c_{j-2}} \cdots \frac{a_2}{c_1} \cdot \frac{a_1}{c_0} W_0$$
$$= c_j\Big(\prod_{k=1}^{j}\frac{a_k}{c_k}\Big)\frac{1}{c_0}W_0 = c_j \cdot \frac{a_1}{\widetilde{y}_j} \cdot \frac{\widetilde{y}_{n+1}}{a_1}\beta\alpha$$
$$= \frac{c_j}{\widetilde{y}_j}\widetilde{y}_{n+1}\beta\alpha.$$

よって
$$d_j = \frac{\widetilde{y}_j}{c_j} = \begin{cases} \dfrac{a_1}{c_0} & (j = 0), \\ \dfrac{\widetilde{y}_j}{c_j} = \displaystyle\prod_{k=1}^{j-1}\frac{c_k}{a_{k+1}} & (1 \le j \le n+1) \end{cases}$$

とおけば
$$g_{ij} = \frac{1}{W_j}\begin{cases} u_i v_j & (i \le j) \\ u_j v_i & (i > j) \end{cases}.$$

$$= d_j\begin{cases} \widetilde{z}_{n+1} - \widetilde{z}_{j-1} & (0 \le i \le j \le n+1) \\ \widetilde{z}_{n+1} - \widetilde{z}_{i-1} & (n+1 \ge i > j \ge 0) \end{cases}$$

すなわち

$$A^{-1} = \begin{pmatrix} \widetilde{z}_{n+1} & \widetilde{z}_{n+1} - \widetilde{z}_0 & \cdots & \widetilde{z}_{n+1} - \widetilde{z}_n \\ \widetilde{z}_{n+1} - \widetilde{z}_0 & \widetilde{z}_{n+1} - \widetilde{z}_0 & \cdots & \widetilde{z}_{n+1} - \widetilde{z}_n \\ \vdots & \vdots & \ddots & \vdots \\ \widetilde{z}_{n+1} - \widetilde{z}_n & \widetilde{z}_{n+1} - \widetilde{z}_n & \cdots & \widetilde{z}_{n+1} - \widetilde{z}_n \end{pmatrix} \begin{pmatrix} d_0 & & & \\ & d_1 & & \\ & & \ddots & \\ & & & d_{n+1} \end{pmatrix}$$

$$= (\widetilde{u}_{\min(i,j)} \widetilde{v}_{\max(i,j)}) \mathrm{diag}(d_0, d_1, \ldots, d_{n+1})$$

$$(\widetilde{u}_i = 1,\ \widetilde{v}_j = \widetilde{z}_{n+1} - \widetilde{z}_{j-1}).$$

これが A^{-1} の GD 分解である. 　　　　　　　　　　　　　　　　証明終 ∎

■**注意 5.6** 定理 5.6 は (BC2)〜(BC4) のすべての場合の逆転公式を含む．実際 Case2.1, 3.1, 4.1((BC4)) の行列は Case1.1 と同じ形であり，Case2.2 は Case1.3 の場合に帰着する．また Case3.2 は Case1.2 に帰する．

したがって，たとえば Case4.1 のとき $c_i = a_{i+1}\ (1 \leq i \leq n-1)$ であるから

$$y_i = \begin{cases} a_1 & (i = 1), \\ a_1 \prod_{k=1}^{i-1} \dfrac{c_k}{a_k} = c_{i-1} & (2 \leq i \leq n+1), \end{cases}$$

$$z_i = \begin{cases} 0 & (i = 0), \\ \displaystyle\sum_{k=1}^{i} \dfrac{1}{y_k} & (1 \leq i \leq n+1), \end{cases}$$

$$w_j = \frac{a_j}{y_j} z_{n+1} = \frac{a_j}{c_{j-1}} z_{n+1} = z_{n+1} \quad (1 \leq j \leq n)$$

として

$$g_{ij} = \frac{1}{z_{n+1}} \begin{cases} z_i(z_{n+1} - z_j) & (1 \leq i \leq j \leq n) \\ z_j(z_{n+1} - z_i) & (n \geq i > j \geq 1) \end{cases}$$

$$= (\widetilde{u}_{\min(i,j)}\widetilde{v}_{\max(i,j)})$$

$$\left(\widetilde{u}_i = z_i,\ \widetilde{v}_j = \frac{1}{z_{n+1}}(z_{n+1} - z_j)\right)$$

を得る.

■注意 5.7　本節で述べた結果の $\mathcal{L}u = -(pu')' + r(x)u$ への拡張は, (BC4) の場合に対し, Tsuchiya-Fang [29] に与えられている. 結果はやや複雑であるが, 数学的には見事な結果である.

5.5　$-(pu')'$ に対する新しい離散近似

$-(pu')'$ に対する前節の差分行列は Case4.1((BC4)) の場合を除いて一般に対称でない. この節では, すべての場合に A が対称で, $A^{-1} = (G(x_i, x_j))$ となる新しい離散近似法を紹介する. 著者はこの結果を $\alpha_1\alpha_2\beta_1\beta_2 \neq 0$ の場合に 2003 年 9 月京都大学数理解析研究所で開かれた研究集会で発表 (Yamamoto[38] Lemma 2.3) した後, すべての場合 (BC1)〜(BC4) に対する結果を論文 Yamamoto-Oishi[44],[45] の中に記した.

以下

$$a_i = \begin{cases} \dfrac{\alpha_0}{\alpha_1}p(a) & (\alpha_1 \neq 0 \text{ かつ } i = 0 \text{ のとき}), \\[2mm] \left(\displaystyle\int_{x_{i-1}}^{x_i} \dfrac{dt}{p(t)}\right)^{-1} & (1 \leq i \leq n+1 \text{ のとき}), \\[2mm] \dfrac{\beta_0}{\beta_1}p(b) & (\beta_1 \neq 0 \text{ かつ } i = n+2 \text{ のとき}) \end{cases}$$

とおき, 前節 (5.29) ほか各行列の c_i　$(0 \leq i \leq n+1)$ を a_{i+1} でおきかえる. すると定理 5.6 の系として以下の結果が得られる.

I.　(BC1) $\alpha_1\beta_1 \neq 0$ の場合.

Case1.1　$\alpha_0\beta_0 \neq 0$ のとき

$$A = \begin{pmatrix} a_0 + a_1 & -a_1 & & & \\ -a_1 & a_1 + b_2 & \ddots & & \\ & \ddots & \ddots & -a_{n+1} \\ & & -a_{n+1} & a_{n+1} + a_{n+2} \end{pmatrix}$$

とおく．このとき定理 5.6 (i) によって

$$y_i = a_i \quad (0 \leq i \leq n+2),$$

$$z_i = \sum_{k=0}^{i} \frac{1}{a_k} = \begin{cases} \dfrac{\alpha_1}{\alpha_0 p(a)} + \displaystyle\int_a^{x_i} \frac{dt}{p(t)} & (0 \leq i \leq n+1), \\ \dfrac{\alpha_1}{\alpha_0 p(a)} + \dfrac{\beta_1}{\beta_0 p(b)} + \displaystyle\int_a^b \frac{dt}{p(t)} & (i = n+2), \end{cases}$$

$$w_j = z_{n+2},$$

$$g_{ij} = \frac{1}{z_{n+2}} \begin{cases} z_i(z_{n+2} - z_j) & (0 \leq i \leq j \leq n+1) \\ z_j(z_{n+2} - z_i) & (n+1 \geq i > j \geq 0) \end{cases}.$$

これを (2.17) と比較すると

$$z_{n+2} = \frac{\Delta_0}{\alpha_0 \beta_0}.$$

よって $i \leq j$ のとき

$$\alpha_0 \beta_0 z_i (z_{n+2} - z_j) = \left(\frac{\alpha_1}{p(a)} + \alpha_0 \int_a^{x_i} \frac{dt}{p(t)} \right) \left(\frac{\beta_1}{p(b)} + \beta_0 \int_{x_j}^b \frac{dt}{p(t)} \right).$$

また $i > j$ のとき

$$\alpha_0 \beta_0 z_j (z_{n+2} - z_i) = \left(\frac{\alpha_1}{p(a)} + \alpha_0 \int_a^{x_j} \frac{dt}{p(t)} \right) \left(\frac{\beta_1}{p(b)} + \beta_0 \int_{x_i}^b \frac{dt}{p(t)} \right).$$

$$\therefore \ g_{ij} = G(x_i, \ x_j).$$

Case1.2 $\alpha_0 \neq 0, \ \beta_0 = 0$ のとき

$$A = \begin{pmatrix} a_0 + a_1 & -a_1 & & \\ -a_1 & a_1 + a_2 & \ddots & \\ & \ddots & \ddots & -a_{n+1} \\ & & -a_{n+1} & a_{n+1} \end{pmatrix}$$

とおく．このとき定理 5.6 (ii) によって

$$z_i = \sum_{k=0}^{i} \frac{1}{a_k} = \frac{\alpha_1}{\alpha_0 p(a)} + \int_a^{x_i} \frac{dt}{p(t)} \quad (0 \le i \le n+1),$$

$$g_{ij} = \begin{cases} z_i & (0 \le i \le j \le n+1) \\ z_j & (n+1 \ge i > j \ge 0) \end{cases}$$

$$= G(x_i, x_j). \quad ((2.17) \text{ による．各自検証されたい．})$$

Case1.3 $\alpha_0 = 0,\ \beta_0 \ne 0$ のとき

$$A = \begin{pmatrix} a_1 & -a_1 & & \\ -a_1 & a_1 + a_2 & \ddots & \\ & \ddots & \ddots & -a_{n+1} \\ & & -a_{n+1} & a_{n+1} + a_{n+2} \end{pmatrix}$$

とおく．このとき

$$z_i = \sum_{k=1}^{i} \frac{1}{a_k} = \begin{cases} \displaystyle\int_a^{x_i} \frac{dt}{p(t)} & (1 \le i \le n+1), \\ \displaystyle\frac{\beta_1}{\beta_0 p(b)} + \int_a^{b} \frac{dt}{p(t)} & (i = n+2) \end{cases}$$

として

$$g_{ij} = \begin{cases} z_{n+2} - z_j & (1 \le i \le j \le n+1) \\ z_{n+2} - z_i & (n+1 \ge i > j \ge 1) \end{cases}$$

$$= \begin{cases} \dfrac{\beta_1}{\beta_0 p(b)} + \displaystyle\int_{x_j}^{b} \dfrac{dt}{p(t)} & (1 \leq i \leq j \leq n+1) \\[2mm] \dfrac{\beta_1}{\beta_0 p(b)} + \displaystyle\int_{x_i}^{b} \dfrac{dt}{p(t)} & (n+1 \geq i > j \geq 1) \end{cases}$$

$$= G(x_i, \; x_j) \quad ((2.16) \, 参照).$$

II. (BC2) $\alpha_1 \neq 0$, $\beta_1 = 0$ (このとき $\beta_0 = 1$) の場合.

Case2.1 $\alpha_0 \neq 0$ のとき

$$A = \begin{pmatrix} a_0 + a_1 & -a_1 & & \\ -a_1 & a_1 + a_2 & \ddots & \\ & \ddots & \ddots & -a_n \\ & & -a_n & a_n + a_{n+1} \end{pmatrix}$$

とおく. このとき

$$z_i = \sum_{k=0}^{i} \frac{1}{a_k} = \frac{\alpha_1}{\alpha_0 p(a)} + \int_{a}^{x_i} \frac{dt}{p(t)} \quad (0 \leq i \leq n)$$

として

$$g_{ij} = \begin{cases} z_i & (0 \leq i \leq j \leq n) \\ z_j & (n \geq i > j \geq 0) \end{cases}$$

$$= G(x_i, \; x_j).$$

Case2.2 $\alpha_0 = 0$ のとき

$$A = \begin{pmatrix} a_1 & -a_1 & & \\ -a_1 & a_1 + a_2 & \ddots & \\ & \ddots & \ddots & -a_n \\ & & -a_n & a_n + a_{n+1} \end{pmatrix}$$

とおく. Case1.3 の結果を用いて

$$z_i = \sum_{k=1}^{i} \frac{1}{a_k} = \int_a^{x_i} \frac{dt}{p(t)} \quad (1 \leq i \leq n+1),$$

$$g_{ij} = \begin{cases} z_{n+1} - z_j & (1 \leq i \leq j \leq n+1) \\ z_{n+1} - z_i & (n+1 \geq i > j \geq 1) \end{cases}$$

$$= \begin{cases} \displaystyle\int_{x_j}^{b} \frac{dt}{p(t)} & (1 \leq i \leq j \leq n+1) \\ \displaystyle\int_{x_i}^{b} \frac{dt}{p(t)} & (n+1 \geq i > j \geq 1) \end{cases}$$

$$= G(x_i, \, x_j).$$

III. (BC3) $\alpha_1 = 0$ (したがって $\alpha_0 = 1$), $\beta_1 \neq 0$ の場合.

Case3.1 $\beta_0 \neq 0$ ならば

$$A = \begin{pmatrix} a_1 + a_2 & -a_2 & & \\ -a_2 & a_2 + a_3 & \ddots & \\ & \ddots & \ddots & -a_{n+1} \\ & & -a_{n+1} & a_{n+1} + a_{n+2} \end{pmatrix}.$$

これは Case1.1 の場合に帰着される．実際，このとき

$$z_i = \sum_{k=1}^{i} \frac{1}{a_k} = \begin{cases} \displaystyle\int_a^{x_i} \frac{dt}{p(t)} & (1 \leq i \leq n+1), \\ \dfrac{\beta_1}{\beta_0} p(b) + \displaystyle\int_a^{b} \frac{dt}{p(t)} & (i = n+2), \end{cases}$$

$$g_{ij} = \frac{1}{z_{n+2}} \begin{cases} z_i(z_{n+2} - z_j) & (1 \leq i \leq j \leq n+1) \\ z_j(z_{n+2} - z_i) & (n+1 \geq i > j \geq 1) \end{cases}$$

$$= G(x_i, \, x_j) \quad (\text{各自検証されたい}).$$

Case3.2 $\beta_0 = 0$ ならば

$$A = \begin{pmatrix} a_1 + a_2 & -a_2 & & \\ -a_2 & a_2 + a_3 & \ddots & \\ & \ddots & \ddots & -a_{n+1} \\ & & -a_{n+1} & a_{n+1} \end{pmatrix}.$$

これは Case1.2 の形である．このとき

$$z_i = \sum_{k=1}^{i} \frac{1}{a_k} = \int_a^{x_i} \frac{dt}{p(t)} \quad (1 \leq i \leq j \leq n+1),$$

$$g_{ij} = \begin{cases} z_i & (1 \leq i \leq j \leq n+1) \\ z_j & (n+1 \geq i > j \geq 1) \end{cases}$$

$$= \begin{cases} \int_a^{x_i} \frac{dt}{p(t)} & (1 \leq i \leq j \leq n+1) \\ \int_a^{x_j} \frac{dt}{p(t)} & (n+1 \geq i > j \geq 1) \end{cases}$$

$$= G(x_i,\ x_j).$$

IV. (BC4) $\alpha_1 = \beta_1 = 0$ の場合には

$$A = \begin{pmatrix} a_1 + a_2 & -a_2 & & \\ -a_2 & a_2 + b_3 & \ddots & \\ & \ddots & \ddots & -a_n \\ & & -a_n & a_n + a_{n+1} \end{pmatrix}.$$

これには Case1.1 の結果が使える．このとき

$$z_i = \sum_{k=1}^{i} \frac{1}{a_k} = \int_a^{x_i} \frac{dt}{p(t)},$$

$$g_{ij} = \frac{1}{z_{n+1}} \begin{cases} z_i(z_{n+1} - z_j) & (1 \leq i \leq j \leq n) \\ z_j(z_{n+1} - z_i) & (n \geq i > j \geq 1) \end{cases}$$

$$= \frac{1}{\displaystyle\int_a^b \frac{dt}{p(t)}} \begin{cases} \displaystyle\int_a^{x_i} \frac{dt}{p(t)} \int_{x_j}^b \frac{dt}{p(t)} & (1 \leq i \leq j \leq n) \\ \displaystyle\int_a^{x_j} \frac{dt}{p(t)} \int_{x_i}^b \frac{dt}{p(t)} & (n \geq i > j \geq 1) \end{cases}$$

$$= G(x_i,\ x_j).$$

以上 (BC1)〜(BC4) のすべての場合に対し $g_{ij} = G(x_i,\ x_j)$　$\forall\,i,j$ が成り立つ．各行列の要素は定積分で与えられているのが特徴である．

5.6　一般 Sturm-Liouville 型作用素への応用

前節の結果を一般 Sturm-Liouville 型境界値問題

$$\mathcal{L}u \equiv -\frac{d}{dx}\Big(p(x)\frac{du}{dx}\Big) + q(x)\frac{du}{dx} + r(x)u = f(x) \quad (x \in E = (a,\ b)),$$
$$u \in \mathcal{D} = \big\{u \in C^2(\overline{E}) \mid B_1(u) = B_2(u) = 0\big\}$$

の差分近似に適用する．§3.2 の記号を用いて

$$\frac{du}{dx}\bigg|_{x=x_i} \begin{cases} = \dfrac{\alpha_0}{\alpha_1} u(a) & (\alpha_1 \neq 0 \text{ かつ } i = 0 \text{ のとき}), \\ \doteqdot \dfrac{u(x_{i+1}) - u(x_{i-1})}{h_{i+1} + h_i} & (1 \leq i \leq n \text{ のとき}), \\ = -\dfrac{\beta_0}{\beta_1} u(b) & (\beta_1 \neq 0 \text{ かつ } i = n+1 \text{ のとき}) \end{cases}$$

であるから，$-\frac{d}{dx}\big(p(x)\frac{du}{dx}\big)$ に対する前節の差分行列を A_0 として差分方程式

$$\big\{H^{-1}(A_0 + Q) + R\big\}\boldsymbol{U} = \boldsymbol{f} \quad \text{または} \quad (A_0 + Q + HR)\boldsymbol{U} = H\boldsymbol{f} \tag{5.37}$$

を次のようにつくる．

(BC1) $\alpha_1 \beta_1 \neq 0$ のとき

$$\boldsymbol{U} = (U_0,\ U_1, \ldots, U_{n+1})^{\mathrm{t}},$$

$$H = \mathrm{diag}(\omega_0,\ \omega_1,\ldots,\omega_{n+1}),\ \omega_i = \begin{cases} \dfrac{h_1}{2} & (i=0), \\ \dfrac{h_i + h_{i+1}}{2} & (1 \le i \le n), \\ \dfrac{h_{n+1}}{2} & (i=n+1), \end{cases}$$

$$Q = \frac{1}{2}\begin{pmatrix} 0 & 0 & & & \\ -q_1 & 0 & q_1 & & \\ & \ddots & \ddots & \ddots & \\ & & -q_n & 0 & q_n \\ & & & 0 & 0 \end{pmatrix} \quad (n+2 \text{ 次}),$$

$$R = \mathrm{diag}(r_0,\ r_1,\ldots,r_{n+1}),$$

$$\boldsymbol{f} = \left(f_0 - q_0\frac{\alpha_0}{\alpha_1},\ f_1,\ldots,f_n,\ f_{n+1} + q_{n+1}\frac{\beta_0}{\beta_1}\right)^{\mathrm{t}}.$$

(BC2) $\alpha_1 \ne 0,\ \beta_1 = 0$ のとき

$$\boldsymbol{U} = (U_0,\ U_1,\ldots,U_n)^{\mathrm{t}},$$

$$H = \mathrm{diag}(\omega_0,\ \omega_1,\ldots,\omega_n),$$

$$Q = \frac{1}{2}\begin{pmatrix} 0 & 0 & & & \\ -q_1 & 0 & q_1 & & \\ & \ddots & \ddots & \ddots & \\ & & -q_{n-1} & 0 & q_{n-1} \\ & & & -q_n & 0 \end{pmatrix} \quad (n+1 \text{ 次}),$$

$$R = \mathrm{diag}(\omega_0,\ \omega_1,\ldots,\omega_n),$$

$$\boldsymbol{f} = \left(f_0 - q_0\frac{\alpha_0}{\alpha_1},\ f_1,\ldots,f_n\right)^{\mathrm{t}}.$$

(BC3) $\alpha_1 = 0,\ \beta_1 \ne 0$ のとき

$$\boldsymbol{U} = (U_1,\ldots,U_{n+1})^{\mathrm{t}},$$

$$H = \mathrm{diag}(\omega_1,\ldots,\omega_{n+1}),$$

$$Q = \frac{1}{2}\begin{pmatrix} 0 & q_1 & & & \\ -q_2 & 0 & q_2 & & \\ & \ddots & \ddots & \ddots & \\ & & -q_n & 0 & q_n \\ & & & -q_{n+1} & 0 \end{pmatrix} \quad (n+1 \text{ 次}),$$

$$R = \mathrm{diag}(r_1, \ldots, r_n,\ r_{n+1}),$$

$$\boldsymbol{f} = \left(f_1, \ldots, f_n,\ f_{n+1} + q_{n+1}\frac{\beta_0}{\beta_1} \right)^{\mathrm{t}}.$$

(BC4) $\alpha_1 = \beta_1 = 0$ のとき

$$\boldsymbol{U} = (U_1, \ldots, U_n)^{\mathrm{t}},$$

$$H = \mathrm{diag}(\omega_1, \ldots, \omega_n)^{\mathrm{t}},$$

$$Q = \frac{1}{2}\begin{pmatrix} 0 & q_1 & & & \\ -q_2 & 0 & q_2 & & \\ & \ddots & \ddots & \ddots & \\ & & -q_{n-1} & 0 & q_{n-1} \\ & & & -q_n & 0 \end{pmatrix} \quad (n \text{ 次}),$$

$$R = \mathrm{diag}(r_1, \ldots, r_n),$$

$$\boldsymbol{f} = (f_1, \ldots, f_n)^{\mathrm{t}}.$$

このとき (5.37) の係数行列

$$A = A_0 + Q + HR$$

は正則でかつ $q = 0$ のとき実対称行列となる．すなわち差分近似 (5.37) は $(\mathcal{L},\ \mathcal{D})$ の対称性を保持する．また A_0 の要素

$$a_i = \int_{x_{i-1}}^{x_i} \frac{dt}{p(t)} \quad (1 \leq i \leq n+1)$$

を中点則 $h_i/p_{i-\frac{1}{2}}$ でおきかえれば A は通常の差分行列となる．

5.7　Vargaの有限差分近似

前節で考察した境界値問題 $\mathcal{L}u = f$, $u \in \mathcal{D}$ の係数関数 $p(x)$, $q(x)$, $r(x)$ と右辺の関数 $f(x)$ が $E = (a, b)$ 上区分的連続 (高々有限個の点を除いて連続) の場合の差分近似が Varga[31]) に記されている．ここでは §2.1 と同じ仮定 $p \in C^1(\bar{E})$, q, r, $f \in C(\bar{E})$ の下で前節と異なる差分行列を求めてみよう．

以下 (BC1) $\alpha_1\beta_1 \neq 0$ の場合を考察する．分点を

$$a = x_0 < x_1 < \cdots < x_n < x_{n+1} = b, \quad x_{i+\frac{1}{2}} = \frac{1}{2}(x_i + x_{i+1}),$$

$$h_i = x_i - x_{i-1}, \quad h = \max_i h_i$$

とする．また $p(x\pm) = \lim_{\varepsilon \to 0} p(x \pm \varepsilon)$, $\varepsilon > 0$ などと略記する．

$x_i \leq x \leq x_i + \frac{1}{2}h_{i+1} = x_{i+\frac{1}{2}}$ において

$$-\int_{x_i}^{x_{i+\frac{1}{2}}} \frac{d}{dx}\left(p(x)\frac{du}{dx}\right)dx + \int_{x_i}^{x_{i+\frac{1}{2}}} q(x)\frac{du}{dx}dx$$
$$+ \int_{x_i}^{x_{i+\frac{1}{2}}} r(x)u\,dx = \int_{x_i}^{x_{i+\frac{1}{2}}} f(x)dx.$$

$$\therefore \; -p_{i+\frac{1}{2}}u'_{i+\frac{1}{2}} + p(x_i+)u'(x_i+) + \int_{x_i}^{x_{i+\frac{1}{2}}} q(x)\frac{du}{dx}dx$$
$$+ \int_{x_i}^{x_{i+\frac{1}{2}}} r(x)u\,dx = \int_{x_i}^{x_{i+\frac{1}{2}}} f(x)dx. \tag{5.38}$$

$x_{i-\frac{1}{2}} \leq x \leq x_i$ において

$$-p(x_i-)u'(x_i-) + p_{i-\frac{1}{2}}u'_{i-\frac{1}{2}} + \int_{x_{i-\frac{1}{2}}}^{x_i} q(x)\frac{du}{dx}dx$$
$$+ \int_{x_{i-\frac{1}{2}}}^{x_i} r(x)u(x)dx = \int_{x_{i-\frac{1}{2}}}^{x_i} f(x)dx. \tag{5.39}$$

(5.38) と (5.39) を辺々加え合わせれば，連続条件

$$p(x+)\frac{du}{dx}(x+) = p(x-)\frac{du}{dx}(x-), \quad x \in E$$

によって

$$-p_{i+\frac{1}{2}}u'_{i+\frac{1}{2}}+p_{i-\frac{1}{2}}u'_{i-\frac{1}{2}}$$
$$+\int_{x_{i-\frac{1}{2}}}^{x_{i+\frac{1}{2}}}q(x)\frac{du}{dx}dx+\int_{x_{i-\frac{1}{2}}}^{x_{i+\frac{1}{2}}}r(x)u(x)dx=\int_{x_{i-\frac{1}{2}}}^{x_{i+\frac{1}{2}}}f(x)dx.$$

積分の近似として
$$\int_{x_{i-\frac{1}{2}}}^{x_{i+\frac{1}{2}}}g(x)dx=\int_{x_{i-\frac{1}{2}}}^{x_i}+\int_{x_i}^{x_{i+\frac{1}{2}}}g(x)dx$$
$$\doteqdot g_i\frac{h_i}{2}+g_i\frac{h_{i+1}}{2}=g_i\omega_i$$

を用いると，$1 \leq i \leq n$ に対し
$$-p_{i+\frac{1}{2}}\frac{U_{i+1}-U_i}{h_{i+1}}+p_{i-\frac{1}{2}}\frac{U_i-U_{i-1}}{h_i}+q_i\frac{U_i-U_{i-1}}{2}+q_i\frac{U_{i+1}-U_i}{2}+r_i\omega_i U_i$$
$$=f_i\omega_i. \qquad (5.40)$$

$\alpha_1=0$ のときは $u(a)=0$ であるから，(5.40) で $i=1$ かつ $U_0=0$ として
$$-p_{\frac{3}{2}}\frac{U_2-U_1}{h_2}+p_{\frac{1}{2}}\frac{U_1}{h_1}+q_1\frac{U_1}{2}+q_1\frac{U_2-U_1}{2}+r_1\omega_1 U_1=f_1\omega_1.$$

$\alpha_1 \neq 0$ のとき $u(a)$ は未知であって，(5.38) で $i=0$ として
$$-p_{\frac{1}{2}}\frac{U_1-U_0}{h_1}+p_0\left(\frac{\alpha_0}{\alpha_1}U_0\right)+q_0\frac{U_1-U_0}{2}+r_0\omega_0 U_0=f_0\omega_0.$$

同様に $\beta_1=0$ ならば $u(b)=0$ であるから，(5.40) で $i=n$ かつ $U_{n+1}=0$ として
$$p_{n+\frac{1}{2}}\frac{U_n}{h_{n+1}}+p_{n-\frac{1}{2}}\frac{U_n-U_{n-1}}{h_n}+q_n\frac{U_n-U_{n-1}}{2}$$
$$+q_n\left(\frac{-U_n}{2}\right)+r_n\omega_n U_n=f_n\omega_n.$$

また $\beta_1 \neq 0$ ならば $u(b)$ は未知であるから，(5.39) で $i=n+1$ として
$$-p_{n+1}\left(-\frac{\beta_0}{\beta_1}U_{n+1}\right)+p_{n+\frac{1}{2}}\frac{U_{n+1}-U_n}{h_{n+1}}$$
$$+q_{n+1}\frac{U_{n+1}-U_n}{2}+r_{n+1}\omega_{n+1}U_{n+1}=f_{n+1}\omega_{n+1}.$$

以上によって (BC1) $\alpha_1\beta_1 \neq 0$ のときの差分方程式は

$$\hat{a}_i = \begin{cases} 0 & (i = 0), \\ \dfrac{1}{h_i} p_{i-\frac{1}{2}} + \dfrac{q_i}{2} & (1 \leq i \leq n+1), \end{cases}$$

$$\hat{c}_i = \begin{cases} \dfrac{1}{h_{i+1}} p_{i+\frac{1}{2}} - \dfrac{q_i}{2} & (0 \leq i \leq n), \\ 0 & (i = n+1), \end{cases}$$

$$\hat{b}_i = \hat{a}_i + \hat{c}_i + \begin{cases} p_0 \dfrac{\alpha_0}{\alpha_1} + r_0 \omega_0 & (i = 0), \\ r_i \omega_i & (1 \leq i \leq n), \\ p_{n+1} \dfrac{\beta_0}{\beta_1} + r_{n+1} \omega_{n+1} & (i = n+1), \end{cases}$$

$$\hat{f}_i = f_i \omega_i,$$
$$\hat{\boldsymbol{f}} = (\hat{f}_0, \hat{f}_1, \ldots, \hat{f}_{n+1})^{\mathrm{t}},$$
$$\hat{A} = \begin{pmatrix} \hat{b}_0 & -\hat{c}_0 & & & \\ \hat{a}_1 & \hat{b}_1 & -\hat{c}_1 & & \\ & \ddots & \ddots & \ddots & \\ & & -\hat{a}_n & \hat{b}_n & -\hat{c}_n \\ & & & -\hat{a}_{n+1} & \hat{b}_{n+1} \end{pmatrix} \quad (n+2 \text{ 次}) \tag{5.41}$$

とおいて
$$\hat{A}\boldsymbol{U} = \hat{\boldsymbol{f}} \tag{5.42}$$

となる．そのほか (BC2)〜(BC4) の場合も同様である．たとえば (BC2) $\alpha_1 \neq 0$, $\beta_1 = 0$ のときは (5.42) は $n+1$ 元連立 1 次方程式で (5.41) の行列から最後の行と列を取り除いた $n+1$ 次行列を (5.42) の $\hat{A}$ とし，$\boldsymbol{U} = (U_0, U_1, \ldots, U_n)^{\mathrm{t}}$ かつ $\hat{\boldsymbol{f}} = (\hat{f}_0, \hat{f}_1, \ldots, \hat{f}_n)^{\mathrm{t}}$ とすればよい．

明らかに (5.42) は対称性を保つ差分近似であって，行列 $\hat{A}$ は $q(x) = 0$ のとき対称であるが，$q = r = 0$ のとき $\hat{A}^{-1} = \big(G(x_i, x_j)\big)$ とはならない．また (5.37) の行列 A_0 の要素 $a_i = \left(\int_{x_{i-1}}^{x} \dfrac{dt}{p(t)}\right)^{-1}$ $(1 \leq i \leq n+1)$ を中点則でおき

かえれば (5.42) が得られる.

【付記】 $A^{-1} = \bigl(G(x_i,\ x_j)\bigr)$ をみたす差分行列 A を構成することは, $q = r = 0$ の場合 (§5.5) を除いて一般に難しいが, 仮にそのような行列 A があれば, 差分解 U は $U = A^{-1}H\boldsymbol{f}$ より

$$U_i = \sum_{j=N_0}^{N} G(x_i,\ x_j)f_j\omega_j, \quad N_0 \leq i \leq N$$

をみたす. ただし

$$N_0 = \begin{cases} 0 & (\alpha_1 \neq 0 \text{ のとき}), \\ 1 & (\alpha_1 = 0 \text{ のとき}). \end{cases} \quad N = \begin{cases} n+1 & (\beta_1 \neq 0 \text{ のとき}), \\ n & (\beta_1 = 0 \text{ のとき}). \end{cases}$$

ここで $T_n = \sum_{j=1}^{n} G(x_i,\ x_j)f_j\omega_j$ とおけば

$$\sum_{j=N_0}^{N} G(x_i,\ x_j)f_j\omega_j$$

$$= \begin{cases} G(x_i,\ x_0)f_0\omega_0 + T_n \\ \qquad\qquad + G(x_i,\ x_{n+1})f_{n+1}\omega_{n+1} & (\alpha_1\beta_1 \neq 0 \text{ のとき}) \\ G(x_i,\ x_0)f_0\omega_0 + T_n & (\alpha_1 \neq 0,\ \beta_1 = 0 \text{ のとき}) \\ T_n + G(x_i,\ x_{n+1})f_{n+1}\omega_{n+1} & (\alpha_1 = 0,\ \beta_1 \neq 0 \text{ のとき}) \\ T_n & (\alpha_1 = \beta_1 = 0 \text{ のとき}) \end{cases}$$

$$= \sum_{j=0}^{n} \frac{h_{n+1}}{2}\{G(x_i,\ x_j)f_j + G(x_i,\ x_{j+1})f_{j+1}\}. \tag{5.43}$$

($\because \alpha_1 = 0$ のとき $G(x_i,\ x_0) = 0$ また $\beta_1 = 0$ のとき $G(x_i,\ x_{n+1}) = 0$.)

(5.43) は $\int_a^b G(x_i,\ \xi)f(\xi)d\xi$ に対する複合台形則近似をあらわすから, $f \in C^2(\overline{E})$ のとき

$$\sum_{j=N_0}^{N} G(x_i,\ x_j)f_j\omega_j = \int_a^b G(x_i,\ \xi)f(\xi)d\xi + \sum_{j=1}^{n+1} O(h_j^3) \quad (\text{山本}\ ^{36)}\ \text{参照})$$

$$= u_i + O(h^2).$$

よって h に無関係な定数 C を適当に定めて

$$|U_i - u_i| \leq Ch^2 \quad \forall\, i.$$

5.8 有限差分解の精度と打ち切り誤差の関係

定理 3.3 から知られるように差分解の誤差は打ち切り誤差 (離散化誤差) $\|\tau\|_\infty$ と密接に関係している.しかし $\|\tau\|_\infty$ は誤差をはかる絶対の尺度ではない.実際次の定理が成り立つ.

定理 5.7 u を一般 Sturm-Liouville 型境界値問題

$$\mathcal{L}u = f, \quad u \in \mathcal{D}$$

の一意解とする.任意分点

$$a = x_0 < x_1 < \cdots < x_n < x_{n+1} = b, \quad h_i = x_i - x_{i-1}, \quad h = \max_i h_i$$

における有限差分解 $\{U_i\}$ は仮定 $u \in C^4(\overline{E})$ の下で

$$|u_i - U_i| \leq Ch^2 \quad \forall\, i \tag{5.44}$$

をみたす.ただし C は h に無関係な正定数である.
(分点が非一様で $\|\tau\|_\infty = O(h)$ でも差分近似 (5.37), (5.42) に対して (5.44) が成り立つのである.)

【証明】 すでに述べたように (5.37) における A_0 の要素 $a_i = \left(\int_{x_{i-1}}^{x_i} \frac{dt}{p(t)}\right)^{-1}$ を中点則でおきかえれば (5.42) が得られるから,(5.37) に対して示せばよい.次章で述べる離散化原理によって,境界値問題 $\mathcal{L}u = f,\ u \in \mathcal{D}$ が一意解をもつとき,($r(x)$ が非負値関数でなくても) 十分小さい h に対して A は正則であるから,$A^{-1} = (g_{ij})$ とおく.(3.7) によって,$u \in C^4(\overline{E})$ のとき

$$\tau_j = (H^{-1}Au)_j - f_j$$
$$= \begin{cases} O(h_1) & (\alpha_1 \neq 0,\ j=0), \\ (h_{j+1} - h_j)v_j & (1 \leq j \leq n), \\ O(h_{n+1}) & (\beta_1 \neq 0,\ j = n+1) \end{cases}$$

の形である．ただし $v(x)$ は適当な C^1 級関数で $v_j = v(x_j)$ である．

このとき
$$\boldsymbol{u} - \boldsymbol{U} = A^{-1}H\boldsymbol{\tau}.$$
$$\therefore\ u_i - U_i = \sum_j g_{ij}\omega_j \tau_j = S_0^i + S_1^i. \tag{5.45}$$

ただし
$$S_0^i = \begin{cases} g_{i0}\omega_0 \tau_0 + g_{i,n+1}\omega_{n+1}\tau_{n+1} & (\alpha_1\beta_1 \neq 0), \\ g_{i0}\omega_0 \tau_0 & (\alpha_1 \neq 0,\ \beta_1 = 0), \\ g_{i,n+1}\omega_{n+1}\tau_{n+1} & (\alpha_1 = 0,\ \beta_1 \neq 0), \\ 0 & (\alpha_1 = \beta_1 = 0), \end{cases}$$
$$S_1^i = \sum_{j=1}^n g_{ij}\omega_j \tau_j$$

とおいた．

$$\omega_0 = O(h_1),\quad \tau_0 = O(h_1),\quad \omega_{n+1} = O(h_{n+1}),\quad \tau_{n+1} = O(h_{n+1})$$

に注意すれば $S_0^i = O(h^2)$ であるが，さらに Abel の級数変形法を用いて $S_1^i = O(h^2)$ も示される．

実際
$$S_1^i = \sum_{j=1}^n g_{ij}\omega_j\tau_j$$
$$= \sum_{j=1}^n g_{ij}\Big(\frac{h_{j+1}+h_j}{2}\Big)(h_{j+1}-h_j)v_j$$

$$= \frac{1}{2}\sum_{j=1}^{n} g_{ij}v_j(h_{j+1}^2 - h_j^2)$$

$$= \frac{1}{2}\{g_{i1}v_1(h_2^2 - h_1^2) + g_{i2}v_2(h_3^2 - h_2^2) + \cdots$$

$$\qquad\qquad + g_{i,n-1}v_{n-1}(h_n^2 - h_{n-1}^2) + g_{in}v_n(h_{n+1}^2 - h_n^2)\}$$

$$= -\frac{1}{2}\{g_{i1}v_1 h_1^2 + (g_{i2}v_2 - g_{i1}v_1)h_2^2 + \cdots$$

$$\qquad\qquad + (g_{in}v_n - g_{i,n-1}v_{n-1})h_n^2 - g_{in}v_n h_{n+1}^2\}$$

$$= -\frac{1}{2}\{g_{i1}v_1 h_1^2 - g_{in}v_n h_{n+1}^2 + \sum_{j=2}^{n}(g_{ij}v_j - g_{i,j-1}v_{j-1})h_j^2\}.$$

ここで $v_j \in C^1$ より $|v_j - v_{j-1}| \leq Kh_j$ $(K = ||v'||_{\overline{E}})$ であり後述の補題 6.5 によって $|g_{ij}| \leq M$ かつ $|g_{ij} - g_{i,j-1}| \leq Mh_j$ であるから

$$|g_{ij}v_j - g_{i,j-1}v_{j-1}| = |(g_{ij} - g_{i,j-1})v_j + g_{i,j-1}(v_j - v_{j-1})|$$

$$\leq Mh_j|v_j| + |g_{i,j-1}| \cdot |v_j - v_{j-1}|$$

$$\leq Mh_j\|v\|_{\overline{E}} + MKh_j = Ch_j \quad (C = M\|v\|_{\overline{E}} + MK).$$

$$\therefore \Big|\sum_{j=2}^{n}(g_{ij}v_j - g_{i,j-1}v_{j-1})h_j^2\Big| \leq C\sum_{j=2}^{n}h_j^3 \leq C(b-a)h^2.$$

$$\therefore |S_1^i| \leq M\|v\|_{\overline{E}}h_1^2 + M\|v\|_{\overline{E}}h_{n+1}^2 + C(b-a)h^2 = O(h^2).$$

よって (5.45) より (5.44) が従う. 　　　　　　　　　　　　　　　証明終 ∎

【付記】 定理 5.7 のように, $\|\tau\|_\infty = O(h)$ でも差分解が 2 次収束する現象は 1980 年代 de Hoog-Jackett (1985), Manteuful-White (1986) らにより見出され, 後者達はこれを **supra-convergence** と呼んだ. その後, この事実はすでに Tikhonov-Samarski (1961) によって, やや強い仮定

$$c_1 \leq \frac{h_{i+1}}{h_i} \leq c_2 \quad \forall i \quad (c_1, c_2 は h に無関係な定数)$$

の下で, 得られていることが明らかになった. 残念ながらそれらの証明は皆複雑ですっきりしない. 上に掲げた証明のように, **Abel** の級数変形法を用いると

これをすっきりと理解できる．この証明は著者が Yamamoto-Oishi[44] そのほかで与えたものである．なお，de Hoog-Jackett, Manteuful-White, Tikhonov-Samarski の論文掲載誌は，Yamamoto-Oishi[44] の末尾の参考文献の中に記されている．興味ある読者はそれらを参照されたい．

第6章　離散化原理

6.1　離散化原理

一般 Sturm-Liouville 型境界値問題

$$\mathcal{L}u \equiv -\frac{d}{dx}\Big(p(x)\frac{du}{dx}\Big) + q(x)\frac{du}{dx} + r(x)u = f(x), \quad x \in E = (a, b), \tag{6.1}$$

$$u \in \mathcal{D} = \{u \in C^2(\overline{E}) \mid B_1(u) = B_2(u) = 0\}, \tag{6.2}$$

$$B_1(u) = \alpha_0 u(a) - \alpha_1 u'(a), \quad B_1(u) = \beta_0 u(b) + \beta_1 u'(b)$$

を考える．$p_* = \min_{a \le x \le b} p(x) > 0$ とする．

自然数の列 $n_1 < n_2 < \cdots < n_\nu < \cdots$ を与えて，(6.1), (6.2) を各 ν $(\nu = 1, 2, \ldots)$ につき，分点

$$\Delta_\nu : a = x_1^\nu < x_2^\nu < \cdots < x_{n_\nu}^\nu < x_{n_\nu+1}^\nu = b, \tag{6.3}$$

$$x_{i+\frac{1}{2}}^\nu = \frac{1}{2}(x_i^\nu + x_{i+1}^\nu), \tag{6.4}$$

$$h_i^\nu = x_i^\nu - x_{i-1}^\nu, \quad h^\nu = \max_i h_i^\nu \to 0 \quad (\nu \to \infty) \tag{6.5}$$

において差分近似し，(3.14) または (5.37) に対応する差分方程式

$$A_\nu \boldsymbol{U}^\nu = H_\nu f^\nu \tag{6.6}$$

をつくる．以下簡単のため (3.14) を用いることにすれば，A_ν は (3.15)〜(3.18) の要素 a_i, b_i, c_i を a_i^ν, b_i^ν, c_i^ν でおきかえた $m_\nu (= n_\nu + 2, n_\nu + 1, n_\nu)$ 次3重対角行列である．また H_ν は H の対角要素 ω_i を ω_i^ν でおきかえたもの，$\boldsymbol{U}^\nu$ は $\boldsymbol{U}$ の各成分 U_i を U_i^ν でおきかえたものである．

このとき
$$m_\nu = \begin{cases} n_\nu + 2 & (\alpha_1 \beta_1 \neq 0 \text{ のとき}), \\ n_\nu + 1 & (\alpha_1 \neq 0, \beta_1 = 0 \text{ または } \alpha_1 = 0, \beta_1 \neq 0 \text{ のとき}), \\ n_\nu & (\alpha_1 = \beta_1 = 0 \text{ のとき}), \end{cases}$$

$\boldsymbol{V} \in \mathbb{R}^{m_\nu}$

として

$$\|\boldsymbol{V}\|_{H_\nu} = \sqrt{(\boldsymbol{V},\ H_\nu \boldsymbol{V})} = \|\sqrt{H_\nu} \boldsymbol{V}\|_2$$

とおく．すると次の定理が成り立つ．

定理 6.1（離散化原理） 境界値問題 (6.1), (6.2) と差分方程式 (6.6) に関する次の3条件は同値である．

(i) (6.1), (6.2) が一意解をもつ．

(ii) 十分大きい自然数 ν に対して，すなわち適当な自然数 ν_0 を定めて $\nu \geq \nu_0$ のとき，A_ν は正則で (6.6) は一意解をもつ．このとき $A_\nu^{-1} = (g_{ij}^\nu)$ $(\nu \geq \nu_0)$ とすれば $|g_{ij}^\nu| \leq M$ $\forall i, j$ をみたす h^ν に無関係な正定数 M がある．

(iii) 適当な自然数 ν_0 をとれば，$\nu \geq \nu_0$ のとき A_ν は正則で

$$\|A_\nu^{-1} H_\nu\|_{H_\nu} \equiv \sup_{\boldsymbol{V} \neq \boldsymbol{0}} \frac{\|A_\nu^{-1} H_\nu \boldsymbol{V}\|_{H_\nu}}{\|\boldsymbol{V}\|_{H_\nu}} \leq M'$$

をみたす h^ν に無関係な正定数 M' がある．

この結果は数値計算を支える基礎原理であって，著者は Florida 大学 M. Z. Nashed 教授とも相談の上，これを**離散化原理**と名付けた (Yamamoto[39], Yamamoto et al.[46],[47])．本章では最も簡単な場合 (BC4) ($\alpha_1 = \beta_1 = 0$ のとき) に対する証明を与える．その他の境界条件 (BC1)〜(BC3) に対する証明は Yamamoto et al.[47] を参照されたい．また Yamamoto[39], Yamamoto et al.[46] には有限要素法に対する離散化原理も述べられている．

6.2 有限差分行列の正則性

以下,斉次 Dirichlet 境界条件 $\alpha_0 = \beta_0 = 1$, $\alpha_1 = \beta_1 = 0$ の場合を考え,$\mathcal{D} = \left\{ u \in C^2(\overline{E}) \mid u(a) = u(b) = 0 \right\}$ とする.

$u \in C(\overline{E}) = C[a, b]$ に対し $\|u\|_{\overline{E}} = \max_{x \in \overline{E}} |u(x)|$ とおく.$\varphi(x), \psi(x) \in C^2(\overline{E})$ をそれぞれ

$$\mathcal{L}u = 0 \quad (x \in E), \quad u(a) = 0, \quad u'(a) = 1, \tag{6.7}$$

$$\mathcal{L}u = 0 \quad (x \in E), \quad u(b) = 0, \quad u'(b) = -1 \tag{6.8}$$

の一意解とする.$(\mathcal{L}, \mathcal{D})$ が単射のとき Green 関数は (2.11) により与えられる.このとき (6.6) の差分行列 A_ν は

$$A_\nu = \begin{pmatrix} b_1^\nu & -c_1^\nu & & & \\ -a_2^\nu & b_2^\nu & -c_2^\nu & & \\ & \ddots & \ddots & \ddots & \\ & & -a_{n_\nu-1}^\nu & b_{n_\nu-1}^\nu & -c_{n_\nu-1}^\nu \\ & & & -a_{n_\nu}^\nu & b_{n_\nu}^\nu \end{pmatrix}, \tag{6.9}$$

$$a_i^\nu = \frac{1}{h_i^\nu} p_{i-\frac{1}{2}}^\nu + \frac{1}{2} q_i^\nu, \quad c_i^\nu = \frac{1}{h_{i+1}^\nu} p_{i+\frac{1}{2}}^\nu - \frac{1}{2} q_i^\nu,$$

$$b_i^\nu = a_i^\nu + c_i^\nu + r_i^\nu \omega_i^\nu, \quad 1 \leq i \leq n_\nu$$

で与えられる.ただし a_1^ν と $c_{n_\nu}^\nu$ はここでは不要であるが,後で用いるからついでに定義しておく.また $\varphi_i^\nu = \varphi(x_i^\nu)$, $\varphi'^\nu_i = \varphi'(x_i^\nu)$, $p_i^\nu = p(x_i^\nu)$ などと略記して

$$\boldsymbol{\varphi}^\nu = (\varphi_1^\nu, \ldots, \varphi_{n_\nu}^\nu)^{\mathrm{t}}, \quad \mathcal{L}\boldsymbol{\varphi}^\nu = (\mathcal{L}\varphi_1^\nu, \ldots, \mathcal{L}\varphi_{n_\nu}^\nu)^{\mathrm{t}},$$

$$\mathcal{L}\varphi_i^\nu = -(p_i^\nu \varphi'^\nu_i)' + q_i^\nu \varphi'^\nu_i + r_i^\nu \varphi_i^\nu$$

とおく.ψ_i^ν, $\boldsymbol{\psi}^\nu$ も同様に定義される.このとき

$$\sigma_i^\nu = \mathcal{L}_{h^\nu}\varphi_i^\nu = -\frac{1}{\omega_i^\nu}\left\{\frac{p_{i+\frac{1}{2}}^\nu}{h_{i+1}^\nu}(\varphi_{i+1}^\nu - \varphi_i^\nu) - \frac{p_{i-\frac{1}{2}}^\nu}{h_i^\nu}(\varphi_i^\nu - \varphi_{i-1}^\nu)\right\}$$
$$+ q_i^\nu \frac{\varphi_{i+1}^\nu - \varphi_{i-1}^\nu}{2\omega_i^\nu} + r_i^\nu \varphi_i^\nu, \tag{6.10}$$

$$\tau_i^\nu = \mathcal{L}_{h^\nu}\psi_i^\nu = -\frac{1}{\omega_i^\nu}\left\{\frac{p_{i+\frac{1}{2}}^\nu}{h_{i+1}^\nu}(\psi_{i+1}^\nu - \psi_i^\nu) - \frac{p_{i-\frac{1}{2}}^\nu}{h_i^\nu}(\psi_i^\nu - \psi_{i-1}^\nu)\right\}$$
$$+ q_i^\nu \frac{\psi_{i+1}^\nu - \psi_{i-1}^\nu}{2\omega_i^\nu} + r_i^\nu \psi_i^\nu \tag{6.11}$$

はそれぞれ $x = x_i^\nu$ における $\mathcal{L}\varphi_i^\nu$ と $\mathcal{L}\psi_i^\nu$ の打ち切り誤差 (または離散化誤差) をあらわす ((3.19) 参照).

$$\boldsymbol{\sigma}^\nu = (\sigma_1^\nu, \ldots, \sigma_{n_\nu}^\nu)^{\mathrm{t}}, \quad \boldsymbol{\tau}^\nu = (\tau_1^\nu, \ldots, \tau_{n_\nu}^\nu)^{\mathrm{t}} \tag{6.12}$$

とおけば Taylor 展開により

$$\|\boldsymbol{\sigma}^\nu\|_\infty = \max_i |\sigma_i^\nu| = \begin{cases} o(1) & (\varphi \in C^2(\bar{E})), \\ O(h^\nu) \le C_1 h^\nu & (\varphi \in C^3(\bar{E}),\ p \in C^2(\bar{E})) \end{cases} \tag{6.13}$$

かつ

$$\|\boldsymbol{\tau}^\nu\|_\infty = \max_i |\tau_i^\nu| = \begin{cases} o(1) & (\psi \in C^2(\bar{E})), \\ O(h^\nu) \le C_2 h^\nu & (\psi \in C^3(\bar{E}),\ p \in C^2(\bar{E})). \end{cases} \tag{6.14}$$

ただし C_1, C_2 は h^ν に無関係な定数である.

実際, $\mathcal{L}_{h^\nu}\boldsymbol{\varphi}^\nu = (\mathcal{L}_{h^\nu}\varphi_1^\nu, \ldots, \mathcal{L}_{h^\nu}\varphi_{n_\nu}^\nu)^{\mathrm{t}}$ とおくとき

$$(\mathcal{L}_{h^\nu}\boldsymbol{\varphi}^\nu)_i = (\omega_i^\nu)^{-1}\left\{-a_i^\nu \varphi_{i-1}^\nu + b_i^\nu \varphi_i^\nu - c_i^\nu \varphi_{i+1}^\nu\right\}$$
$$= (\omega_i^\nu)^{-1}\left\{a_i^\nu(\varphi_i^\nu - \varphi_{i-1}^\nu) + c_i^\nu(\varphi_i^\nu - \varphi_{i+1}^\nu)\right\} + r_i \varphi_i^\nu,$$

$$a_i^\nu(\varphi_i^\nu - \varphi_{i-1}^\nu) + c_i^\nu(\varphi_i^\nu - \varphi_{i+1}^\nu)$$
$$= \left(\frac{1}{h_i^\nu}p_{i-\frac{1}{2}}^\nu + \frac{1}{2}q_i^\nu\right)(\varphi_i^\nu - \varphi_{i-1}^\nu) + \left(\frac{1}{h_{i+1}^\nu}p_{i+\frac{1}{2}}^\nu - \frac{1}{2}q_i^\nu\right)(\varphi_i^\nu - \varphi_{i+1}^\nu)$$
$$= p_{i-\frac{1}{2}}^\nu \frac{\varphi_i^\nu - \varphi_{i-1}^\nu}{h_i^\nu} + p_{i+\frac{1}{2}}^\nu \frac{\varphi_i^\nu - \varphi_{i+1}^\nu}{h_{i+1}^\nu} + q_i^\nu \frac{\varphi_{i+1}^\nu - \varphi_{i-1}^\nu}{2}.$$

$$\therefore (H_\nu^{-1} A_\nu \boldsymbol{\varphi}^\nu)_i = -\frac{2}{h_i^\nu + h_{i+1}^\nu}\left\{\frac{p_{i+\frac{1}{2}}^\nu}{h_{i+1}^\nu}(\varphi_{i+1}^\nu - \varphi_i^\nu) - \frac{p_{i-\frac{1}{2}}^\nu}{h_i^\nu}(\varphi_i^\nu - \varphi_{i-1}^\nu)\right\}$$
$$+ q_i^\nu \frac{\varphi_{i+1}^\nu - \varphi_{i-1}^\nu}{h_i^\nu + h_{i+1}^\nu} + r_i \varphi_i^\nu.$$

$$\therefore \sigma_i^\nu = \mathcal{L}_{h^\nu}\varphi_i^\nu = \mathcal{L}_{h^\nu}\varphi_i^\nu - \mathcal{L}\varphi_i^\nu = (H_\nu^{-1} A_\nu \boldsymbol{\varphi}^\nu)_i - \mathcal{L}\varphi_i^\nu \quad (\because \mathcal{L}\varphi_i^\nu = 0)$$
$$= p_i^\nu \varphi''{}_i^\nu + p'{}_i^\nu \varphi'{}_i^\nu - \frac{2}{h_i^\nu + h_{i+1}^\nu}\left\{\frac{p_{i+\frac{1}{2}}^\nu}{h_{i+1}^\nu}(\varphi_{i+1}^\nu - \varphi_i^\nu) - \frac{p_{i-\frac{1}{2}}^\nu}{h_i^\nu}(\varphi_i^\nu - \varphi_{i-1}^\nu)\right\}$$
$$+ q_i^\nu \left(\frac{\varphi_{i+1}^\nu - \varphi_{i-1}^\nu}{h_i^\nu + h_{i+1}^\nu} - \varphi'{}_i^\nu\right) \quad (1 \leq i \leq n_\nu).$$

右辺の $p_{i+\frac{1}{2}}^\nu$, $p_{i-\frac{1}{2}}^\nu$, φ_{i+1}^ν, φ_{i-1}^ν を $x = x_i^\nu$ で展開すれば (6.13) を得る (各自検証されたい). (6.14) についても同様である.

さて $\{\Phi_i^\nu\}$, $\{\Psi_i^\nu\}$ $(0 \leq i \leq n_\nu + 1)$ を次により定める.

$$\Phi_o^\nu = 0, \quad \Phi_1^\nu = h_1^\nu, \qquad \Phi_{i+1}^\nu = \frac{1}{c_i^\nu}(-a_i^\nu \Phi_{i-1}^\nu + b_i^\nu \Phi_i^\nu), \; i = 1, 2, \ldots, n_\nu,$$
(6.15)

$$\Psi_{n_\nu+1}^\nu = 0, \; \Psi_{n_\nu}^\nu = h_{n_\nu+1}^\nu, \; \Psi_{i-1}^\nu = \frac{1}{a_i^\nu}(-b_i^\nu \Psi_i^\nu + c_i^\nu \Psi_{i+1}^\nu), \; i = n_\nu, \ldots, 2, 1.$$
(6.16)

次の補題が成り立つ.

補題 6.1 $\hat{\sigma}^\nu = \max(h^\nu, \|\boldsymbol{\sigma}^\nu\|_\infty)$, $\hat{\tau}^\nu = \max(h^\nu, \|\boldsymbol{\tau}^\nu\|_\infty)$ とおく. 十分小さい h^ν に対して (すなわち適当な自然数 ν_0 を定めて $\nu \geq \nu_0$ のとき), h^ν に無関係な正定数 C が存在して次が成り立つ.

(i) $|\Phi_i^\nu - \varphi_i^\nu| \leq C\hat{\sigma}^\nu \quad (0 \leq i \leq n_\nu + 1)$,

$|\Psi_i^\nu - \psi_i^\nu| \leq C\hat{\tau}^\nu \quad (0 \leq i \leq n_\nu + 1)$.

(ii) $\left\{\begin{array}{l}\left|\dfrac{\Phi_{i+1}^\nu - \Phi_i^\nu}{h_{i+1}^\nu} - \varphi'{}_i^\nu\right| \\ \left|\dfrac{\Phi_{i+1}^\nu - \Phi_i^\nu}{h_{i+1}^\nu} - \varphi'{}_{i+1}^\nu\right|\end{array}\right\} \leq C\hat{\sigma}^\nu \quad (0 \leq i \leq n_\nu)$,

$$\left\{\begin{array}{l}\left|\dfrac{\Psi_{i+1}^{\nu}-\Psi_{i}^{\nu}}{h_{i+1}^{\nu}}-{\psi'}_{i}^{\nu}\right|\\[6pt] \left|\dfrac{\Psi_{i+1}^{\nu}-\Psi_{i}^{\nu}}{h_{i+1}^{\nu}}-{\psi'}_{i+1}^{\nu}\right|\end{array}\right\} \leq C\hat{\tau}^{\nu} \quad (0\leq i\leq n_{\nu}).$$

(iii) $|\Phi_{i+1}^{\nu}-\Phi_{i}^{\nu}| \leq Ch_{i+1}^{\nu} \quad (0\leq i\leq n_{\nu})$,

$\quad\;\;|\Psi_{i+1}^{\nu}-\Psi_{i}^{\nu}| \leq Ch_{i+1}^{\nu} \quad (0\leq i\leq n_{\nu})$.

【証明】 簡単のため，上付き添字 ν を省略して n_{ν}, h_{i}^{ν}, Φ_{i}^{ν}, Ψ_{i}^{ν}, a_{i}^{ν}, b_{i}^{ν}, c_{i}^{ν}, $\boldsymbol{\sigma}^{\nu}$, $\boldsymbol{\tau}^{\nu}$ などをそれぞれ n, h_{i}, Φ_{i}, Ψ_{i}, a_{i}, b_{i}, c_{i}, $\boldsymbol{\sigma}$, $\boldsymbol{\tau}$ などであらわす．

まず
$$\Phi_{0}-\varphi_{0}=0-0=0, \tag{6.17}$$
$$\begin{aligned}\Phi_{1}-\varphi_{1}&=h_{1}-\varphi(a+h_{1})\\ &=h_{1}-\left(\varphi_{0}+h_{1}\varphi_{0}'+\frac{1}{2}h_{1}^{2}\varphi''(\xi)\right) \quad (a<\xi<x_{1})\\ &=-\frac{1}{2}h_{1}^{2}\varphi''(\xi) \quad (\because\; \varphi_{0}=0,\;\varphi_{0}'=1).\end{aligned}$$
$$\therefore\;|\Phi_{1}-\varphi_{1}|\leq\frac{1}{2}h_{1}^{2}\|\varphi''\|_{\overline{E}}=Ch_{1}^{2} \quad\left(C=\frac{1}{2}\|\varphi''\|_{\overline{E}}\right). \tag{6.18}$$

次に
$$s_{i}=\frac{1}{h_{i}}p_{i-\frac{1}{2}},\quad \delta_{i}=s_{i}\{(\varphi_{i}-\Phi_{i})-(\varphi_{i-1}-\Phi_{i-1})\} \quad (i\geq 1),$$
$$\boldsymbol{\Phi}=(\Phi_{1},\ldots,\Phi_{n})^{\mathrm{t}},\quad \boldsymbol{\varphi}=(\varphi_{1},\ldots,\varphi_{n})^{\mathrm{t}}$$

とおくと
$$\sigma_{i}=\mathcal{L}_{h}\varphi_{i}=(\mathcal{L}_{h}\boldsymbol{\varphi})_{i}=\bigl(\mathcal{L}_{h}(\boldsymbol{\varphi}-\boldsymbol{\Phi})\bigr)_{i} \quad (1\leq i\leq n)$$
$$\bigl(\because\;(\mathcal{L}_{h}\boldsymbol{\Phi})_{i}=0 \quad (1\leq i\leq n)\bigr)$$

より

$$-\frac{1}{\omega_i}(\delta_{i+1}-\delta_i)+\frac{1}{2\omega_i}q_i\Big(\frac{\delta_{i+1}}{s_{i+1}}+\frac{\delta_i}{s_i}\Big)+r_i\sum_{k=1}^{i}\frac{\delta_k}{s_k}=\sigma_i \quad (1\le i\le n).$$

$$\therefore\ \Big(1-\frac{1}{2}q_i\frac{1}{s_{i+1}}\Big)\delta_{i+1}=\Big(1+\frac{q_i}{2}\cdot\frac{1}{s_i}\Big)\delta_i+\Big(r_i\sum_{k=1}^{i}\frac{\delta_k}{s_k}-\sigma_i\Big)\omega_i \quad (1\le i\le n).$$
(6.19)

(6.17) と (6.18) より

$$|\delta_1|=|s_1||\varphi_1-\Phi_1|=\frac{p_{\frac{1}{2}}}{h_1}|\varphi_1-\Phi_1|$$
$$\le C_1 h_1, \quad C_1=\|p\|_{\overline{E}}\frac{1}{2}\|\varphi''\|_{\overline{E}}. \tag{6.20}$$

以下

$$p_*=\min_{x\in\overline{E}}p(x),$$
$$\kappa=\frac{1}{p_*}\big\{2\|q\|_{\overline{E}}+\|r\|_{\overline{E}}(b-a)\big\},$$
$$\rho_i=\frac{\|q\|_{\overline{E}}}{p_*}h_i,\quad \rho=\frac{\|q\|_{\overline{E}}}{p_*}h \ \ \Big(h=\max_{1\le i\le n+1}h_i\Big)$$

とおく. $\{\kappa_i\},\ i\ge 1$ を

$$\kappa_1=C_1 h,$$
$$\kappa_{i+1}=\kappa_i e^{\kappa\omega_i}+\|\boldsymbol{\sigma}\|_\infty \omega_i e^{\rho_{i+1}}$$

により定義すれば, h を十分小さくえらんで $\rho\le 1$ のとき

$$\kappa_1\le\kappa_2\le\cdots \quad (\text{これは明らかである})$$

かつ h に無関係な正定数 C_2 をえらんで

$$|\delta_i|\le\kappa_i\le\kappa_\infty\equiv C_2\hat{\sigma}\ \big(\hat{\sigma}=\max(h,\ \|\boldsymbol{\sigma}\|_\infty)\big),\quad 1\le i\le n+1 \tag{6.21}$$

が成り立つ. (6.21) の証明は帰納法による. (6.20) によって $|\delta_1|\le C_1 h_1\le C_1 h=\kappa_1$ であるから $i=1$ のとき成り立つ. 次に $|\delta_j|\le\kappa_j\ (j\le i)$ を仮定すれば (6.19) より

$$
\begin{aligned}
|\delta_{i+1}| &\leq \left(1 - \frac{1}{2}\|q\|_{\overline{E}} \frac{1}{s_{i+1}}\right)^{-1} \Big\{\left(1 + \frac{1}{2}\|q\|_{\overline{E}} \frac{1}{s_i}\right)|\delta_i| \\
&\qquad\qquad\qquad + \|r\|_{\overline{E}} \Big(\sum_{j=1}^{i} \frac{h_j}{p_*}\kappa_j\Big)\omega_i + \|\boldsymbol{\sigma}\|_\infty \omega_i\Big\} \\
&\leq \left(1 - \frac{\|q\|_{\overline{E}}}{2p_*} h_{i+1}\right)^{-1} \Big\{\left(1 + \frac{\|q\|_{\overline{E}}}{2p_*} h_i\right)\kappa_i \\
&\qquad\qquad\qquad + \frac{\|r\|_{\overline{E}}}{p_*} \Big(\sum_{j=1}^{i} h_j\Big)\kappa_i \omega_i + \|\boldsymbol{\sigma}\|_\infty \omega_i\Big\} \\
&\leq \left(1 - \frac{1}{2}\rho_{i+1}\right)^{-1} \Big\{\left(1 + \frac{1}{2}\rho_i + \frac{\|r\|_{\overline{E}}}{p_*}(b-a)\omega_i\right)\kappa_i + \|\boldsymbol{\sigma}\|_\infty \omega_i\Big\}.
\end{aligned}
\tag{6.22}
$$

ここで不等式

$$
(1-x)^{-1} \leq 1 + 2x \leq e^{2x} \quad \left(0 \leq x \leq \frac{1}{2}\right) \quad \text{および} \quad 1+x \leq e^x \quad (x \geq 0)
$$

を (6.22) に適用すれば，h を十分小さくえらんで $\rho = \frac{\|q\|_{\overline{E}}}{p_*} h \leq 1$ のとき

$$
|\delta_{i+1}| \leq e^{\rho_{i+1}} \Big[e^{\frac{1}{2}\rho_i + \frac{\|r\|_{\overline{E}}}{p_*}(b-a)\omega_i} \kappa_i + \|\boldsymbol{\sigma}\|_\infty \omega_i \Big] \tag{6.23}
$$

$$
\begin{aligned}
&= \kappa_i e^{\rho_{i+1} + \frac{1}{2}\rho_i + \frac{\|r\|_{\overline{E}}}{p_*}(b-a)\omega_i} + \|\boldsymbol{\sigma}\|_\infty \omega_i e^{\rho_{i+1}} \\
&\leq \kappa_i e^{\frac{1}{p_*}\{2\|q\|_{\overline{E}} + \|r\|_{\overline{E}}(b-a)\}\omega_i} + \|\boldsymbol{\sigma}\|_\infty \omega_i e^{\rho_{i+1}} \\
&\qquad \left(\because \rho_{i+1} + \frac{1}{2}\rho_i = \frac{\|q\|_{\overline{E}}}{p_*}\left(h_{i+1} + \frac{1}{2}h_i\right) \leq \frac{\|q\|_{\overline{E}}}{p_*} 2\omega_i\right) \\
&= \kappa_i e^{\kappa \omega_i} + \|\boldsymbol{\sigma}\|_\infty \omega_i e^{\rho_{i+1}} = \kappa_{i+1}.
\end{aligned}
$$

さらに

$$
\begin{aligned}
\kappa_{i+1} &= (\kappa_{i-1} e^{\kappa \omega_{i-1}} + \|\boldsymbol{\sigma}\|_\infty \omega_{i-1} e^{\rho_i}) e^{\kappa \omega_i} + \|\boldsymbol{\sigma}\|_\infty \omega_i e^{\rho_{i+1}} \\
&= \kappa_{i-1} e^{\kappa(\omega_{i-1} + \omega_i)} + \|\boldsymbol{\sigma}\|_\infty \{\omega_{i-1} e^{\kappa \omega_i + \rho_i} + \omega_i e^{\rho_{i+1}}\} \\
&= \cdots \\
&= \kappa_1 e^{\kappa(\omega_1 + \cdots + \omega_i)} + \|\boldsymbol{\sigma}\|_\infty \{\omega_1 e^{\kappa(\omega_2 + \cdots + \omega_i) + \rho_2} \\
&\qquad\qquad + \omega_2 e^{\kappa(\omega_3 + \cdots + \omega_i) + \rho_3} + \cdots + \omega_{i-1} e^{\kappa \omega_i + \rho_i} + \omega_i e^{\rho_{i+1}}\}
\end{aligned}
$$

$$\leq \kappa_1 e^{\kappa(b-a)} + \|\boldsymbol{\sigma}\|_\infty (b-a) e^{\kappa(b-a)+\rho} \quad (1 \leq i \leq n)$$
$$(\because \rho_i \leq \rho \ \forall\ i,\ \omega_1 + \cdots + \omega_i \leq b-a)$$
$$= \{C_1 h + \|\boldsymbol{\sigma}\|_\infty (b-a) e^\rho\} e^{\kappa(b-a)}.$$

$\rho \leq 1$ であるから

$$\leq \kappa_\infty \equiv C_2 \hat{\sigma} \quad (\hat{\sigma} = \max(h, \|\boldsymbol{\sigma}\|_\infty),\ C_2 = \{C_1 + (b-a)e\} e^{\kappa(b-a)}).$$

C_2 は h に無関係な定数である．よって (6.21) が示された．

一方，$i = n+1,\ n, \ldots, 2, 1$ に対して

$$\widetilde{\delta}_i = s_i \big\{(\psi_i - \Psi_i) - (\psi_{i-1} - \Psi_{i-1})\big\}$$

とおけば $\psi_{n+1} = \Psi_{n+1} = 0$ であるから

$$\widetilde{\delta}_{n+1} = \frac{p_{n+\frac{1}{2}}}{h_{n+1}} \big\{(\psi_{n+1} - \Psi_{n+1}) - (\psi_n - \Psi_n)\big\} = \frac{-p_{n+\frac{1}{2}}}{h_{n+1}} (\psi_n - \Psi_n).$$

$$\psi_n - \Psi_n = \psi(b - h_{n+1}) - h_{n+1}$$
$$= \psi(b) - h_{n+1}\psi'(b) + \frac{1}{2} h_{n+1}^2 \psi''(\widetilde{\xi}) - h_{n+1} \quad (b - h_{n+1} < \widetilde{\xi} < b)$$
$$= \frac{1}{2} h_{n+1}^2 \psi''(\widetilde{\xi}) \quad (\because \psi(b) = 0,\ \psi'(b) = -1).$$

$$\therefore\ |\widetilde{\delta}_{n+1}| \leq \frac{1}{2} \|p\|_{\overline{E}}\ \|\psi''\|_{\overline{E}} h_{n+1} = \widetilde{C}_{n+1} h_{n+1},\quad \widetilde{C}_{n+1} = \frac{1}{2} \|p\|_{\overline{E}}\ \|\psi''\|_{\overline{E}}.$$

$i = n,\ n-1, \ldots, 2, 1$ に対して

$$-\frac{1}{\omega_i}(\widetilde{\delta}_{i+1} - \widetilde{\delta}_i) + \frac{1}{2\omega_i} q_i \Big(\frac{\widetilde{\delta}_{i+1}}{s_{i+1}} + \frac{\widetilde{\delta}_i}{s_i}\Big) + r_i \sum_{j=i+1}^{n+1} \frac{\widetilde{\delta}_j}{s_j} = \tau_i.$$

$$\therefore\ \Big(1 + \frac{q_i}{2}\frac{1}{s_i}\Big)\widetilde{\delta}_i = \Big(1 - \frac{q_i}{2}\frac{1}{s_{i+1}}\Big)\widetilde{\delta}_{i+1} + \Big(-r_i \sum_{j=i+1}^{n+1} \frac{\widetilde{\delta}_j}{s_j} + \tau_i\Big)\omega_i.$$

$$\therefore\ |\widetilde{\delta}_i| \leq \Big(1 - \frac{\|q\|_{\overline{E}}}{2}\frac{h_i}{p_*}\Big)^{-1} \bigg\{\Big(1 + \frac{1}{2}\|q\|_{\overline{E}} \frac{h_{i+1}}{p_*}\Big)|\widetilde{\delta}_{i+1}|$$
$$+ \Big(\|r\|_{\overline{E}} \sum_{j=i+1}^{n+1} \frac{h_j}{p_*} \widetilde{\delta}_j + \|\boldsymbol{\tau}\|_\infty\Big)\omega_i\bigg\}. \quad (6.24)$$

$\{\widetilde{\kappa}_i\}$, $i = n+1,\ n, \ldots, 2, 1$ を

$$\widetilde{\kappa}_{n+1} = \widetilde{C}_{n+1} h_{n+1},$$
$$\widetilde{\kappa}_i = \widetilde{\kappa}_{i+1} e^{\kappa \omega_i} + \|\boldsymbol{\tau}\|_\infty \omega_i e^{\rho_i}, \quad i = n,\ n-1, \ldots, 2, 1$$

により定義すれば $\widetilde{\kappa}_{n+1} \leq \widetilde{\kappa}_n \leq \cdots$ かつ

$$\widetilde{\delta}_i \leq \widetilde{\kappa}_i \leq \widetilde{\kappa}_0 \equiv \widetilde{C}_2 \hat{\tau} \quad \left(\hat{\tau} = \max(h, \|\boldsymbol{\tau}\|_\infty),\ \widetilde{C}_2 = \{\widetilde{C}_{n+1} + (b-a)e\} e^{\kappa(b-a)}\right). \tag{6.25}$$

実際, $\widetilde{\kappa}_{n+1} \leq \widetilde{\kappa}_n \leq \cdots \leq \widetilde{\kappa}_i \leq \widetilde{\kappa}_{i-1} \leq \cdots$ は明らかである. また $\widetilde{\delta}_j \leq \widetilde{\kappa}_j \ (n+1 \geq j > i)$ を仮定すれば (6.24) より

$$|\widetilde{\delta}_i| \leq \left(1 - \frac{1}{2}\rho_i\right)^{-1} \left\{\left(1 + \frac{1}{2}\rho_{i+1}\right)\widetilde{\kappa}_{i+1} + \frac{\|r\|_{\overline{E}}}{p_*}\Big(\sum_{j=i+1}^{n+1} h_j\Big)\widetilde{\kappa}_{i+1}\omega_i + \|\boldsymbol{\tau}\|_\infty \omega_i\right\}$$
$$\leq e^{\rho_i}\left\{\widetilde{\kappa}_{i+1} e^{\frac{1}{2}\rho_{i+1} + \frac{\|r\|_{\overline{E}}}{p_*}(b-a)\omega_i} + \|\boldsymbol{\tau}\|_\infty \omega_i\right\}$$
$$\leq \widetilde{\kappa}_{i+1} e^{\kappa \omega_i} + \|\boldsymbol{\tau}\|_\infty \omega_i e^{\rho_i} = \widetilde{\kappa}_i.$$

さらに

$$\widetilde{\kappa}_i = (\widetilde{\kappa}_{i+2} e^{\kappa \omega_{i+1}} + \|\boldsymbol{\tau}\|_\infty \omega_{i+1} e^{\rho_{i+1}}) e^{\kappa \omega_i} + \|\boldsymbol{\tau}\|_\infty \omega_i e^{\rho_i}$$
$$= \widetilde{\kappa}_{i+2} e^{\kappa(\omega_i + \omega_{i+1})} + \|\boldsymbol{\tau}\|_\infty (\omega_{i+1} e^{\kappa \omega_i + \rho_{i+1}} + \omega_i e^{\rho_i})$$
$$= \cdots$$
$$= \widetilde{\kappa}_{n+1} e^{\kappa(\omega_i + \omega_{i+1} + \cdots + \omega_n)} + \|\boldsymbol{\tau}\|_\infty \{\omega_n e^{\kappa(\omega_i + \omega_{i+1} + \cdots + \omega_{n-1}) + \rho_n}$$
$$\qquad + \cdots + \omega_{i+1} e^{\kappa \omega_i + \rho_{i+1}} + \omega_i e^{\rho_i}\}$$
$$\leq \widetilde{\kappa}_{n+1} e^{\kappa(b-a)} + \|\boldsymbol{\tau}\|_\infty (\omega_n + \cdots + \omega_{i+1} + \omega_i) e^{\kappa(b-a) + \rho}$$
$$\leq \widetilde{\kappa}_{n+1} e^{\kappa(b-a)} + \|\boldsymbol{\tau}\|_\infty (b-a) e^{\kappa(b-a) + \rho}$$
$$= \{\widetilde{C}_{n+1} h_{n+1} + \|\boldsymbol{\tau}\|_\infty (b-a) e\} e^{\kappa(b-a)} \quad (\because \rho \leq 1)$$
$$\leq \widetilde{\kappa}_0 = \widetilde{C}_2 \hat{\tau} \quad \left(\hat{\tau} = \max(h, \|\boldsymbol{\tau}\|_\infty),\ \widetilde{C}_2 = \{\widetilde{C}_{n+1} + (b-a)e\} e^{\kappa(b-a)}\right).$$

これで (6.25) が示された.

次に (6.21) と (6.25) を用いて (i)〜(iii) を示そう.

(i) $1 \leq i \leq n+1$ のとき

$$\begin{aligned}|\Phi_i - \varphi_i| &= \left|\frac{\delta_i}{s_i} + \frac{\delta_{i-1}}{s_{i-1}} + \cdots + \frac{\delta_1}{s_1}\right| \\ &\leq \frac{1}{p_*}(h_i|\delta_i| + h_{i-1}|\delta_{i-1}| + \cdots + h_1|\delta_1|) \\ &\leq \frac{1}{p_*}(h_i + h_{i-1} + \cdots + h_1)\kappa_\infty \leq \frac{1}{p_*}(b-a)\kappa_\infty.\end{aligned}$$

この不等式は $i = 0$ のときも成り立つ $(\because \ \Phi_0 - \varphi_0 = 0)$.

$$\therefore \max_{0 \leq i \leq n+1} |\Phi_i - \varphi_i| \leq \frac{1}{p_*}(b-a)C_2\hat{\sigma} = C_3\hat{\sigma}.$$

ただし $C_3 = \frac{1}{p_*}(b-a)C_2$ とおく.

また $\Psi_{n+1} - \psi_{n+1} = 0$ に注意して

$$\begin{aligned}|\Psi_i - \psi_i| &= \left|\frac{\widetilde{\delta}_{i+1}}{s_{i+1}} + \frac{\widetilde{\delta}_{i+2}}{s_{i+2}} + \cdots + \frac{\widetilde{\delta}_{n+1}}{s_{n+1}}\right| \\ &\leq \frac{1}{p_*}(h_{i+1} + h_{i+2} + \cdots + h_{n+1})\widetilde{\kappa}_0 \leq \frac{1}{p_*}(b-a)\widetilde{\kappa}_0.\end{aligned}$$

$$\therefore \max_{0 \leq i \leq n+1} |\Psi_i - \psi_i| \leq \frac{1}{p_*}(b-a)\widetilde{\kappa}_0 = \widetilde{C}_3\hat{\tau}.$$

ただし $\widetilde{C}_3 = \frac{1}{p_*}(b-a)\widetilde{C}_2$ とおく.

(ii) $0 \leq i \leq n$ のとき

$$\begin{aligned}\left|\frac{\Phi_{i+1} - \Phi_i}{h_{i+1}} - \varphi'_i\right| &\leq \left|\frac{(\Phi_{i+1} - \Phi_i) - (\varphi_{i+1} - \varphi_i)}{h_{i+1}}\right| + \left|\frac{\varphi_{i+1} - \varphi_i}{h_{i+1}} - \varphi'_i\right| \\ &\leq \frac{1}{p_{i+\frac{1}{2}}}|\delta_{i+1}| + \frac{1}{2}h_{i+1}|\varphi''(x_i + \theta h_{i+1})| \quad (0 < \theta < 1) \\ &\leq \frac{\kappa_\infty}{p_*} + \frac{h}{2}\|\varphi''\|_{\overline{E}}\end{aligned}$$

かつ

$$\begin{aligned}\left|\frac{\Phi_{i+1} - \Phi_i}{h_{i+1}} - \varphi'_{i+1}\right| &\leq \left|\frac{(\Phi_{i+1} - \Phi_i) - (\varphi_{i+1} - \varphi_i)}{h_{i+1}}\right| + \left|\frac{\varphi_{i+1} - \varphi_i}{h_{i+1}} - \varphi'_{i+1}\right| \\ &\leq \frac{1}{p_{i+\frac{1}{2}}}|\delta_{i+1}| + \frac{1}{2}h_{i+1}|\varphi''(x_i + \widetilde{\theta} h_{i+1})| \quad (0 < \widetilde{\theta} < 1) \\ &\leq \frac{\kappa_\infty}{p_*} + \frac{h}{2}\|\varphi''\|_{\overline{E}}.\end{aligned}$$

$$\therefore \left\{ \begin{array}{l} \displaystyle\max_{0\leq i\leq n} \left| \frac{\Phi_{i+1}-\Phi_i}{h_{i+1}} - \varphi'_i \right| \\[2mm] \displaystyle\max_{0\leq i\leq n} \left| \frac{\Phi_{i+1}-\Phi_i}{h_{i+1}} - \varphi'_{i+1} \right| \end{array} \right\} \leq C_4 \hat{\sigma} \quad (C_4 は h に無関係な定数).$$

同様に

$$\left\{ \begin{array}{l} \displaystyle\max_{0\leq i\leq n} \left| \frac{\Psi_{i+1}-\Psi_i}{h_{i+1}} - \psi'_i \right| \\[2mm] \displaystyle\max_{0\leq i\leq n} \left| \frac{\Psi_{i+1}-\Psi_i}{h_{i+1}} - \psi'_{i+1} \right| \end{array} \right\} \leq \widetilde{C}_4 \hat{\tau} \quad (\widetilde{C}_4 は h に無関係な定数)$$

を得る.

(iii) h は十分小さくえらんで $\hat{\sigma}<1$ としてよいから (ii) より

$$\left| \frac{\Phi_{i+1}-\Phi_i}{h_{i+1}} \right| \leq \left| \frac{\Phi_{i+1}-\Phi_i}{h_{i+1}} - \varphi'_i \right| + |\varphi'_i|$$

$$\leq C_4 \hat{\sigma} + |\varphi'_i| < C_4 + \|\varphi'\|_{\overline{E}} \ (=C_5 \ とおく).$$

$$\therefore \ |\Phi_{i+1}-\Phi_i| \leq C_5 h_{i+1}.$$

同様に

$$|\Psi_{i+1}-\Psi_i| \leq \widetilde{C}_5 h_{i+1}.$$

結局 $C = \max(C_3, \widetilde{C}_3, C_4, \widetilde{C}_4, C_5, \widetilde{C}_5)$ とおけば補題 6.1 が成り立つ.

証明終 ∎

補題 6.2 境界値問題 (6.1), (6.2) $\bigl(B_1(u)=u(a),\ B_2(u)=u(b)\bigr)$ が一意解 u をもつならば十分大きい ν に対して (すなわち適当な ν_0 を定めて $\nu \geq \nu_0$ なる任意の ν に対して) (6.9) の差分行列 A_ν は正則で差分方程式 (6.6) は一意解をもつ.

【証明】 仮に主張が正しくないとすれば閉区間 $[a,\ b]$ の分割 $\{\Delta_\nu\}$ の部分列 $\{\Delta_{\nu_j}\}$ $(\nu_1 < \nu_2 < \cdots,\ \nu_j \to \infty)$ を適当にえらべば対応する差分行列 A_{ν_j} が正則でない. このとき $A_{\nu_j} \boldsymbol{U}^{\nu_j} = \boldsymbol{0}$ をみたす n_{ν_j} 次元ベクトル $\boldsymbol{U}^{\nu_j} \neq \boldsymbol{0}$ が存在する. 以下 ν_j をあらためて ν とかき, $\boldsymbol{U}^\nu = (U^\nu_1, \ldots, U^\nu_{n_\nu})^{\mathrm{t}}$ とすれば $U^\nu_1 \neq 0$ である (仮に $U^\nu_1 = 0$ ならば $U^\nu_2 = \cdots = U^\nu_{n_\nu} = 0$ したがって $\boldsymbol{U}^\nu = \boldsymbol{0}$ となっ

て仮定に反する). よって一般性を失うことなく $U_1^\nu = h_1^\nu$ としてよい. このとき (6.15) により定義される Φ_i^ν ($0 \leq i \leq n_\nu + 1$) は $\Phi_i^\nu = U_i^\nu$ ($1 \leq i \leq n$) をみたす

$A_\nu \boldsymbol{U}^\nu = \boldsymbol{0}$ より
$$-a_{n_\nu}^\nu U_{n_\nu - 1}^\nu + b_{n_\nu}^\nu U_{n_\nu}^\nu = 0.$$
$$\therefore \Phi_{n_\nu+1}^\nu = \frac{1}{c_{n_\nu}^\nu}(-a_{n_\nu}^\nu \Phi_{n_\nu-1}^\nu + b_{n_\nu}^\nu \Phi_{n_\nu}^\nu) = 0.$$

すると補題 6.1(i) によって, $h^\nu \to 0$ のとき
$$|\varphi(b)| = |\varphi(b) - \Phi_{n_\nu+1}^\nu| \leq C\hat{\sigma}^\nu = C\max(h^\nu, \|\boldsymbol{\sigma}^\nu\|_\infty) \to 0.$$
$$\therefore \varphi(b) = 0.$$

よって $\varphi(a) = 0$ と併せて $\varphi \in \mathcal{D}$ かつ $\mathcal{L}\varphi = 0$. しかし (6.7) より $\varphi'(a) = 1$ であるから $\varphi \neq 0$ である. これは $(\mathcal{L}, \mathcal{D})$ が単射であることに矛盾する. ゆえに補題 6.2 が示された. 証明終 ∎

6.3 Green 関数と Green 行列

引き続き斉次境界条件 $u(a) = u(b) = 0$ を考え, 境界値問題 (6.1), (6.2) を分点 (6.3), (6.4) において差分近似する. 以下添字 ν を省略し Δ_ν, x_i^ν, h_i^ν, h^ν, n_ν, A_ν, $\boldsymbol{U}^\nu$ などをそれぞれ Δ, x_i, h_i, h, n, A, $\boldsymbol{U}$ などと記す.

このとき補題 6.2 によって, $(\mathcal{L}, \mathcal{D})$ が単射ならば十分小さい h に対して (6.9) の差分行列 A は正則である. この場合 $r(x) \geq 0$ は仮定していないことに注意されたい. また, いま考えている行列 A は (5.19) で $m = n$ かつ a_i, c_i をそれぞれ $-a_i$, $-c_i$ としたものであることにも注意する.

このとき, 定理 5.5 によって $A^{-1} = (g_{ij})$ は
$$g_{ij} = \frac{1}{W_j}\begin{cases} \Phi_i \Psi_j & (1 \leq i \leq j \leq n) \\ \Phi_j \Psi_i & (n \geq i > j \geq 1) \end{cases} \tag{6.26}$$

で与えられる. ただし $\{\Phi_i\}$, $\{\Psi_j\}$, $\{W_j\}$ は次式で定義される.

$$\Phi_0 = 0, \ \Phi_1 = h_1, \ \Phi_{i+1} = \frac{1}{c_i}(-a_i\Phi_{i-1} + b_i\Phi_i), \ i = 1, \ 2, \ldots, n-1, \ n,$$

$$\Psi_{n+1} = 0, \ \Psi_n = h_{n+1}, \ \Psi_{i-1} = \frac{1}{a_i}(b_i\Psi_i - c_i\Psi_{i+1}), \ i = n, \ n-1, \ldots, 2, \ 1,$$

$$W_j = -a_j \begin{vmatrix} \Phi_{j-1} & \Psi_{j-1} \\ \Phi_j & \Psi_j \end{vmatrix} \quad (1 \leq j \leq n) \quad (\S 5.3 \ 注意\, 2 \, による)$$

$$= -a_j(\Phi_{j-1}\Psi_j - \Phi_j\Psi_{j-1}) \quad (1 \leq j \leq n).$$

特に $a_1 = 1$ ととれば $W_1 = -(\Phi_0\Psi_1 - \Phi_1\Psi_0) = \Psi_0 h_1$ である ($\because \Phi_0 = 0$, $\Phi_1 = h_1$).

このとき

$$W_j = -a_j \begin{vmatrix} \Phi_{j-1} & \Psi_{j-1} \\ \Phi_j & \Psi_j \end{vmatrix} \quad (1 \leq j \leq n)$$

$$= -\left(\frac{1}{h_j}p_{j-\frac{1}{2}} + \frac{1}{2}q_j\right) \begin{vmatrix} \Phi_{j-1} & \Psi_{j-1} \\ \Phi_j - \Phi_{j-1} & \Psi_j - \Psi_{j-1} \end{vmatrix}$$

$$= -\left(p_{j-\frac{1}{2}} + \frac{1}{2}q_j h_j\right) \begin{vmatrix} \Phi_{j-1} & \Psi_{j-1} \\ \dfrac{\Phi_j - \Phi_{j-1}}{h_j} & \dfrac{\Psi_j - \Psi_{j-1}}{h_j} \end{vmatrix} \quad (6.27)$$

ここで補題 6.1 を使えば

$$= -(p_j + O(h)) \begin{vmatrix} \varphi_{j-1} + O(\hat{\sigma}) & \psi_{j-1} + O(\hat{\tau}) \\ \varphi'_j + O(\hat{\sigma}) & \psi'_j + O(\hat{\tau}) \end{vmatrix}$$

$$= -p_j \begin{vmatrix} \varphi_j + O(\hat{\sigma}) & \psi_j + O(\hat{\tau}) \\ \varphi'_j + O(\hat{\sigma}) & \psi'_j + O(\hat{\tau}) \end{vmatrix} + O(h)$$

$$(\because O(h) + O(\hat{\sigma}) = O(\hat{\sigma}), \ O(h) + O(\hat{\tau}) = O(\hat{\tau}))$$

$$= -p_j W(\varphi, \ \psi)(x_j) + O(\varepsilon). \quad (6.28)$$

ただし $W(\varphi, \ \psi)(x)$ は $\varphi(x)$ と $\psi(x)$ のつくる Wronski 行列式で $\varepsilon =$

$\max(h,\ \hat{\sigma},\ \hat{\tau})$ である.

よって (2.11) と (5.28), (6.26), (6.28) により

$$G(x_i,\ x_j) = g_{ij} + O(\varepsilon). \tag{6.29}$$

すなわち g_{ij} は $G(x_i,\ x_j)$ を誤差 $O(\varepsilon)$ で近似する.

さらに次の 3 つの補題が成り立つ.

補題 6.3 h が十分小さいとき

$$W_1 = -p(a)W(\varphi,\ \psi)(a) + O(\varepsilon) \neq 0.$$

【証明】 これは (6.28) の変形である. (6.27) で $j=1$ とおいて

$$W_1 = -\left(p_{\frac{1}{2}} + \frac{1}{2}q_1 h_1\right) \begin{vmatrix} \Phi_0 & \Psi_0 \\ \dfrac{\Phi_1 - \Phi_0}{h_1} & \dfrac{\Psi_1 - \Psi_0}{h_1} \end{vmatrix}$$

$$= -\bigl(p(a) + O(h_1)\bigr) \begin{vmatrix} \varphi(a) + O(\hat{\sigma}) & \psi(a) + O(\hat{\tau}) \\ \varphi'(a) + O(\hat{\sigma}) & \psi'(a) + O(\hat{\tau}) \end{vmatrix}$$

$$\left(\begin{array}{l} \text{補題 6.1(ii) の不等式で} \\ \dfrac{\Phi_{i+1} - \Phi_i}{h_{i+1}} = \varphi'_i + O(\hat{\sigma}) \text{ などを用いる.} \end{array} \right)$$

$$= -p(a) \begin{vmatrix} \varphi(a) & \psi(a) \\ \varphi'(a) & \psi'(a) \end{vmatrix} + O(\varepsilon) \quad (\varepsilon = \max(h,\ \hat{\sigma},\ \hat{\tau}))$$

$$= -p(a)W(\varphi,\ \psi)(a) + O(\varepsilon)$$

が得られる. φ と ψ は $\overline{E} = [a,\ b]$ 上 1 次独立であるから $W(\varphi,\ \psi)(a) \neq 0$ である. よって h が十分小のとき $W_1 \neq 0$ である. 証明終 ■

補題 6.4 $\dfrac{h}{p_*}(\|p'\|_{\overline{E}} + \|q\|_{\overline{E}}) \leq 1$ のとき, h に無関係な正の定数 C_1, C_2 が存在して次が成り立つ.

$$C_1 \leq \left|\frac{W_1}{W_j}\right| \leq C_2 \quad \forall j \geq 2.$$

(h をさらに十分小さくえらべば $W_1 W_j > 0$ で，絶対値は不要である.)

【証明】 定理 5.5 によって
$$W_j = \Big(\prod_{k=1}^{j-1} \frac{a_{k+1}}{c_k}\Big) W_1 \quad (2 \le j \le n),$$
(したがって十分小さな $h > 0$ に対して $W_1/W_j > 0$)
$$a_k = \frac{1}{h_k} p_{k-\frac{1}{2}} + \frac{1}{2} q_k \quad (1 \le k \le n),$$
$$c_k = \frac{1}{h_{k+1}} p_{k+\frac{1}{2}} - \frac{1}{2} q_k \quad (1 \le k \le n)$$

であるから，$2\theta_k = \frac{h_k}{p_*}(\|p'\|_{\overline{E}} + \|q\|_{\overline{E}})$ $(1 \le k \le n+1)$ とおけば，仮定により $2\theta_k \le 1$ $\forall k$ である．ここで補題 6.1 の証明中に用いた不等式

$$(1-x)^{-1} \le 1+2x \le e^{2x} \ \Big(0 \le x \le \frac{1}{2}\Big) \quad \text{と} \quad 1+x \le e^x \ (x \ge 0) \quad (6.30)$$

を用いれば

$$\frac{c_k}{a_{k+1}} = \frac{\dfrac{1}{h_{k+1}} p_{k+\frac{1}{2}} - \dfrac{1}{2} q_k}{\dfrac{1}{h_{k+1}} p_{k+\frac{1}{2}} + \dfrac{1}{2} q_{k+1}}$$

$$= \frac{1 - \dfrac{1}{2} q_k \Big(\dfrac{h_{k+1}}{p_{k+\frac{1}{2}}}\Big)}{1 + \dfrac{1}{2} q_{k+1} \Big(\dfrac{h_{k+1}}{p_{k+\frac{1}{2}}}\Big)}$$

$$\le \frac{1 + \dfrac{1}{2} \|q\|_{\overline{E}} \Big(\dfrac{h_{k+1}}{p_*}\Big)}{1 - \dfrac{1}{2} \|q\|_{\overline{E}} \Big(\dfrac{h_{k+1}}{p_*}\Big)} \le \frac{1+\theta_{k+1}}{1-\theta_{k+1}} \le e^{3\theta_{k+1}}$$

かつ

$$\frac{c_k}{a_{k+1}} \ge \frac{1-\theta_{k+1}}{1+\theta_{k+1}} \ge e^{-3\theta_{k+1}}.$$

ここで $\delta_j = 3(\theta_1 + \cdots + \theta_j)$ とおけば

$$\delta_j = \frac{3}{2p_*}(h_1 + \cdots + h_j)(\|p'\|_{\overline{E}} + \|q\|_{\overline{E}})$$
$$\leq \frac{3}{2p_*}(b-a)(\|p'\|_{\overline{E}} + \|q\|_{\overline{E}}) \quad (=\delta \text{ とおく}).$$
$$\therefore \rho_j \equiv \prod_{k=1}^{j-1} \frac{c_k}{a_{k+1}} \leq e^{\delta_j} \leq e^{\delta}. \tag{6.31}$$

かつ
$$\rho_j \geq e^{-\delta_j} \geq e^{-\delta}.$$
$$\therefore e^{-\delta} \leq \left|\frac{W_1}{W_j}\right| \leq e^{\delta}.$$

よって $C_1 = e^{-\delta}$, $C_2 = e^{\delta}$ ととればよい. 証明終 ∎

補題 6.5 $A(=A_\nu)$ を (6.9) の差分行列とする. 補題 6.2 の仮定 ($\nu \geq \nu_0$) の下で, すなわち $0 < h \leq h_0$ のとき $A^{-1} = (g_{ij})$ とおく. さらに十分小さい h をとれば, 補題 6.4 の仮定の下で h に無関係な正定数 M が存在して次が成り立つ.

(i) $|g_{ij}| \leq M \quad \forall\, i, j.$
(ii) $|g_{i+1,j} - g_{ij}| \leq Mh_{i+1}.$
(iii) $|g_{i,j+1} - g_{ij}| \leq Mh_{j+1}.$

【証明】 (i) (6.26) において, 補題 6.1 (iii) と補題 6.3, 6.4 により

$$|\Phi_i| \leq |\Phi_i - \Phi_{i-1}| + |\Phi_{i-1} - \Phi_{i-2}| + \cdots + |\Phi_1 - \Phi_0| \quad (\because \Phi_0 = 0)$$
$$\leq C(h_i + h_{i-1} + \cdots + h_1) \leq C(b-a).$$
$$|\Psi_j| \leq |\Psi_j - \Psi_{j+1}| + |\Psi_{j+1} - \Psi_{j+2}| + \cdots + |\Psi_n - \Psi_{n+1}| \quad (\because \Psi_{n+1} = 0)$$
$$\leq C(h_{j+1} + h_{j+2} + \cdots + h_{n+1}) \leq C(b-a).$$
$$W_j = \rho_j W_1 \neq 0 \quad \forall\, j.$$

(ρ_j は (6.31) で定義されており, 補題 6.3 によって $W_1 \neq 0$.)

$$\left|\frac{1}{W_j}\right| \leq \frac{C_2}{|W_1|} \leq \frac{2C_2}{p(a)|W(\varphi,\ \psi)(a)|} \cdot \begin{pmatrix} \because\ h \text{ を十分小さくとって} \\ \quad |W_1| > \frac{1}{2}p(a)|W(\varphi,\ \psi)(a)| \\ \text{とできる.} \end{pmatrix}$$

よって適当な正定数 M_1 をえらんで

$$|g_{ij}| = \frac{1}{|W_j|} \begin{cases} |\Phi_i|\,|\Psi_j| & (i \leq j) \\ |\Phi_j|\,|\Psi_i| & (i > j) \end{cases} \leq M_1$$

とできる. M_1 は h に無関係な定数である.

(ii) $i < j$ のとき

$$g_{i+1,j} - g_{ij} = \frac{1}{W_j}(\Phi_{i+1} - \Phi_i)\Psi_j.$$

$$\therefore\ |g_{i+1,j} - g_{ij}| = \frac{1}{|W_j|}|\Phi_{i+1} - \Phi_i|\,|\Psi_j|$$
$$< \frac{2C_2 \cdot Ch_{i+1} \cdot C(b-a)}{p(a)|W(\varphi,\ \psi)(a)|}$$
$$= M_2 h_{i+1}, \quad \text{ただし } M_2 = \frac{2C_2 \cdot C^2(b-a)}{p(a)|W(\varphi,\ \psi)(a)|}.$$

$i \geq j$ のとき

$$g_{i+1,j} - g_{ij} = \frac{1}{W_j}(\Psi_{i+1} - \Psi_i)\Phi_j.$$

$$\therefore\ |g_{i+1,j} - g_{ij}| \leq \frac{2C_2 \cdot Ch_{i+1} \cdot C(b-a)}{p(a)|W(\varphi,\ \psi)(a)|} = M_2 h_{i+1}.$$

(iii) $i \leq j$ のとき

$$\begin{aligned}g_{i,j+1} - g_{ij} &= \frac{1}{W_{j+1}}\Phi_i\Psi_{j+1} - \frac{1}{W_j}\Phi_i\Psi_j \\ &= \frac{1}{\frac{a_{j+1}}{c_j}W_j} \cdot \Phi_i\Psi_{j+1} - \frac{1}{W_j}\Phi_i\Psi_j \\ &= \frac{\Phi_i}{W_j} \cdot \frac{c_j\Psi_{j+1} - a_{j+1}\Psi_j}{a_{j+1}}.\end{aligned} \quad (6.32)$$

ここで

$$c_j \Psi_{j+1} - a_{j+1} \Psi_j = c_j(\Psi_{j+1} - \Psi_j) + (c_j - a_{j+1})\Psi_j$$

$$= \frac{p_{j+\frac{1}{2}} - \frac{1}{2} q_j h_{j+1}}{h_{j+1}} (\Psi_{j+1} - \Psi_j) - \frac{1}{2}(q_j + q_{j+1})\Psi_j.$$

$$\therefore\ |c_j \Psi_{j+1} - a_{j+1}\Psi_j| \leq \left(\|p\|_{\overline{E}} + \frac{1}{2}\|q\|_{\overline{E}} h\right) \left|\frac{\Psi_{j+1} - \Psi_j}{h_{j+1}}\right| + \|q\|_{\overline{E}} |\Psi_j|$$

$$\leq \left(\|p\|_{\overline{E}} + \frac{1}{2} p_*\right) C + \|q\|_{\overline{E}} \bigl(C(b-a)\bigr) \quad (= C' とおく).$$
(6.33)

$$\left(\because\ 補題 6.4 の仮定の下で \rho = \frac{h}{p_*} \|q\|_{\overline{E}} \leq 1.\right)$$

よって

$$|g_{i,j+1} - g_{ij}| = \frac{|\Phi_i|}{|W_j|} \cdot \frac{C'}{a_{j+1}}$$

$$\leq \frac{C(b-a)}{\frac{1}{2} p(a) |W(\varphi,\ \psi)(a)|} \cdot \frac{C'}{\frac{1}{h_{j+1}} p_{j+\frac{1}{2}} + \frac{1}{2} q_j}$$

((i) の証明中の結果を用いる)

$$\leq \frac{2C(b-a)C'}{p(a)|W(\varphi,\ \psi)(a)|} \cdot \frac{h_{j+1}}{p_* - \frac{1}{2}\|q\|_{\overline{E}} h}$$

$$\leq \frac{2C(b-a)C'}{p(a)|W(\varphi,\ \psi)(a)|} \cdot \frac{1}{p_*\left(1 - \frac{1}{2}\rho\right)} h_{j+1}$$

$$\leq M_3 h_{j+1}.$$

ただし

$$M_3 = \frac{2C(b-a)C'}{p(a)|W(\varphi,\ \psi)(a)| p_*} e^{\frac{(b-a)}{p_*} \|q\|_{\overline{E}}}.$$

$$\left(\because\ (6.30) より \left(1 - \frac{1}{2}\rho\right)^{-1} \leq e^{\rho} \leq e^{\frac{(b-a)}{p_*} \|q\|_{\overline{E}}}.\right)$$

また $i > j$ のときは

$$g_{i,j+1} - g_{ij} = \frac{\Psi_i \Phi_{j+1}}{W_{j+1}} - \frac{\Psi_i \Phi_j}{W_j} = \frac{\Psi_i \Phi_{j+1}}{\frac{a_{j+1}}{c_j} W_j} - \frac{\Psi_i \Phi_j}{W_j}$$

$$= \frac{\Psi_i}{W_j} \left(\frac{c_j \Phi_{i+1} - a_{j+1} \Phi_j}{a_{j+1}} \right).$$

(6.33) と同様に,この場合も

$$|c_j \Phi_{i+1} - a_{j+1} \Phi_j| \leq C',$$

$$|g_{i,j+1} - g_{ij}| = \left| \frac{\Psi_i}{W_j} \right| \frac{C'}{a_{j+1}} \leq M_3 h_{j+1}$$

が成り立つ.

よって $M = \max(M_1, M_2, M_3)$ とおけば補題 6.5 が得られる.　証明終　∎

6.4　離散化原理の証明

定理 6.1 を $\alpha_1 = \beta_1 = 0$ (したがって $\alpha_0 = \beta_0 = 1$) の場合に (i)⇒(ii)⇒(iii)⇒(i) の順に証明する.以下添字 ν を省略する.

(i)⇒(ii) 補題 6.2 と補題 6.5(i) で済んでいる.

(ii)⇒(iii) $\boldsymbol{V} = (V_1, \ldots, V_n)^{\mathrm{t}}$ とおく.定義によって $\|\boldsymbol{V}\|_H = \sqrt{(\boldsymbol{V}, H\boldsymbol{V})} = \sqrt{\sum_{j=1}^n V_j(\omega_j V_j)}$ であるから

$$\|\boldsymbol{V}\|_H = \sqrt{(\sqrt{H}\boldsymbol{V}, \sqrt{H}\boldsymbol{V})} = \|\sqrt{H}\boldsymbol{V}\|_2 = \sqrt{\sum_{j=1}^n (\sqrt{\omega_j} V_j)^2},$$

$$\|A^{-1}H\boldsymbol{V}\|_H^2 = (A^{-1}H\boldsymbol{V}, HA^{-1}H\boldsymbol{V})$$
$$= (\sqrt{H} A^{-1} H \boldsymbol{V}, \sqrt{H} A^{-1} H \boldsymbol{V})$$
$$= \sum_{i=1}^n \left(\sqrt{\omega_i} \Big(\sum_{j=1}^n g_{ij} \omega_j V_j \Big) \right)^2$$
$$= \sum_{i=1}^n \omega_i \Big(\sum_{j=1}^n g_{ij} \omega_j V_j \Big)^2$$

$$\leq M^2 \sum_i \omega_i \Bigl(\sum_j \sqrt{\omega_j}\sqrt{\omega_j}V_j\Bigr)^2$$

$$\leq M^2 \sum_{i=1}^n \omega_i \sum_{j=1}^n (\sqrt{\omega_j})^2 \sum_{j=1}^n (\sqrt{\omega_j}V_j)^2$$

$$= M^2 \Bigl(\sum_{i=1}^n \omega_i\Bigr)^2 \|\boldsymbol{V}\|_H^2$$

$$\leq \Bigl(M(b-a)\|\boldsymbol{V}\|_H\Bigr)^2.$$

$$\therefore\ \|A^{-1}H\boldsymbol{V}\|_H \leq M(b-a)\|\boldsymbol{V}\|_H.$$

よって $M' = M(b-a)$ とおけば

$$\|A^{-1}H\boldsymbol{V}\|_H = \sup_{\boldsymbol{V}\neq 0} \frac{\|A^{-1}H\boldsymbol{V}\|_H}{\|\boldsymbol{V}\|_H} \leq M'.$$

(iii)⇒(i) $(\mathcal{L}, \mathcal{D})$ が単射であることを示せばよい．仮に単射でないとすれば

$$\mathcal{L}v = 0, \quad v \in \mathcal{D}$$

をみたす非自明解 $v = v(x) \in \mathcal{D}$ が存在する．このとき $v'(a)v'(b) \neq 0$ である．なぜならば，仮に $v'(a) = 0$ とすれば，v は線形初期値問題 $\mathcal{L}v = 0$ $(x \in E)$, $v(a) = v'(a) = 0$ の解であるから，常微分方程式論の教えるところによって $v(x) = 0$ （自明解）．これは v が非自明解であるとしていることに矛盾する．また $v'(b) = 0$ としても同様に矛盾を生じる．

このとき

$$\varphi(x) = \frac{1}{v'(a)}v(x), \quad \psi(x) = \frac{-1}{v'(b)}v(x), \quad x \in E = (a,\ b) \tag{6.34}$$

とおけば φ と ψ はそれぞれ次の初期値問題の解である．

$$\mathcal{L}u = 0 \quad (x \in E), \quad u(a) = 0, \quad u'(a) = 1,$$
$$\mathcal{L}u = 0 \quad (x \in E), \quad u(b) = 0, \quad u'(b) = -1.$$

いま $\{\Phi_i\}$ と $\{\Psi_i\}$ をそれぞれ (6.15), (6.16) により定義すれば補題 6.1(i) によって

$$\Phi_i = \varphi_i + \varepsilon_i = (v_i + \widetilde{\varepsilon}_i)/v'(a), \quad \varepsilon_i = \xi_i \hat{\sigma} \quad (|\xi_i| \le C), \quad \widetilde{\varepsilon}_i = v'(a)\varepsilon_i,$$
(6.35)

$$\Psi_i = \psi_i + \delta_i = -(v_i + \widetilde{\delta}_i)/v'(b), \quad \delta_i = \eta_i \hat{\sigma} \quad (|\eta_i| \le C), \quad \widetilde{\delta}_i = -v'(b)\delta_i$$
(6.36)

かつ (6.26) より

$$A^{-1} = (g_{ij}), \quad g_{ij} = \frac{1}{W_j} \begin{cases} \Phi_i \Psi_j & (i \le j) \\ \Phi_j \Psi_i & (i > j) \end{cases}.$$

また $\boldsymbol{V} = (v_1, \ldots, v_n)^{\mathrm{t}}$, $v_i = v(x_i)$ とおくと

$$(A^{-1}H\boldsymbol{V},\ HA^{-1}H\boldsymbol{V}) = \sum_{i=1}^{n} \omega_i \Big(\sum_{j=1}^{n} g_{ij} \omega_j v_j \Big)^2$$

$$= \sum_{i=1}^{n} \omega_i \Big\{ \Big(\sum_{j \ge i} \frac{1}{W_j} \Phi_i \Psi_j v_j \omega_j \Big) + \Big(\sum_{j < i} \frac{1}{W_j} \Phi_j \Psi_i v_j \omega_j \Big) \Big\}^2$$

$$= \sum_{i=1}^{n} \omega_i \Big\{ \Phi_i \Big(\sum_{j \ge i} \frac{1}{W_j} \Psi_j v_j \omega_j \Big) + \Psi_i \Big(\sum_{j < i} \frac{1}{W_j} \Phi_j v_j \omega_j \Big) \Big\}^2.$$

上式に (6.35), (6.36) を代入し $c_0 = 1/\big(v'(a)v'(b)\big)^2$ とおけば，十分小さい h に対して

$$(A^{-1}H\boldsymbol{V},\ HA^{-1}H\boldsymbol{V})$$

$$= c_0 \sum_i \omega_i \Big\{ (v_i + \widetilde{\varepsilon}_i) \Big(\sum_{j \ge i} \frac{(v_j + \widetilde{\delta}_j) v_j \omega_j}{W_j} \Big) + (v_i + \widetilde{\delta}_i) \Big(\sum_{j < i} \frac{(v_j + \widetilde{\varepsilon}_j) v_j \omega_j}{W_j} \Big) \Big\}^2$$

$$\ge c_0 \frac{C_1^2}{W_1^2} \sum_{i=1}^{n} \omega_i \Big\{ (v_i + \widetilde{\varepsilon}_i) \Big(\sum_{j \ge i} (v_j + \widetilde{\delta}_j) v_j \omega_j \Big) + (v_i + \widetilde{\delta}_i) \Big(\sum_{j < i} (v_j + \widetilde{\varepsilon}_j) v_j \omega_j \Big) \Big\}^2$$
(6.37)

$$\Big(\because 補題 6.4 によって \frac{1}{|W_j|} \ge \frac{C_1}{|W_1|} \ かつ\ W_1 W_j > 0 \Big).$$

$h \to 0$ のとき

$$\sum_{i=1}^{n}\Big[(v_i+\widetilde{\varepsilon}_i)\Big(\sum_{j\geq i}(v_j+\widetilde{\delta}_j)v_j\omega_j\Big)+(v_i+\widetilde{\delta}_i)\Big(\sum_{j<i}(v_j+\widetilde{\varepsilon}_j)v_j\omega_j\Big)\Big]^2\omega_i$$
$$\to \int_a^b v(x)^2\Big(\int_a^b v(t)^2 dt\Big)^2 dx = \Big(\int_a^b v(t)^2 dt\Big)^3 \neq 0. \tag{6.38}$$

また (6.34) によって，φ と ψ は明らかに $\overline{E}$ 上 1 次従属で

$$W(\varphi,\,\psi)(x)=0 \quad \forall\, x\in\overline{E} \quad 特に \quad W(\varphi,\,\psi)(a)=0$$

であるから，補題 6.3 によって $h\to 0$ のとき $W_1\to 0$ $(\because \varepsilon=\max(h,\hat{\sigma},\hat{\tau})\to 0)$．

よって (6.37) と (6.38) より $\|A^{-1}H\boldsymbol{V}\|_H^2 = (A^{-1}H\boldsymbol{V},\,HA^{-1}H\boldsymbol{V}) \to \infty$ $(h\to 0)$．これは仮定に反する．よって $(\mathcal{L},\,\mathcal{D})$ は単射である．

例 6.1 境界値問題

$$\mathcal{L}u = -\frac{d^2u}{dx^2} - u = -1, \quad 0 < x < \pi, \tag{6.39}$$

$$u \in \mathcal{D} = \big\{u\in C^2[0,\,\pi] \mid u(0)=u(\pi)=0\big\} \tag{6.40}$$

を考える．これは (6.1), (6.2) において $p(x)=1$, $q(x)=0$, $r(x)=f(x)=-1$ かつ $\alpha_1=\beta_1=0$ とした場合である．

(6.39) の一般解は

$$u = c_1\cos x + c_2\sin x + 1 \quad (c_1,\,c_2：任意定数)$$

であるが $u(0)=0$ より $c_1=-1$ また $u(\pi)=0$ より $c_1=1$ となってこのような c_1 は存在しない．ゆえに (6.39), (6.40) は解をもたない．ゆえに定理 6.1 の条件 (ii) は成り立たない．

一方 $[0,\,\pi]$ を $n+1$ 等分して $x_i=ih$, $0\leq i\leq n+1$, $h=\frac{\pi}{n+1}$ とすれば (6.39), (6.40) を解く差分方程式は

$$H^{-1}A = \boldsymbol{f}, \tag{6.41}$$

$$H = hI_n, \quad A = \frac{1}{h}\begin{pmatrix} 2 & -1 & & \\ -1 & 2 & \ddots & \\ & \ddots & \ddots & -1 \\ & & -1 & 2 \end{pmatrix} - hI_n,$$

$$\boldsymbol{f} = (-1, \ldots, -1)^{\mathrm{t}} \in \mathbb{R}^n$$

となる．A の固有値 λ_j $(1 \leq j \leq n)$ は，定理 5.3 により，次で与えられる．

$$\begin{aligned}\lambda_j &= \frac{4}{h}\sin^2\frac{j\pi}{2(n+1)} - h \\ &= h\Big(\frac{2}{h}\sin\frac{jh}{2} + 1\Big)\Big(\frac{2}{h}\sin\frac{jh}{2} - 1\Big) \quad \Big(\because \frac{\pi}{n+1} = h\Big).\end{aligned}$$

ここで $\lambda_j \neq 0 \quad \forall j$ である．なぜならば $j \geq 1$ のとき $\frac{2}{h}\sin\frac{jh}{2} + 1 > 0$ であり，さらに $2 \leq j \leq n$ のとき

$$\begin{aligned}\frac{2}{h}\sin\frac{jh}{2} - 1 &\geq \frac{2}{h}\sin\frac{2h}{2} - 1 \\ &= \frac{2}{h}\Big\{h - \frac{1}{6}(h\theta)^3\Big\} - 1 \quad (0 < \theta < 1) \\ &= 1 - \frac{1}{3}h^2\theta^3 > 1 - \frac{h^2}{3} > 1 - \frac{1}{3}\Big(\frac{\pi}{2}\Big)^2 > 0.\end{aligned}$$

また $j = 1$ のとき

$$\frac{2}{h}\sin\frac{jh}{2} - 1 = \frac{2}{h}\sin\frac{h}{2} - 1 < 0 \quad (\because \sin x < x \quad \forall x > 0)$$

となるからである．ゆえに任意の自然数 n につき n 次行列 A は正則である．

ゆえに定理 6.1 (ii) により $A^{-1} = (g_{ij})$ は有界でない．いろいろな n に対する $\max_{i,j} |g_{ij}|$ と差分方程式 (6.41) の解 $\boldsymbol{U} = A^{-1}H\boldsymbol{f} = (U_1, \ldots, U_n)^{\mathrm{t}}$ に対する最大値ノルム $\|\boldsymbol{U}\|_\infty = \max_i |U_i|$ の値を表 6.1 に示す．

表 6.1 は，n が増加するとき $\|\boldsymbol{U}\|_\infty$ は増加し，差分方程式 (6.41) の解 $\boldsymbol{U}$ は発散することを示唆している．実計算においてこのような状況が発生すれば (6.39), (6.40) の解が一意存在でない (存在しないか存在するとしても複数個) と判断されるのであるが，定理 6.1 はそれを数学的に正当化するものといえる．

表 **6.1** $\max_{i,j} |g_{ij}|$ と $\|\boldsymbol{U}\|_\infty$

n	$h = \dfrac{\pi}{n+1}$	$\max\limits_{i,j} |g_{ij}|$	$\|\boldsymbol{U}\|_\infty$
10	2.8560×10^{-1}	9.1987×10^{1}	1.8469×10^{2}
100	3.1105×10^{-2}	7.8942×10^{3}	1.5789×10^{4}
1000	3.1385×10^{-3}	7.7558×10^{5}	1.5512×10^{6}
5000	6.2819×10^{-4}	1.9236×10^{7}	3.8468×10^{7}

第7章 離散化原理の固有値問題への応用

7.1 固有値問題

一般 Sturm-Liouville 型作用素 $\mathcal{L}$ と境界条件をみたす関数 u の集合 $\mathcal{D}$ を (2.1)〜(2.5) により定義するとき

$$\mathcal{L}u = \lambda u, \quad u(\neq 0) \in \mathcal{D} \tag{7.1}$$

をみたすスカラー λ を $(\mathcal{L}, \mathcal{D})$ の固有値 (**eigenvalue**), $u \neq 0$ を λ に対応する固有関数 (**eigenfunction**) という. また λ が $(\mathcal{L}, \mathcal{D})$ の固有値のとき, $W_\lambda = \{u \in \mathcal{D} \mid \mathcal{L}u = \lambda u\}$ を λ に対応する固有空間 (**eigenspace**) という. $\mathcal{L}$ が Sturm-Liouville 型作用素 ($q(x) = 0$) の場合の固有値, 固有関数の性質は定理 1.1 にすでに述べた. $q(x) \neq 0$ の場合でも $(\mathcal{L}, \mathcal{D})$ の固有値, 固有関数は類似な性質をもつ. 次の定理 7.1 は定理 1.1 のほとんどくり返しであるが, 定理 7.2 は定理 1.1 の結果を補足するものである.

定理 7.1 $(\mathcal{L}, \mathcal{D})$ を単射とするとき, 次が成り立つ.

(i) $(\mathcal{L}, \mathcal{D})$ の固有値はゼロでない実数でかつ単純である.
(ii) $r(x) \geq 0 \quad (x \in \overline{E})$ ならば固有値は正数である.

【証明】 (i) $\mathcal{L}u = \lambda u,\ u \in \mathcal{D},\ u \neq 0$ とする. $(\mathcal{L}, \mathcal{D})$ は単射と仮定すれば $\lambda \neq 0$ である. さらに §1.1 で述べたように

$$\mathcal{L}u = -pu'' - (p' - q)u' + ru$$

と展開して,

$$P(x) = e^{\int_a^x \{p'(t)-q(t)\}/p(t)dt},$$

$$\widetilde{p}(x) = \frac{1}{p(x)}P(x),$$

$$R(x) = \widetilde{p}(x)r(x),$$

$$\widetilde{\mathcal{L}}u = \widetilde{p}(x)\mathcal{L}u$$

とおけば, $\widetilde{\mathcal{L}}u = -\frac{d}{dx}\left(P(x)\frac{du}{dx}\right) + R(x)u$ かつ $\widetilde{\mathcal{L}}u = \lambda\widetilde{p}u$.

ここで複素内積を $(u,\ v) = \int_a^b u(x)\overline{v}(x)dx$ とおけば

$$(\widetilde{\mathcal{L}}u,\ u) = (\widetilde{p}\mathcal{L}u,\ u) = (\lambda\widetilde{p}u,\ u) = \lambda\int_a^b \widetilde{p}(x)|u(x)|^2 dx.$$

一方 $(\widetilde{\mathcal{L}},\ \mathcal{D})$ に定理 1.1(i) を適用すれば

$$(\widetilde{\mathcal{L}}u,\ v) = (u,\ \widetilde{\mathcal{L}}v) \quad \forall u,\ v \in \mathcal{D}$$

が成り立つから, $v = u$ として

$$(\lambda\widetilde{p}u,\ u) = (u,\ \lambda\widetilde{p}u).$$

$$\therefore\ \lambda\int_a^b \widetilde{p}(x)|u(x)|^2 dx = \overline{\lambda}\int_a^b \widetilde{p}(x)|u(x)|^2 dx. \tag{7.2}$$

$\widetilde{p} > 0$ かつ $u \neq 0$ であるから $\int_a^b \widetilde{p}|u(x)|^2 dx > 0$ である.

よって (7.2) より $\lambda = \overline{\lambda}$ を得る. すなわち λ は実数 (正数) であり, 対応する固有関数は実数値関数としてよい. さらに λ は単純 ($\dim W_\lambda = 1$) である. 実際 $u,\ v \in W_\lambda$ ならば $B_1(u) = B_1(v) = 0$ より

$$\alpha_0 u(a) - \alpha_1 u'(a) = 0, \quad \alpha_0 v(a) - \alpha_1 v'(a) = 0, \quad (\alpha_0,\ \alpha_1) \neq (0,\ 0).$$

よって上式を $\alpha_0,\ \alpha_1$ に関する連立 1 次方程式とみれば係数のつくる行列式は

$$\begin{vmatrix} u(a) & -u'(a) \\ v(a) & -v'(a) \end{vmatrix} = 0.$$

$$\therefore W(u, v)(a) = \begin{vmatrix} u(a) & v(a) \\ u'(a) & v'(a) \end{vmatrix} = 0. \tag{7.3}$$

$W(u, v)(x)$ は u, v のつくる Wronski 行列式であり，u, v は線形常微分方程式 $(\mathcal{L} - \lambda I)u = 0$ の解であるから，常微分方程式論の教えるところによって，(7.3) は u と v が $\overline{E} = [a, b]$ 上 1 次従属であることを示す．$\therefore \dim W_\lambda = 1$.

(ii) $r(x) \geq 0$ $(x \in \overline{E})$ ならば $R(x) \geq 0$ で，定理 1.1 より $(\widetilde{\mathcal{L}}u, u) > 0$ $\forall u (\neq 0) \in \mathcal{D}$ かつ $(\widetilde{p}u, u) = \int_a^b \widetilde{p}u(x)^2 dx > 0$ $(\because \widetilde{p} > 0$ かつ $u \neq 0)$.

$$\therefore \lambda = \frac{(\widetilde{\mathcal{L}}u, u)}{(\widetilde{p}u, u)} > 0. \tag{7.4}$$

証明終 ■

さて，任意の定数 c に対して $\hat{\mathcal{L}}u = \mathcal{L} + cI$ (I は恒等作用素) とおけば $(\hat{\mathcal{L}}, \mathcal{D})$ の固有値は $\lambda + c$ である $(\because \mathcal{L}u = \lambda u, u(\neq 0) \in \mathcal{D} \Rightarrow \hat{\mathcal{L}}u = (\lambda + c)u)$. よって c として特に $c > \|r\|_{\overline{E}} = \max_{\overline{E}} |r(x)|$ とえらべば $r(x) + c > 0$ $\forall x \in \overline{E}$ で $\hat{\mathcal{L}}$ の固有値は $\lambda + c > 0$ である (定理 7.1(ii) による).

ゆえに最初から $(\mathcal{L}, \mathcal{D})$ は単射であるとしてよい．このとき Sturm-Liouville 型作用素に関する次の定理が成り立つ．

定理 7.2 Sturm-Liouville 型作用素

$$\mathcal{L}u = -\frac{d}{dx}\left(p(x)\frac{du}{dx}\right) + r(x)u, \quad u \in \mathcal{D}$$

を考え，$(\mathcal{L}, \mathcal{D})$ は単射とする．また $\overline{E} = [a, b]$ とおく．

(i) $(\mathcal{L}, \mathcal{D})$ の固有値は可算無限個存在し

$$\lambda_1 < \lambda_2 < \cdots < \lambda_j < \cdots, \quad \lim_{j \to \infty} \lambda_j = \infty$$

と並べることができる．

(ii) $\{\lambda_j\}$ に対応する正規直交固有関数の列 $\{u_j(x)\}$ が存在する．
(iii) $\{u_j\}$ は $\mathcal{D}$ 内の完全系をなし次の固有関数展開ができる．

> (a) $u \in \mathcal{D} \Rightarrow u = \sum_{j=1}^{\infty}(u, u_j)u_j$ （$\bar{E}$ 上一様収束）
>
> すなわち
> $$\lim_{n \to \infty} \left\| u - \sum_{j=1}^{n}(u, u_j)u_j \right\|_{\bar{E}} = 0.$$
>
> (b) $u \in C(\bar{E}) \Rightarrow u = \sum_{j=1}^{\infty}(u, u_j)u_j$ （平均収束）
>
> すなわち
> $$\lim_{n \to \infty} \int_a^b |u(x) - \sum_{j=1}^{n}(u, u_j)u_j(x)|^2 dx = 0.$$

【証明】 (ii) は定理 1.1(iv) で済んでいる．

(i) と (iii) は Sturm-Liouville 型作用素の固有値問題における核心をなす結果であって，たとえば山本[37]を参照されたい． 証明終 ■

7.2 Ascoli-Arzela の定理

有界閉区間 $\bar{E} = [a, b]$ 上定義された関数の集合 $\mathcal{F}$ が点 $x_0 \in \bar{E}$ において同程度連続 (**equicontinuous**) であるとは，任意に与えられた正数 ε に対して，$\mathcal{F}$ の元に無関係な正数 $\delta = \delta(\varepsilon, x_0)$ を適当に定めて

$$x \in \bar{E}, \quad |x - x_0| < \delta \Rightarrow |f(x) - f(x_0)| < \varepsilon \quad \forall f \in \mathcal{F}$$

とできるときをいう．$\bar{E}$ 内の任意の点において同程度連続のとき $\mathcal{F}$ は $\bar{E}$ 上同程度連続であるという．

また，任意に与えられた $\varepsilon > 0$ に対して，$\mathcal{F}$ の元と $\bar{E}$ 内の点に無関係な正数 $\delta = \delta(\varepsilon)$ を適当に定めて

$$x', x'' \in \bar{E}, \quad |x' - x''| < \delta \Rightarrow |f(x') - f(x'')| < \varepsilon \quad \forall f \in \mathcal{F}$$

とできるとき，$\mathcal{F}$ は $\bar{E}$ 上同程度一様連続 (**uniformly equicontinuous**) であるという．

解析学でよく知られているように有界閉区間 $\overline{E}$ 上定義される実数値連続関数の集合 $\mathcal{F}$ が $\overline{E}$ 上同程度連続ならば $\overline{E}$ 上同程度一様連続である (たとえば山本[37] 定理 1.18 参照). よって有界閉区間の場合には同程度一様連続と同程度連続とは同値 (同等) な概念である.

特に $\mathcal{F} = \{f\}$ (1 点集合) とすれば, $\overline{E}$ 上連続な関数 f は $\overline{E}$ 上一様連続である.

さて, 次節以下で述べるように, 固有値問題 (7.1) を差分近似して行列の固有値問題をつくるとき, 差分解 (近似固有値と近似固有ベクトル) の厳密解 (固有値と固有関数) への収束を議論するために次の定理が必要となる. この定理の証明はたとえば山本[37]を参照されたい.

定理 7.3 (Ascoli-Arzela (アスコリ・アルツェラ) の定理) $\mathcal{F}$ を $X = C(\overline{E}) = C[a, b]$ の無限部分集合とする. $\mathcal{F}$ が一様有界 (すなわち

$$\|f\|_{\overline{E}} = \max_{x \in \overline{E}} |f(x)| \leq M < \infty \quad \forall\, f \in \mathcal{F}$$

をみたす f に無関係な定数 $M > 0$ が存在する) かつ $\overline{E}$ 上同程度連続ならば $\mathcal{F}$ は $\overline{E}$ 上一様収束する無限部分列を含む.

(これを "一様有界かつ同程度連続な関数の無限列は一様収束する無限部分列を含む" とありがたいお経の如く唱える.)

7.3　固有値問題の有限差分近似

一般 Sturm-Liouville 型固有値問題 (7.1) を分点

$$\Delta\ :\ a = x_0 < x_1 < \cdots < x_{n+1} = b, \quad x_{i+\frac{1}{2}} = \frac{1}{2}(x_j + x_{i+1}), \qquad (7.5)$$

$$h_i = x_i - x_{i-1}, \quad h = \max_i h_i$$

において差分近似し, 行列の固有値問題

$$(H^{-1}A - \Lambda I_m)\boldsymbol{U} = \boldsymbol{0}, \quad \boldsymbol{U}(\neq \boldsymbol{0}) \in \mathbb{R}^m \qquad (7.6)$$

をつくる (§5.4 参照). ただし I_m は m 次単位行列で

$$m = \begin{cases} n+2 & (\alpha_1\beta_1 \neq 0 \text{ のとき}), \\ n+1 & (\alpha_1 \neq 0,\ \beta_1 = 0 \text{ または } \alpha_1 = 0,\ \beta_1 \neq 0 \text{ のとき}), \\ n & (\alpha_1 = \beta_1 = 0 \text{ (したがって} \alpha_0 = \beta_0 = 1) \text{ のとき}) \end{cases}$$

とおく. 固有ベクトル $\boldsymbol{U}$ の j 成分を U_j ((7.10) 参照) とし, 点 (x_j, U_j) $(j = 0, 1, \ldots, n+1)$ を直線で結んでできる区分 1 次関数を $\hat{U}(x)$, $\hat{U}_j = \hat{U}(x_j)$ とおく. ただし $\alpha_1 = 0$ のときは $U_0 = \alpha$, また $\beta_1 = 0$ のとき $U_{n+1} = \beta$ とする. 当然予想されるように, (7.6) から得られる近似固有値と近似固有関数は, $h \to 0$ のとき (7.1) の固有値, 固有関数に収束する. 以下これを証明しよう.

定義 7.1 $(\mathcal{L} - \lambda I, \mathcal{D})$ が単射のとき λ を正則点 (**regular point**) といい, そうでないとき特異点または非正則点 (**singular point**) という.

離散化原理によって

λ が $(\mathcal{L}, \mathcal{D})$ の固有値でない.

$\Leftrightarrow (\mathcal{L} - \lambda I, \mathcal{D})$ が単射.

$\Leftrightarrow$ 十分小さい h に対して (すなわち適当な正数 h_0 を定めて $0 < h \leq h_0$ のとき), $H^{-1}A - \lambda I_m$ は正則であり, h に無関係な正定数 M を定めて

$$\|(H^{-1}A - \lambda I_m)^{-1}\|_H \leq M < \infty$$

とできる.

よって (7.5) の分点 Δ を

$$\Delta_\nu : a = x_0^\nu < x_1^\nu < \cdots < x_{n_\nu+1}^\nu = b, \quad \nu = 1, 2, \ldots$$
$$x_{i+\frac{1}{2}}^\nu = x_i^\nu + \frac{1}{2}h_{\nu+1}^\nu = \frac{1}{2}(x_i^\nu + x_{i+1}^\nu),$$
$$h_i^\nu = x_i^\nu - x_{i-1}^\nu, \quad h^\nu = \max_i h_i^\nu \to 0 \quad (\nu \to \infty)$$

にとりかえて離散化原理を使えば, m を m_ν でおきかえて

λ が $(\mathcal{L}, \mathcal{D})$ の固有値である.

⇔ $(\mathcal{L} - \lambda I, \mathcal{D})$ が単射でない.

⇔ 分割 Δ_ν に対し適当な部分列 $\{\Delta_{\nu_j}\}$ をえらべば次のいずれかが成り立つ.

(a) $H_{\nu_j}^{-1} A_{\nu_j} - \lambda I_{m_{\nu_j}}$ が正則でない.

(b) $H_{\nu_j}^{-1} A_{\nu_j} - \lambda I_{m_{\nu_j}}$ が正則で
$$\|(H_{\nu_j}^{-1} A_{\nu_j} - \lambda I_{m_{\nu_j}})^{-1}\|_{H_{\nu_j}} \to \infty \quad (j \to \infty). \tag{7.7}$$

ただし $m_\nu = \begin{cases} n_\nu + 2 & (\alpha_1 \beta_1 \neq 0 \text{ のとき}), \\ n_\nu + 1 & (\alpha_1 \neq 0,\ \beta_1 = 0 \text{ または } \alpha_1 = 0,\ \beta_1 \neq 0 \text{ のとき}), \\ n_\nu & (\alpha_1 = \beta_1 = 0 \text{ のとき}). \end{cases}$

(a) の場合には λ は $H_{\nu_j}^{-1} A_{\nu_j}$ の固有値であるから (b) の場合を考えればよい. m_ν 次行列 $H_\nu^{-1} A_\nu$ の固有値を Λ_i^ν $(i = 1, 2, \ldots, m_\nu)$ とすれば, $H_\nu^{-1} A_\nu$ は実3重対角行列であるから定理 5.2(ii) によって Λ_i^ν はすべて相異なる実数である. よってそれらを $\Lambda_1^\nu < \Lambda_2^\nu < \cdots < \Lambda_{m_\nu}^\nu$ とする.

以下簡単のため $q = 0$ の場合を考える. このとき $(\mathcal{L}, \mathcal{D})$ は対称で, A_ν も対称である.

補題 7.1 λ を対称作用素 $(\mathcal{L}, \mathcal{D})$ の固有値とすれば適当な部分列 $\{\nu_j\}$ をえらんで
$$\min_i |\Lambda_i^{\nu_j} - \lambda| \to 0 \quad (j \to \infty).$$

【証明】 λ が $(\mathcal{L}, \mathcal{D})$ の固有値ならば (7.7) によって適当な部分列 $\nu_1 < \nu_2 < \cdots < \nu_j < \cdots$, $\nu_j \to \infty$ $(j \to \infty)$ をえらんで
$$\|(H_{\nu_j}^{-1} A_{\nu_j} - \lambda I_{m_{\nu_j}})^{-1}\|_{H_{\nu_j}} \to \infty \quad (j \to \infty)$$
とできる. 記号の簡単のため $\{\nu_j\}$ をあらためて $\{\nu\}$ とかく. すると
$$\|(H_\nu^{-1} A_\nu - \lambda I_{m_\nu})^{-1}\|_{H_\nu}^2$$

$$
\begin{aligned}
&= \sup_{\|\boldsymbol{V}\|_{H_\nu} \leq 1} \|(H_\nu^{-1} A_\nu - \lambda I_{m_\nu})^{-1} \boldsymbol{V}\|_{H_\nu}^2 \\
&= \sup_{(\boldsymbol{V},\, H_\nu \boldsymbol{V}) \leq 1} \left((H_\nu^{-1} A_\nu - \lambda I_{m_\nu})^{-1} \boldsymbol{V},\ H_\nu (H_\nu^{-1} A_\nu - \lambda I_{m_\nu})^{-1} \boldsymbol{V}\right) \\
&= \sup_{(\boldsymbol{V},\, H_\nu \boldsymbol{V}) \leq 1} \big(\sqrt{H_\nu}(H_\nu^{-1} A_\nu - \lambda I_{m_\nu})^{-1} \sqrt{H_\nu}^{-1} \sqrt{H_\nu}\boldsymbol{V}, \\
&\qquad\qquad\qquad \sqrt{H_\nu}(H_\nu^{-1} A_\nu - \lambda I_{m_\nu})^{-1} \sqrt{H_\nu}^{-1} \sqrt{H_\nu}\boldsymbol{V}\big) \\
&= \sup_{(\boldsymbol{V},\, H_\nu \boldsymbol{V}) \leq 1} \|\sqrt{H_\nu}(H_\nu^{-1} A_\nu - \lambda I_{m_\nu})^{-1} \sqrt{H_\nu}^{-1} \cdot \sqrt{H_\nu}\boldsymbol{V}\|_2^2 \\
&= \sup_{\|\sqrt{H_\nu}\boldsymbol{V}\|_2 \leq 1} \|\big(\sqrt{H_\nu}(H_\nu^{-1} A_\nu - \lambda I_{m_\nu})^{-1} \sqrt{H_\nu}^{-1}\big) \sqrt{H_\nu}\boldsymbol{V}\|_2^2 \\
&\leq \|\sqrt{H_\nu}(H_\nu^{-1} A_\nu - \lambda I_{m_\nu})^{-1} \sqrt{H_\nu}^{-1}\|_2^2 \\
&= \|\{\sqrt{H_\nu}(H_\nu^{-1} A_\nu - \lambda I_{m_\nu}) \sqrt{H_\nu}^{-1}\}^{-1}\|_2^2 \\
&= \|(\sqrt{H_\nu}^{-1} A_\nu \sqrt{H_\nu}^{-1} - \lambda I_{m_\nu})^{-1}\|_2^2. \tag{7.8}
\end{aligned}
$$

$H_\nu^{-1} A_\nu$ と相似な行列 $\sqrt{H_\nu}(H_\nu^{-1} A_\nu)\sqrt{H_\nu}^{-1} = \sqrt{H_\nu}^{-1} A_\nu \sqrt{H_\nu}^{-1}$ の固有値は等しくかつ後者の行列は対称行列であるから,$H_\nu^{-1} A_\nu$ の固有値が Λ_i^ν であることに注意して

$$
\|(\sqrt{H_\nu}^{-1} A_\nu \sqrt{H_\nu}^{-1} - \lambda I_{m_\nu})^{-1}\|_2 = \frac{1}{\min_i |\Lambda_i^\nu - \lambda|}. \tag{7.9}
$$

ここで ν を ν_j に戻せば (7.7), (7.8), (7.9) より $\min_i |\Lambda_i^{\nu_j} - \lambda| \to 0 \ (j \to \infty)$ を得る. 証明終 ∎

次の補題においては,$H_\nu^{-1} A_\nu$ の固有値 Λ^ν に対応する固有ベクトル $\boldsymbol{U}^\nu$ の j 成分を U_j^ν とし,(x_j^ν, U_j^ν) を直線で結んでできる区分的 1 次関数を $\hat{U}^\nu(x)$ であらわす.また $\hat{U}_j^\nu = \hat{U}^\nu(x_j^\nu)$ とおく.

補題 7.2 $(\mathcal{L},\ \mathcal{D})$ を単射とする.$H_\nu^{-1} A_\nu$ の固有値 Λ_i^ν を $\Lambda_1^\nu < \Lambda_2^\nu < \cdots < \Lambda_{m_\nu}^\nu$ と並べるとき各 i につき $\{\Lambda_i^\nu\}_{\nu=1}^\infty$ の集積点 $\lambda_i = \lim_{k\to\infty} \Lambda_i^{\nu_k}$ $(\nu_1 < \nu_2 < \cdots)$ は $(\mathcal{L},\ \mathcal{D})$ の固有値である.このとき対応する近似固有関数 $\hat{U}^{\nu_k}(x)$ は λ に対応する固有関数に $\overline{E}$ 上一様収束する.

【証明】 Λ^ν を $H_\nu^{-1} A_\nu$ の固有値とし

$$H_\nu^{-1} A_\nu \boldsymbol{U}^\nu = \Lambda^\nu \boldsymbol{U}^\nu, \quad \boldsymbol{U}^\nu \neq \boldsymbol{0}$$

とする．定理 6.1 によって ν が十分大きいとき A_ν は正則であるから $\Lambda^\nu \neq 0$.

$$\therefore \ A_\nu^{-1} H_\nu \boldsymbol{U}^\nu = \frac{1}{\Lambda^\nu} \boldsymbol{U}^\nu. \tag{7.10}$$

ただし

$$\boldsymbol{U}^\nu = \begin{cases} (U_0^\nu, U_1^\nu, \ldots, U_{n_\nu+1}^\nu)^{\mathrm{t}} & (\alpha_1 \beta_1 \neq 0 \text{ のとき}), \\ (U_0^\nu, U_1^\nu, \ldots, U_{n_\nu}^\nu)^{\mathrm{t}} & (\alpha_1 \neq 0, \ \beta_1 = 0 \text{ のとき}), \\ (U_1^\nu, U_2^\nu, \ldots, U_{n_\nu+1}^\nu)^{\mathrm{t}} & (\alpha_1 = 0, \ \beta_1 \neq 0 \text{ のとき}), \\ (U_1^\nu, U_2^\nu, \ldots, U_{n_\nu}^\nu)^{\mathrm{t}} & (\alpha_1 = \beta_1 = 0 \text{ のとき}). \end{cases}$$

$\|\boldsymbol{U}^\nu\|_\infty = \max_j |U_j^\nu| = 1$ と正規化すれば

$$\begin{aligned} \left|\frac{1}{\Lambda^\nu}\right| &= \|A_\nu^{-1} H_\nu \boldsymbol{U}^\nu\|_\infty \\ &= \max_i \sum_j |g_{ij}^\nu \omega_j^\nu U_j^\nu| \\ &\leq M \sum_j \omega_j^\nu = M(b-a) \quad (M \text{ は定理 6.1 (ii) で定義されたもの}). \end{aligned}$$

よって $\{1/\Lambda^\nu\}_{\nu=1}^\infty$ は有界で，収束部分列 $\{1/\Lambda^{\nu_k}\}$ $(\nu_1 < \nu_2 < \cdots)$ が存在する．収束先を $\mu \neq 0$ とすれば

$$\frac{1}{\Lambda^{\nu_k}} \to \mu \quad (k \to \infty).$$

Λ^ν として $\Lambda_1^\nu, \Lambda_2^\nu, \ldots, \Lambda_{m_\nu}^\nu$ を順次とれば，Cantor（カントール）の対角線論法により各 Λ_i^ν に共通な部分列 ν_k $(\nu_1 < \nu_2 < \cdots, \nu_k \to \infty)$ をえらんで

$$\frac{1}{\Lambda_i^{\nu_k}} \to \mu_i \quad (k \to \infty), \quad i = 1, 2, \ldots, m_\nu$$

とできる．以下再び $\{\nu_k\}$ をあらためて $\{\nu\}_{\nu=1}^\infty$ とかき，Λ_i と μ_i をそれぞれ Λ と μ とかくことにする．

$\|\boldsymbol{U}^\nu\|_\infty = 1$ なる $\boldsymbol{U}^\nu$ に対し，補題 7.2 の直前に定義した区分的 1 次関数

$\hat{U}^\nu(x)$ をつくれば $\|\hat{U}^\nu\|_{\overline{E}} = \max_{x \in \overline{E}} |\hat{U}^\nu(x)| = 1$.

$$\therefore \ \|\hat{U}^\nu\|_2^2 = \int_a^b \hat{U}^\nu(x)^2 dx \leq b - a.$$

いま $(\mathcal{L},\ \mathcal{D})$ の Green 関数を $G(x,\ \xi)$ として

$$\mathcal{F} = \left\{ \int_a^b G(x,\ \xi)\hat{U}^\nu(\xi)d\xi \ \Big|\ \|\hat{U}^\nu\|_{\overline{E}} = 1,\ \ \nu = 1,\ 2, \ldots \right\}$$

とおけば, $\mathcal{F}$ は $\overline{E} = [a,\ b]$ 上一様有界かつ同程度連続である.

$\therefore\ f_\nu(x) = \int_a^b G(x,\ \xi)\hat{U}^\nu(\xi)d\xi \in \mathcal{F}$ かつ $M_0 = \max_{(x,\ \xi) \in \overline{E} \times \overline{E}} |G(x,\ \xi)|$
とおけば

$$|f_\nu(x)| \leq M_0(b - a) = \hat{M}\ (x \in \overline{E})\ \ \forall\ \nu.$$

よって $\mathcal{F}$ は一様有界である.

また $G(x,\ \xi)$ は 2 次元閉領域 (閉正方形) $\overline{E} \times \overline{E}$ において一様連続であるから, 任意に与えられた $\varepsilon > 0$ に対して適当な $\delta = \delta(\varepsilon) > 0$ を定めて

$$|x - y| < \delta,\ \ |\xi - \eta| < \delta \ \Rightarrow\ |G(x,\ \xi) - G(y,\ \eta)| < \varepsilon. \tag{7.11}$$

このとき

$$\begin{aligned}|f_\nu(x) - f_\nu(y)| &\leq \int_a^b |G(x,\ \xi) - G(y,\ \xi)|\, |\hat{U}^\nu(\xi)|d\xi \\ &< \varepsilon \int_a^b |\hat{U}^\nu(\xi)d\xi| \\ &\leq \varepsilon(b - a)\ \ \forall\ f_\nu \in \mathcal{F}.\end{aligned}$$

よって $\mathcal{F}$ は $\overline{E}$ 上同程度連続である.

ゆえに Ascoli-Arzela の定理 (定理 7.3) によって, $\mathcal{F}$ は $\overline{E}$ 上一様収束する部分列

$$f_{\nu'_k}(x) = \int_a^b G(x,\ \xi)\hat{U}^{\nu'_k}(\xi)d\xi \ \ (\nu'_1 < \nu'_2 < \cdots < \nu'_k < \cdots,\ \lim_{k \to \infty} \nu'_k = \infty) \tag{7.12}$$

を含む.収束先を $f(x)$ とすれば $f(x) \in C(\overline{E})$ である ($\because$ 連続関数の一様収束極限は連続関数).

よって任意に与えられた $\varepsilon > 0$ に対し自然数 k_0 を定めて $k \geq k_0$ のとき
$$|f_{\nu'_k}(x) - f(x)| < \varepsilon \quad \forall\, x \in \overline{E}$$
である.このとき $x \in [x_i^{\nu'_k}, x_{i+1}^{\nu'_k}]$, $h^{\nu'_k} < \delta$ とするとき (7.11) と (6.29) により

$$|f(x) - \mu\hat{U}^{\nu'_k}(x)| \leq |f(x) - f_{\nu'_k}(x)| + |f_{\nu'_k}(x) - \mu\hat{U}^{\nu'_k}(x)|$$
$$\leq \varepsilon + \int_a^b |G(x,\,\xi) - G(x_i^{\nu'_k},\,\xi)|\,|\hat{U}^{\nu'_k}(\xi)|d\xi$$
$$+ \Big| \int_a^b G(x_i^{\nu'_k},\,\xi)\hat{U}^{\nu'_k}(\xi)d\xi - \sum_j G(x_i^{\nu'_k},\,\xi)\hat{U}^{\nu_k}(x_j)\omega_j^{\nu'_k} \Big|$$
$$+ \Big| \sum_j \Big(G(x_i^{\nu'_k},\,x_j^{\nu'_k}) - g_{ij}^{\nu'_k}\Big)\hat{U}^{\nu'_k}(x_j^{\nu'_k})\omega_j^{\nu'_k} \Big|$$
$$+ \Big| \frac{1}{\Lambda^{\nu'_k}}\hat{U}^{\nu'_k}(x_i^{\nu'_k}) - \mu\hat{U}^{\nu'_k}(x_i^{\nu'_k}) \Big| + \mu|\hat{U}^{\nu'_k}(x_i^{\nu'_k}) - \hat{U}^{\nu'_k}(x)|$$
$$< \varepsilon + \varepsilon(b-a) + o(1) + \varepsilon(b-a) + \Big|\frac{1}{\Lambda^{\nu'_k}} - \mu\Big| \cdot |\hat{U}^{\nu'_k}(x_i^{\nu'_k})| + \mu o(1)$$
$$< \big(1 + 2(b-a)\big)\varepsilon + o(1) + \Big|\frac{1}{\Lambda^{\nu'_k}} - \mu\Big|. \tag{7.13}$$

よって $k \to \infty$ のとき $\mu\hat{U}^{\nu'_k}(x) \to f(x)$ ($\overline{E}$ 上一様収束).したがって
$$\hat{U}^{\nu'_k}(x) \to \frac{1}{\mu}f(x) \neq 0 \quad (\overline{E}\ \text{上一様収束}) \quad (\because \mu \neq 0).$$
(7.12) で $k \to \infty$ として
$$f(x) = \int_a^b G(x,\,\xi)\frac{1}{\mu}f(\xi)d\xi\ \in \mathcal{D}.$$
両辺に作用素 $\mathcal{L}$ を施して $\mathcal{L}f = \mu^{-1}f(x)$ を得る.よって μ^{-1} と f は $(\mathcal{L}, \mathcal{D})$ の固有値,固有関数である.

$\lim_{k\to\infty}\Lambda^{-\nu'_k} = \mu$ であったから結局 $\lim_{k\to\infty}\Lambda^{\nu'_k} = \mu^{-1}$ は $(\mathcal{L}, \mathcal{D})$ の固有値で,$\hat{U}^{\nu'_k}(x)$ は対応する固有関数 $\mu^{-1}f(x)$ に一様収束する.すでに述べたように (必要ならば Cantor の対角線論法を用いて) 部分列 $\{\nu'_k\}$ は各 i に共通にとれるから $\{\nu\}$ の部分列 $\{\nu_k\}$ をえらんで

$$\frac{1}{\Lambda_i^{\nu_k}} \to \mu_i \quad (k \to \infty), \quad i = 1, 2, \ldots, m_{\nu_k}$$

としてよい．なお上記議論において $\mu \neq 0$ と仮定した．$\mu = 0$ ならば (7.13) より $f(x) = 0$．したがって (7.12) より $\hat{U}^{\nu_k}(x) \to 0 \quad (k \to \infty)$ を得る．これは $\|\hat{U}^{\nu'_k}\|_\infty = 1$ と矛盾するから $\mu = 0$ は起こらない． 証明終 ∎

定理 7.4 $(\mathcal{L}, \mathcal{D})$ は対称かつ単射とし，その固有値を $\lambda_1 < \lambda_2 < \cdots < \lambda_j < \cdots$ とする．また $H_\nu^{-1} A_\nu$ の固有値を $\Lambda_1^\nu < \Lambda_2^\nu < \cdots < \Lambda_{m_\nu}^\nu$ とする．このとき各 i につき

$$\Lambda_i^\nu \to \lambda_i \quad (\nu \to \infty).$$

また Λ_i^ν に対応する $H_\nu^{-1} A_\nu$ の固有ベクトル $\boldsymbol{U}_i^\nu = (U_{ij}^\nu)$ に対し点 (x_j^ν, U_{ij}^ν) を結んでできる区分 1 次関数 $\hat{U}_i^\nu(x)$ は $\nu \to \infty$ のとき λ_i に対応する固有関数 $u_i(x)$ に $\overline{E} = [a, b]$ 上一様収束する．

【証明】 $i \neq j$ かつある部分列 $\{\nu_k\}$ $(\nu_1 < \nu_2 < \cdots)$ につき

$$\lim_{k \to \infty} \Lambda_i^{\nu_k} = \lim_{k \to \infty} \Lambda_j^{\nu_k} = \lambda \, (\neq 0) \tag{7.14}$$

とすると，補題 7.2 によって λ は $(\mathcal{L}, \mathcal{D})$ の固有値である．

$$H_{\nu_k}^{-1} A_{\nu_k} \boldsymbol{U}^{\nu_k} = \Lambda_i^{\nu_k} \boldsymbol{U}^{\nu_k}, \quad H_{\nu_k}^{-1} A_{\nu_k} \widetilde{\boldsymbol{U}}^{\nu_k} = \Lambda_j^{\nu_k} \widetilde{\boldsymbol{U}}^{\nu_k}, \quad i \neq j \tag{7.15}$$

とすれば補題 7.2 の証明により，$k \to \infty$ のとき $\hat{U}^{\nu_k}(x) \to \mu^{-1} f(x)$ かつ $\widetilde{\hat{U}}^{\nu_k}(x) \to \mu^{-1} \widetilde{f}(x)$ であり，$f(x)$ と $\widetilde{f}(x)$ は λ に対応する固有関数である．一方 (7.15) より

$$(\sqrt{H_{\nu_k}} A_{\nu_k}^{-1} \sqrt{H_{\nu_k}})(\sqrt{H_{\nu_k}} \boldsymbol{U}^{\nu_k}) = \frac{1}{\Lambda_i^{\nu_k}} \sqrt{H_{\nu_k}} \boldsymbol{U}^{\nu_k},$$

$$(\sqrt{H_{\nu_k}} A_{\nu_k}^{-1} \sqrt{H_{\nu_k}})(\sqrt{H_{\nu_k}} \widetilde{\boldsymbol{U}}^{\nu_k}) = \frac{1}{\Lambda_j^{\nu_k}} \sqrt{H_{\nu_k}} \widetilde{\boldsymbol{U}}^{\nu_k}.$$

$\sqrt{H_\nu} A_\nu^{-1} \sqrt{H_\nu}$ は対称で $\Lambda_i^{\nu_k} \neq \Lambda_j^{\nu_k} \quad (i \neq j)$ であるから対応する固有ベクトルは直交し

$$(\sqrt{H_{\nu_k}}\boldsymbol{U}^{\nu_k},\ \sqrt{H_{\nu_k}}\widetilde{\boldsymbol{U}}^{\nu_k}) = 0.$$
$$\therefore\ \sum_j U_j^{\nu_k}\widetilde{U}_j^{\nu_k}\omega_j^{\nu_k} = 0.$$

これを
$$\sum_j \hat{U}^{\nu_k}(x_j^{\nu_k})\hat{\widetilde{U}}^{\nu_k}(x_j^{\nu_k})\omega_j^{\nu_k} = 0$$

と書き直し $k \to \infty$ とすれば
$$\int_a^b f(x)\widetilde{f}(x)dx = 0. \tag{7.16}$$

f と $\widetilde{f}$ は λ に対応する固有関数で λ は単純であるから f と $\widetilde{f}$ は1次従属で, たとえば $\widetilde{f} = cf$ (c：スカラー) とかける. これを (7.16) に代入して $c = 0$.
$\therefore\ \widetilde{f} = 0$. これは矛盾である ($\because f$ と $\widetilde{f}$ は固有関数であるから $\widetilde{f} \neq 0$, $f \neq 0$).

よって $i \neq j$ ならば $\{\Lambda_i^\nu\}$ と $\{\Lambda_j^\nu\}$ は同一の集積点をもつことはない.

ゆえに補題 7.1 と併せて
$$\lim_{\nu \to \infty}\Lambda_i^\nu = \lambda_i \quad \forall\ i$$

が成り立つ. また補題 7.2 によって Λ_i^ν に対応する区分的1次の近似固有関数 $\hat{U}^{\nu(i)}(x)$ も λ_i に対応する固有関数 $u_i(x)$ に $\overline{E}$ 上一様収束する. 　　証明終 ∎

7.4 誤 差 評 価

前節において $(\mathcal{L}, \mathcal{D})$ が対称 ($q = 0$) で A_ν も実対称ならば $H_\nu^{-1}A_\nu$ の固有値 Λ_i^ν は $\nu \to \infty$ のとき $(\mathcal{L}, \mathcal{D})$ の固有値 λ_i に収束することおよび対応する固有ベクトル

$$\boldsymbol{U}_i^\nu = \begin{cases} (U_{i0}^\nu,\ U_{i1}^\nu, \ldots, U_{i,n_\nu+1}^\nu)^{\mathrm{t}} & (\alpha_1\beta_1 \neq 0\ \text{のとき}), \\ (U_{i0}^\nu,\ U_{i1}^\nu, \ldots, U_{i,n_\nu}^\nu)^{\mathrm{t}} & (\alpha_1 \neq 0,\ \beta_1 = 0\ \text{のとき}), \\ (U_{i1}^\nu,\ U_{i2}^\nu, \ldots, U_{i,n_\nu+1}^\nu)^{\mathrm{t}} & (\alpha_1 = 0,\ \beta_1 \neq 0\ \text{のとき}), \\ (U_{i1}^\nu,\ U_{i2}^\nu, \ldots, U_{i,n_\nu}^{(i)})^{\mathrm{t}} & (\alpha_1 = \beta_1 = 0\ \text{のとき}) \end{cases}$$

から点 (x_j^ν, U_{ij}^ν) を直線で結んでできる区分的 1 次関数 $\hat{U}_i^\nu(x)$ は $\nu \to \infty$ のとき λ_i に対応する固有関数に $\bar{E} = [a, b]$ 上一様収束することを示した．しかしその収束がどの程度の精度であるかは不明である．

この節ではその誤差を評価しよう．そのために

$$\mathcal{L}u = \lambda u, \quad u \in \mathcal{D}, \quad \|u\|_2 = \sqrt{\int_a^b |u(x)|^2 dx} = 1 \tag{7.17}$$

かつ

$$\boldsymbol{\tau}^\nu = H_\nu^{-1} A_\nu \boldsymbol{u}^\nu - \lambda \boldsymbol{u}^\nu, \tag{7.18}$$

$$\boldsymbol{u}^\nu = \begin{cases} (u_0^\nu, u_1^\nu, \ldots, u_{n_\nu+1}^\nu)^\mathrm{t} & (\alpha_1 \beta_1 \neq 0 \text{ のとき}) \quad (u_i^\nu = u(x_i^\nu)), \\ (u_0^\nu, u_1^\nu, \ldots, u_{n_\nu}^\nu)^\mathrm{t} & (\alpha_1 \neq 0,\ \beta_1 = 0 \text{ のとき}), \\ (u_1^\nu, u_2^\nu, \ldots, u_{n_\nu+1}^\nu)^\mathrm{t} & (\alpha_1 = 0,\ \beta_1 \neq 0 \text{ のとき}), \\ (u_1^\nu, u_2^\nu, \ldots, u_{n_\nu}^\nu)^\mathrm{t} & (\alpha_1 = \beta_1 = 0 \text{ のとき}) \end{cases}$$

とおく．§6.2 でみたように

$$\boldsymbol{\tau}^\nu = \begin{cases} o(1) & (u \in C^2(\bar{E})), \\ O(h^\nu) & (u \in C^3(\bar{E}),\ p \in C^2(\bar{E})) \end{cases}$$

であり，さらに分割 Δ_ν が一様 (すなわち $h^\nu = (b-a)/(n_\nu+1)$, $h_i^\nu = h^\nu\ \forall i$) で p, r が十分滑らかかつ $u \in C^4(\bar{E})$ ならば

$$\boldsymbol{\tau} = O\big((h^\nu)^2\big)$$

である．特に $u_i(x)$ が固有値 λ_i に対応する固有関数のとき，(7.18) において $\boldsymbol{u}$ を $\boldsymbol{u}_i^\nu$, $\boldsymbol{\tau}^\nu$ を $\boldsymbol{\tau}_i^\nu$ であらわす．

定理 7.5 定理 7.4 の仮定の下で次が成り立つ．

(i) h^ν に無関係な定数 C_1 が存在して

$$|\Lambda_i^\nu - \lambda_i| \leq C_1 \|\boldsymbol{\tau}_i^\nu\|_\infty.$$

> (ii) $H_\nu^{-1}A_\nu$ の固有値 Λ_i^ν に対応する固有空間を $\mathcal{M}_i^\nu = \mathrm{span}\{U_i^\nu\}$ とすれば h^ν に無関係な定数 C_2 が存在して
> $$\|u_i^\nu - \mathcal{M}_i^\nu\|_{H_\nu} \equiv \inf_{U^\nu \in \mathcal{M}_i^\nu} \|u_i^\nu - U^\nu\|_{H_\nu}$$
> $$\leq C_2 \|\tau_i^\nu\|_{H_\nu} \quad \forall\, i.$$

【証明】 (i) $(\mathcal{L}, \mathcal{D})$ の固有値 λ と対応する固有関数 u を (7.1) の如くとる.また τ^ν を (7.18) により定義する. $H_\nu^{-1}A_\nu$ と $\sqrt{H_\nu}^{-1}A_\nu\sqrt{H_\nu}^{-1}$ の固有値は等しく,$\sqrt{H_\nu}^{-1}A_\nu\sqrt{H_\nu}^{-1}$ は対称であるから,正規直交固有ベクトル $\{V_i\}$ をもつ.$U_i = \sqrt{H_\nu}^{-1}V_i$ とおくとき,$\sqrt{H_\nu}u_i^\nu$ を $\{V_i\}$ で展開して

$$\sqrt{H_\nu}u_i^\nu = \sum_j c_{ij}^\nu V_j = \sum_j c_{ij}^\nu \sqrt{H_\nu}U_j \tag{7.19}$$

とおけば,(7.18) で u^ν と τ^ν を u_i^ν と τ_i^ν でおきかえて

$$\sqrt{H_\nu}\tau_i^\nu = \sqrt{H_\nu}(H_\nu^{-1}A_\nu u_i^\nu - \lambda_i u_i^\nu)$$
$$= (\sqrt{H_\nu}^{-1}A_\nu\sqrt{H_\nu}^{-1} - \lambda_i I_{m_\nu})\sqrt{H_\nu}u_i^\nu$$

$$\left(m_\nu = \begin{cases} n_\nu + 2 & (\alpha_1\beta_1 \neq 0), \\ n_\nu + 1 & (\alpha_1 \neq 0,\ \beta_1 = 0\ \text{または}\ \alpha_1 = 0,\ \beta_1 \neq 0), \\ n_\nu & (\alpha_1 = \beta_1 = 0). \end{cases} \right)$$

$$= (\sqrt{H_\nu}^{-1}A_\nu\sqrt{H_\nu}^{-1} - \lambda_i I_{m_\nu}) \sum_j c_{ij}^\nu V_j$$
$$= \sum_j c_{ij}^\nu (\Lambda_j^\nu - \lambda_i) V_j. \tag{7.20}$$

$$\therefore\ \|\sqrt{H_\nu}\tau_i^\nu\|_2^2 = \sum (c_{ij}^\nu)^2 (\Lambda_j^\nu - \lambda_i)^2$$
$$(\because\ (V_j, V_j) = 1,\ (V_j, V_k) = 0\ \ (j \neq k))$$
$$\geq \min_j |\Lambda_j^\nu - \lambda_i|^2 \sum_j (c_{ij}^\nu)^2. \tag{7.21}$$

(7.19) より

$$\sum_j (c_{ij}^\nu)^2 = \|\sqrt{H_\nu}\boldsymbol{u}_i^\nu\|_2^2 = (\boldsymbol{u}_i^\nu,\ H_\nu \boldsymbol{u}_i^\nu)$$

$$= \sum_j (u_{ij}^\nu)^2 \omega_j^\nu \to \int_a^b u_i(x)^2 dx = 1 \quad (\nu \to \infty).$$

よって (7.21) より,h^ν に無関係な定数 C_1 を適当に定めて

$$\min_j |\Lambda_j^\nu - \lambda_i| \le \frac{\|\sqrt{H_\nu}\boldsymbol{\tau}_i^\nu\|_2}{\sqrt{\sum_j (c_{ij}^\nu)^2}}$$

$$\le \frac{\|\boldsymbol{\tau}_i^\nu\|_\infty \sqrt{\sum_j \omega_j^\nu}}{\sqrt{1-\varepsilon_\nu}} \quad (\varepsilon_\nu \to 0 \quad (\nu \to \infty))$$

$$\le \frac{\|\boldsymbol{\tau}_i^\nu\|_\infty}{\sqrt{1-\varepsilon_\nu}}\sqrt{b-a} \le C_1 \|\boldsymbol{\tau}_i^\nu\|_\infty \quad (\text{たとえば } C_1 = 2\sqrt{b-a}).$$

一方 $\nu \to \infty$ のとき $\Lambda_i^\nu \to \lambda_i$ であるから十分大きい ν につき $\min_j |\Lambda_j^\nu - \lambda_i| = |\Lambda_i^\nu - \lambda_i|$ となる.

$$\therefore\ |\Lambda_i^\nu - \lambda_i| \le C_1 \|\boldsymbol{\tau}_i^\nu\|_\infty.$$

(ii) (7.20) より

$$\|\sqrt{H_\nu}\boldsymbol{\tau}_i^\nu\|_2^2 = \sum_j (c_{ij}^\nu)^2 (\Lambda_j^\nu - \lambda_i)^2$$

$$\ge (d_i^\nu)^2 \sum_{j \ne i} (c_{ij}^\nu)^2, \quad d_i^\nu = \min_{j \ne i} |\Lambda_j^\nu - \lambda_i|. \tag{7.22}$$

一方

$$\|\boldsymbol{u}_i^\nu - \mathcal{M}_i^\nu\|_{H_\nu}^2 \equiv \inf_{\boldsymbol{U} \in \mathcal{M}_i^\nu} \|\boldsymbol{u}_i^\nu - \boldsymbol{U}\|_{H_\nu}^2$$

$$\le \|\boldsymbol{u}_i^\nu - c_{ii}^\nu \boldsymbol{U}_i^\nu\|_{H_\nu}^2 \quad (\because c_{ii}^\nu \boldsymbol{U}_i^\nu \in \mathcal{M}_i^\nu)$$

$$= \|\sqrt{H_\nu}(\boldsymbol{u}_i^\nu - c_{ii}^\nu \boldsymbol{U}_i^\nu)\|_2^2$$

$$= \|\sum_j c_{ij}^\nu \boldsymbol{V}_j - c_{ii}^\nu \boldsymbol{V}_i\|_2^2 \quad (\because \sqrt{H_\nu}\boldsymbol{U}_i^\nu = \boldsymbol{V}_i)$$

$$= \|\sum_{j \ne i} c_{ij}^\nu \boldsymbol{V}_j\|_2^2$$

$$
\begin{aligned}
&= \sum_{j\neq i}(c_{ij}^\nu)^2 \\
&\leq \left(\frac{1}{d_i^\nu}\|\sqrt{H_\nu}\boldsymbol{\tau}_i^\nu\|_2\right)^2 \quad ((7.22)\text{ による}) \\
&= \left(\frac{1}{d_i^\nu}\|\boldsymbol{\tau}_i^\nu\|_{H_\nu}\right)^2.
\end{aligned}
$$

$$\therefore \ \|\boldsymbol{u}_i^\nu - \mathcal{M}_i^\nu\|_{H_\nu} \leq \frac{1}{d_i^\nu}\|\boldsymbol{\tau}_i^\nu\|_{H_\nu}. \tag{7.23}$$

$\nu \to \infty$ のとき $\Lambda_{i-1}^\nu \to \lambda_{i-1}$, $\Lambda_{i+1}^\nu \to \lambda_{i+1}$ であるから,ν が十分大きいとき

$$
\begin{aligned}
d_i^\nu &\geq \frac{1}{2}\min(|\lambda_{i-1}-\lambda_i|,\ |\lambda_{i+1}-\lambda_i|) \\
&\geq \frac{1}{2}\min_{k\geq 2}|\lambda_k-\lambda_{k-1}| = C_0 > 0.
\end{aligned}
$$

(定理 7.2 によって $\{\lambda_i\}$ は無限大に発散することに注意.)

よって (7.23) より $C_2 = \dfrac{1}{C_0}$ とおけば C_2 は h^ν に無関係な定数で

$$\|\boldsymbol{u}_i^\nu - \mathcal{M}_i^\nu\|_{H_\nu} \leq C_2\|\boldsymbol{\tau}_i^\nu\|_{H_\nu}. \qquad \text{証明終} \ \blacksquare$$

第8章 最大値原理

8.1 最大値原理

境界値問題の解の一意性を議論する場合に，最大値原理 (**maximum principle**) と呼ばれる有力な手法がある．この原理は 1 次元境界値問題 (2 点境界値問題) だけでなく 2 次元境界値問題およびそれらを離散近似した離散境界値問題に対しても有効であるが，この章ではこの原理を 1 次元 Dirichlet 問題

$$\mathcal{L}u = -\frac{d}{dx}\left(p(x)\frac{du}{dx}\right) + q(x)\frac{du}{dx} + r(x)u = f(x) \quad (x \in E = (a,\ b)), \quad (8.1)$$

$$u(a) = \alpha, \quad u(b) = \beta \tag{8.2}$$

に限定して述べる．なお 1 次元，2 次元境界値問題に対する最大値原理の最も標準的な参考書は Protter-Weinbeger[23] であって名著として知られている．

定理 8.1 (最大値原理第 1 型 (強い形)) $u \in C^2(E) \cap C(\bar{E})$, $\mathcal{L}u \leq 0$ $\forall x \in E$, $p \in C^1(\bar{E})$, $p > 0$, $q, r \in C(\bar{E})$ かつ $r \geq 0$ とし，次の 1^0, 2^0, 3^0 が成り立つとする．

1^0. $u(x) \leq M \quad \forall x \in E$.
2^0. ある点 $c \in E$ において $u = M$.
3^0. $M \geq 0$.

このとき $u = M \quad \forall x \in \bar{E}$.

なお $r(x) \equiv 0$ のときは条件 3^0 は不要である．(また，1^0 と 2^0 はまとめて "$u(x)$ は $\bar{E}$ の内点で最大値 M をとる" といってもよい．)

【証明 (Protter-Weinberger[23])】 仮に $u \not\equiv M$ とすれば $u(d) < M$ をみたす $d \in (a, b)$ がある. このとき矛盾が生じることを (i) $d > c$, (ii) $d < c$ の2つの場合に分けて示す.

(i) $d > c$ の場合. $z = e^{\kappa(x-c)} - 1$ (κ は正の定数) とおくとき

$$z(x) \begin{cases} < 0 & (a < x < c) \\ = 0 & (x = c) \\ > 0 & (c < x < b) \end{cases}.$$

また $x \geq c$ のとき κ を十分大きくとれば

$$\mathcal{L}z = -e^{\kappa(x-c)}\{\kappa^2 p + (p' - q)\kappa - re^{-\kappa(x-c)}\}$$
$$< 0 \quad (\because \kappa \to \infty \text{ のとき } e^{-\kappa(x-c)} \to 0).$$

よって $v = u + \varepsilon z$ (ε は正定数) とおけば

$$\mathcal{L}v = \mathcal{L}u + \varepsilon \mathcal{L}z < 0 \quad (c \leq x < b). \tag{8.3}$$

また $x \in (a, c)$ のとき $z(x) < 0$ であるから

$$v(x) < u(x) \leq M \quad (a < x < c) \tag{8.4}$$

かつ

$$v(c) = u(c) + \varepsilon z(c) = u(c) = M.$$

さらに $0 < \varepsilon < (M - u(d))/z(d)$ のとき $v(d) = u(d) + \varepsilon z(d) < M$.
よって

$$\max_{c \leq x \leq d} v(x) = v(\xi) \quad (c \leq \xi \leq d)$$

とおけば (8.4) によって $v(\xi)$ は開区間 (a, d) における極大値でもあり, $v(\xi) \geq M$, $v'(\xi) = 0$ かつ $v''(\xi) \leq 0$.

$$\therefore \mathcal{L}v(\xi) = -\bigl(p(\xi)v'(\xi)\bigr)' + q(\xi)v'(\xi) + r(\xi)v(\xi)$$
$$= -p(\xi)v''(\xi) + r(\xi)v(\xi)$$
$$\geq r(\xi)v(\xi) \geq r(\xi)M \geq 0. \tag{8.5}$$

これは (8.3) に矛盾する.

(ii) $d < c$ の場合. $z = e^{-\kappa(x-c)} - 1 \quad (\kappa > 0)$ とおくと

$$z(x) \begin{cases} > 0 & (a < x < c) \\ = 0 & (x = c) \\ < 0 & (c < x < b) \end{cases}.$$

また

$$\mathcal{L}z = -e^{-\kappa(x-c)}\{\kappa^2 p + (q - p')\kappa - r + re^{\kappa(x-c)}\}$$

であるから, $x \leq c$ のとき十分大きい κ に対して $\mathcal{L}z < 0$.

ゆえに再び $v = u + \varepsilon z \quad (\varepsilon > 0)$ とおけば

$$\mathcal{L}v = \mathcal{L}u + \varepsilon\mathcal{L}z < 0 \quad (a < x \leq c). \tag{8.6}$$

また $0 < \varepsilon < (M - u(d))/z(d)$ のとき $v(d) = u(d) + \varepsilon z(d) < M$.

一方

$$v(c) = u(c) + \varepsilon z(c) = u(c) = M$$

かつ $c < x < b$ のとき $v(x) < u(x) \leq M$.

よって $\max_{d \leq x \leq c} v(x) = v(\eta)$ とすれば $v(\eta)$ は (d, b) における極大値でもあるから

$$d < \eta \leq c, \quad v(\eta) \geq M \geq 0, \quad v'(\eta) = 0, \quad v''(\eta) \leq 0.$$

$$\therefore \mathcal{L}v(\eta) = -\bigl(p(\eta)v'(\eta)\bigr)' + q(\eta)v'(\eta) + r(\eta)v(\eta)$$
$$= -p(\eta)v''(\eta) + r(\eta)v(\eta)$$
$$\geq -p(\eta)v''(\eta) + r(\eta)M \geq 0. \tag{8.7}$$

これは (8.6) に矛盾する.

(i) と (ii) より $u(d) < M$ となる $d \in (a, b)$ は存在しない. したがって

$$u(x) = M \quad \forall x \in (a, b).$$

$u \in C(\bar{E})$ であるから $u = M \; \forall x \in \bar{E} = [a, b]$.

なお $r(x) \equiv 0$ のときは (8.5) と (8.7) は M の符号に無関係に成り立つから

定理の条件 3^0 は不要である. 　　　　　　　　　　　　　　　　　　　証明終 ■

■**注意 8.1**　定理の条件 3^0 は一般には必要である. 実際 $u(x) = -(x-1)^2 - 1$ は境界値問題

$$\mathcal{L}u = -u'' + 2u = -2(x-1)^2 \quad (0 < x < 3),$$
$$u(0) = -2, \quad u(3) = -5$$

の解である. よって u は $\mathcal{L}u \leq 0$, $x \in (0, 3)$ をみたし, 閉区間 $[0, 3]$ の内点 $x = 1$ で最大値 $M = -1$ をとる. しかし $u \not\equiv -1$ である.

系 8.1.1　$\mathcal{L}u \geq 0$　$\forall x \in E = (a, b)$ かつ次の 1^0, 2^0, 3^0 が成り立つとする.

1^0. $u(x) \geq M$　$\forall x \in E$.
2^0. ある点 $c \in E$ において $u(c) = M$.
3^0. $M \leq 0$.

このとき $u = M$　$\forall x \in \overline{E}$ である ($r(x) \equiv 0$ のときは条件 3^0 は不要である).

【**証明**】　$-u$ に対して定理 8.1 を適用すればよい. 　　　　　　証明終 ■

定理 8.2 (最大値原理第 **2** 型)　$u \in C^2(E) \cap C(\overline{E})$, $\mathcal{L}u \leq O$　$\forall x \in E$, $p \in C^1(\overline{E})$,　$p > 0$,　$q, r \in C(\overline{E})$ かつ $r \geq 0$ とするとき

$$u(x) \leq \max(u(a), u(b), 0), \quad x \in \overline{E}. \tag{8.8}$$

特に $r(x) \equiv 0$ ならば

$$u(x) \leq \max(u(a), u(b)), \quad x \in \overline{E}. \tag{8.9}$$

【証明】
$$M = \max_{x \in \overline{E}} u(x) = u(c), \ c \in \overline{E} \tag{8.10}$$
とする.

(i) $M \leq 0$ ならば明らかに $u(x) \leq 0 = \max(u(a), u(b), 0), \quad x \in \overline{E}$.
次に

(ii) $M > 0$ ならば $u(x) \leq \max(u(a), u(b)), \quad x \in \overline{E}$

を示す. 仮に
$$u(x) > \max(u(a), u(b)) \tag{8.11}$$
なる $x \in \overline{E}$ があれば $c \in E = (a, b)$ である. いま c を含む開区間 (a', b') を $u(x) > 0$ なる x のつくる最大区間とすれば
$$M = \max_{a' \leq x \leq b'} u(x) = u(c), \quad c \in (a', b').$$
よって定理 8.1 を開区間 (a', b') に適用して
$$u(x) \equiv M = u(c) \quad \forall x \in [a', b'] \quad (\because \text{仮定により } M > 0).$$
(a', b') は $u(x) > 0$ なる x のつくる最大区間であったから上式は $a' = a, b' = b$ を意味し (8.11) に反する. よって $M > 0$ のときは (ii) が成り立ち
$$u(x) \leq \max(u(a), u(b)) \leq \max(u(a), u(b), 0), \quad x \in \overline{E}.$$
(i) と (ii) により (8.8) が示された.

特に $r \equiv 0$ のとき, 仮に $u(x_0) > \max(u(a), u(b))$ なる $x_0 \in (a, b)$ があれば (8.10) と併せて $c \in (a, b)$ である. したがって定理 8.1 により
$$u \equiv M = \max_{a \leq x \leq b} u(x).$$
$$\therefore \ u(a) = u(b) = M.$$
$$\therefore \ M \geq u(x_0) > \max(u(a), u(b)) = M.$$
これは矛盾であるから $u(x_0) > \max(u(a), u(b))$ なる $x_0 \in (a, b)$ は存在しない.
$$\therefore \ M \leq \max(u(a), u(b)). \qquad \text{証明終} \ \blacksquare$$

■**注意 8.2** (8.9) は一般には成り立たない．実際，注意 8.1 の関数 u の場合

$$\max(u(a),\ u(b)) = \max(u(0),\ u(3)) = \max(-2,\ -5) = -2 < M = -1.$$

■**注意 8.3** 上の証明より，定理 8.2 は定理 8.1 から導かれるから第 1 型は第 2 型より強い形である．

系 8.2.1 $\mathcal{L}u \geq 0,\ x \in E,\ r(x) \geq 0$ ならば

$$u(x) \geq \min(u(a),\ u(b),\ 0),\quad x \in \overline{E}.$$

特に $r \equiv 0$ ならば

$$u(x) \geq \min(u(a),\ u(b)),\quad x \in \overline{E}.$$

定理 8.3 $p \in C^1(\overline{E}),\ p > 0,\ q,\ r \in C(\overline{E}),\ r \geq 0$ とする．$u \in C^2(E) \cap C(\overline{E})$ ならば，$p,\ q,\ r$ のみに依存し u に無関係な定数 $C > 0$ を適当に定めて

$$\|u\|_{\overline{E}} \leq \max(|u(a)|,\ |u(b)|) + C\|\mathcal{L}u\|_E. \tag{8.12}$$

ただし $\|u\|_{\overline{E}} = \max_{x \in \overline{E}} |u(x)|$ で，$\|\mathcal{L}u\|_E = \sup_{x \in E} |\mathcal{L}u(x)| < \infty$ と仮定する．

【証明】 $z(x) = e^{\kappa(b-a)} - e^{\kappa(x-a)}\quad (\kappa > 0)$ とおけば $z(x) \geq 0\ \forall x \in \overline{E}$．
また十分大きい κ に対し $p(x)\kappa^2 + (p'(x) - q(x))\kappa - r(x) \geq 1\ \forall x \in \overline{E}$ となり，このとき

$$\mathcal{L}z = e^{\kappa(x-a)}\{p(x)\kappa^2 + (p'(x) - q(x))\kappa - r(x)\} + r(x)e^{\kappa(b-a)}$$
$$\geq p(x)\kappa^2 + (p'(x) - q(x))\kappa - r(x) \geq 1.$$

よって $v = u - \|\mathcal{L}u\|_E z(x)$ とおけば

$$\mathcal{L}v = \mathcal{L}u - \|\mathcal{L}u\|_E \mathcal{L}z \leq \mathcal{L}u - \|\mathcal{L}u\|_E \leq 0,\quad x \in E.$$

ゆえに定理 8.2 によって

$$\max_{x \in \overline{E}} v(x) \leq \max(v(a),\ v(b),\ 0)$$
$$\leq \max(u(a),\ u(b),\ 0)$$
$$\leq \max(|u(a)|,\ |u(b)|). \qquad (8.13)$$

次に $w(x) = -u - \|\mathcal{L}u\|_E z(x)$ とおけば

$$\mathcal{L}w = -\mathcal{L}u - \|\mathcal{L}u\|_E \mathcal{L}z$$
$$= -\mathcal{L}u - \|\mathcal{L}u\|_E \leq 0, \quad x \in E.$$

よって再び定理 8.2 によって

$$\max_{x \in \overline{E}} w(x) \leq \max(w(a),\ w(b),\ 0)$$
$$\leq \max(-u(a),\ -u(b),\ 0) \quad (\because w(x) \leq -u(x) \quad \forall x \in \overline{E})$$
$$\leq \max(|u(a)|,\ |u(b)|). \qquad (8.14)$$

(8.13) と (8.14) より

$$\max_{x \in \overline{E}} u(x) = \max_{x \in \overline{E}}(v(x) + \|\mathcal{L}u\|_E z(x))$$
$$\leq \left(\max_{x \in \overline{E}} v(x)\right) + \|\mathcal{L}u\|_E \|z\|_{\overline{E}}$$
$$\leq \max(|u(a)|,\ |u(b)|) + C\|\mathcal{L}u\|_E \quad (C = \|z\|_{\overline{E}}) \qquad (8.15)$$

かつ

$$\max_{x \in \overline{E}}\bigl(-u(x)\bigr) = \max_{x \in \overline{E}}(w(x) + \|\mathcal{L}u\|_E z(x))$$
$$\leq \left(\max_{x \in \overline{E}} w(x)\right) + \|\mathcal{L}u\|_E \|z\|_{\overline{E}}$$
$$\leq \max(|u(a)|,\ |u(b)|) + C\|\mathcal{L}u\|_E. \qquad (8.16)$$

(8.15) と (8.16) より (8.12) を得る. 　　　　　　　　　　　　証明終 ∎

8.2 最大値原理の応用

定理 8.3 は最大値原理の応用例であるが,さらに典型的な応用例を以下に示す.

(i) 解の一意性

u, v を境界値問題

$$\mathcal{L}u = f \quad (x \in E), \tag{8.17}$$

$$u(a) = u_0, \quad u(b) = u_1 \tag{8.18}$$

の 2 つの解とすれば $w = u - v$ は $\mathcal{L}w = 0$ かつ $w(a) = w(b) = 0$ をみたす.よって定理 8.2 によって

$$w(x) \leq \max(w(a), w(b), 0) = 0, \quad x \in \overline{E}.$$

同様に系 8.2.1 によって

$$w(x) \geq \min(w(a), w(b), 0) = 0, \quad x \in \overline{E}.$$

(これは $-w(x)$ に定理 8.2 を適用して得られる.)

$$\therefore w(x) = 0 \quad \forall x \in \overline{E}. \quad \therefore u = v.$$

すなわち境界値問題 (8.17), (8.18) の解は高々 1 つである.

(ii) 解の摂動

f, $g \in C(\overline{E})$ とし u, v をそれぞれ境界値問題

$$\mathcal{L}u = f \ (x \in E), \quad u(a) = u_0, \quad u(b) = u_1, \tag{8.19}$$

$$\mathcal{L}u = g \ (x \in E), \quad u(a) = v_0, \quad u(b) = v_1 \tag{8.20}$$

の解とすれば $w = u - v$ は

$$\mathcal{L}w = f - g \ (x \in E), \quad w(a) = u_0 - v_0, \quad w(b) = u_1 - v_1$$

をみたす.よって定理 8.3 より

$$\|u - v\|_{\overline{E}} \leq \max(|u_0 - v_0|, |u_1 - v_1|) + C\|f - g\|_{\overline{E}}. \tag{8.21}$$

ただし C は $\mathcal{L}$ の係数 p, q, r に依存して定まり, u, v に無関係な正の定数である.

(8.21) は (8.19) の解が f, u_0, u_1 の変化に関して安定 (f, u_0, u_1 が微小変化するとき解 u も微小変化) であることを示している.

8.3 離散最大値原理

境界値問題 (8.1), (8.2) を分点
$$\Delta : a = x_0 < x_1 < \cdots < x_n < x_{n+1} = b$$
において差分近似する. 厳密解 $u = u(x)$ の $x = x_i$ における値 $u_i = u(x_i)$ の近似値 U_i は差分方程式
$$\mathcal{L}_h U_i \equiv -\frac{1}{\omega_i}\left\{p_{i+\frac{1}{2}}\frac{U_{i+1} - U_i}{h_{i+1}} - p_{i-\frac{1}{2}}\frac{U_i - U_{i-1}}{h_i}\right\} + q_i\frac{1}{2\omega_i}(U_{i+1} - U_{i-1})$$
$$+ r_i U_i = f_i \ (1 \leq i \leq n),$$
$$U_0 = \alpha, \quad U_{n+1} = \beta$$
を解いて得られる. ただし
$$x_{i+\frac{1}{2}} = \frac{1}{2}(x_i + x_{i+1}), \quad p_{i+\frac{1}{2}} = p(x_{i+\frac{1}{2}}), \quad h_{i+1} = x_{i+1} - x_i \quad (0 \leq i \leq n),$$
$$p_i = p(x_i), \quad q_i = q(x_i), \quad r_i = r(x_i), \quad \omega_i = \frac{h_i + h_{i+1}}{2} \quad (1 \leq i \leq n),$$
$$h = \max_{1 \leq i \leq n+1} h_i$$
である. これを行列とベクトルを用いて
$$\mathcal{L}_h \boldsymbol{U} \equiv H^{-1} A \boldsymbol{U} = \boldsymbol{f} \tag{8.22}$$
とかく. ただし
$$\boldsymbol{U} = (U_1, \ldots, U_n)^{\mathrm{t}}, \quad \mathcal{L}_h \boldsymbol{U} = (\mathcal{L}_h U_1, \ldots, \mathcal{L}_h U_n)^{\mathrm{t}},$$
$$H = \mathrm{diag}(\omega_1, \ldots, \omega_n),$$

$$A = \begin{pmatrix} b_1 & -c_1 & & \\ -a_2 & b_2 & \ddots & \\ & \ddots & \ddots & -c_{n-1} \\ & & -a_n & b_n \end{pmatrix}, \tag{8.23}$$

$$a_i = \frac{p_{i-\frac{1}{2}}}{h_i} + \frac{1}{2}q_i \quad (1 \leq i \leq n),$$

$$c_i = \frac{p_{i+\frac{1}{2}}}{h_{i+1}} - \frac{1}{2}q_i \quad (1 \leq i \leq n),$$

$$b_i = a_i + c_i + r_i\omega_i \quad (1 \leq i \leq n),$$

$$\boldsymbol{f} = \left(f_1 + \frac{a_1}{\omega_1}\alpha,\ f_2, \ldots, f_{n-1},\ f_n + \frac{c_n}{\omega_n}\beta\right)$$

とおいた．ここで h を十分小さくえらんで $a_i > 0$, $c_i > 0$ $\forall i$ としてよい．これについては第 5 章などにおいて $\alpha = \beta = 0$ の場合をくり返し述べた．

さて，以上の準備の下に，定理 8.1 と 8.2 に対応する離散最大値原理を述べかつ証明を与える．連続と離散の間に成り立つ調和な関係に注目されたい．

定理 8.4 (離散最大値原理第 1 型 (強い形))　p, q, r は定理 8.1 と同じ仮定をみたすものとする．$\mathcal{L}_h \boldsymbol{U} \leq \boldsymbol{0}$ (すなわち $\mathcal{L}_h U_i \leq 0$, $1 \leq i \leq n$) かつ次の 1^0, 2^0, 3^0 が成り立つとする．

 1^0. $U_i \leq M$ $(0 \leq i \leq n+1)$．
 2^0. 適当な k $(1 \leq k \leq n)$ に対して $U_k = M$．
 3^0. $M \geq 0$．

このとき $U_i = M$ $(0 \leq i \leq n+1)$ である．

特に $r \equiv 0$ のときは条件 3^0 は不要である．(なお 1^0 と 2^0 はまとめて "$\{U_i\}$ は内点で最大値 M をとる" といってもよい．)

【証明】　(i) まず $r \equiv 0$ のときを考える．このとき $b_k = a_k + c_k$ で

$$\mathcal{L}_h U_k = \frac{1}{\omega_k}(-a_k U_{k-1} + b_k U_k - c_k U_{k+1}) \le 0.$$

$$\therefore\ U_k = \frac{1}{b_k}(a_k U_{k-1} + c_k U_{k+1} + \omega_k \mathcal{L}_h U_k)$$
$$\le \frac{a_k}{b_k} U_{k-1} + \frac{c_k}{b_k} U_{k+1} \quad (\because\ \omega_k > 0,\ \mathcal{L}_h U_k \le 0)$$
$$= \lambda U_{k-1} + \mu U_{k+1} \quad \left(\lambda = \frac{a_k}{b_k} > 0,\ \mu = \frac{c_k}{b_k} > 0\right).$$

$\lambda + \mu = 1$ であるから，上式より

$$\lambda(U_k - U_{k-1}) + \mu(U_k - U_{k+1}) \le 0.$$

$U_k - U_{k-1} = M - U_{k-1} \ge 0$ かつ $U_k - U_{k+1} = M - U_{k+1} \ge 0$ であるから

$$U_k - U_{k-1} = U_k - U_{k+1} = 0$$

でなければならない．

$$\therefore\ U_{k-1} = U_k = U_{k+1}.$$

すなわち U_k が最大値 M をとればその両隣の U_{k-1}, U_{k+1} でも最大値をとる．これをくり返せば

$$U_1 = U_2 = \cdots = U_n = M$$

を得る．ここで $\mathcal{L}_h U_1 \le 0$ より

$$\mathcal{L}_h U_1 = -\frac{1}{\omega_1}\left(p_{\frac{3}{2}}\frac{U_2 - U_1}{h_2} - p_{\frac{1}{2}}\frac{U_1 - U_0}{h_1}\right) + q_1 \frac{U_2 - U_0}{2\omega_1}$$
$$= \frac{1}{\omega_1}\left\{\frac{p_{\frac{1}{2}}}{h_1}(M - U_0) + \frac{q_1}{2}(M - U_0)\right\}$$
$$= \frac{1}{\omega_1} a_1 (M - U_0) \le 0.$$

$$\therefore\ M - U_0 \le 0 \quad (\because\ a_1 > 0,\ \omega_1 > 0).$$
$$\therefore\ M \le U_0. \quad \therefore\ U_0 = M \quad (\because\ U_0 \le M).$$

同様に $\mathcal{L}_h U_n \le 0$ より $M \le U_{n+1}$ したがって $M = U_{n+1}$ を得る．

ゆえに $r \equiv 0$ のとき M の符号に無関係に $U_i = M$ $(0 \le i \le n+1)$ を得る．

(ii) 次に $r(x) \ge 0$ かつ条件 $1^0 \sim 3^0$ を仮定するとき $\widetilde{\mathcal{L}}_h$ を $\widetilde{\mathcal{L}}_h U_j = \mathcal{L}_h U_j - r_j U_j$

により定義すれば $M \geq 0$ より $r_k U_k = r_k M \geq 0$.

$$\therefore \widetilde{\mathcal{L}}_h U_k = \mathcal{L}_h U_k - r_k U_k \leq \mathcal{L}_h U_k \leq 0.$$

よって $\widetilde{\mathcal{L}}_h$ と U_k に (i) で用いた議論をくり返せば

$$U_{k-1} = U_k = U_{k+1}.$$

以下同様にして $U_1 = \cdots = U_n = M$ を得る．最後に

$$\widetilde{\mathcal{L}}_h U_1 = \mathcal{L}_h U_1 - r_1 U_1 \leq \mathcal{L}_h U_1 \quad (\because r_1 U_1 = r_1 M \geq 0)$$
$$\leq 0$$

と

$$\widetilde{\mathcal{L}}_h U_n = \mathcal{L}_h U_n - r_n U_n \leq \mathcal{L}_h U_n \quad (\because r_n U_n = r_n M \geq 0)$$
$$\leq 0$$

より

$$U_0 = U_1 = U_2 \quad \text{と} \quad U_{n-1} = U_n = U_{n+1}$$

を導くことができて $U_i = M \quad (0 \leq i \leq n+1)$ を得る．

結局 (i) と (ii) より定理が示された． 証明終 ■

系 8.4.1 $\mathcal{L}_h U_i \geq 0 \quad (1 \leq i \leq n)$ かつ次の条件 $1^0 \sim 3^0$ を仮定する．

1^0. $U_i \geq M \quad (0 \leq i \leq n+1)$.
2^0. 適当な $k \quad (1 \leq k \leq n)$ に対して $U_k = M$.
3^0. $M \leq 0$.

このとき $U_i = M \quad (0 \leq i \leq n+1)$ である．
特に $r(x) \equiv 0$ のときは条件 3^0 は不要である．

【証明】 $\mathcal{L}_h(-U_i) = -\mathcal{L}_h U_i \leq 0 \quad (1 \leq i \leq n)$ であるから $\{-U_i\}$ に対して定理 8.4 を適用すればよい． 証明終 ■

> **定理 8.5**（離散最大値原理第 2 型）　p, q, r は定理 8.1 と同じ仮定をみたすものとする. $\mathcal{L}_h U_i \leq 0$　$(1 \leq i \leq n)$ を仮定し $M = \max_{0 \leq i \leq n+1} U_i$ とおけば次が成り立つ.
>
> (i) $r(x) \equiv 0 \Rightarrow M \leq \max(U_0, U_{n+1})$. 　　　　　(8.24)
>
> (ii) $r(x) \geq 0 \Rightarrow M \leq \max(U_0, U_{n+1}, 0)$. 　　　　(8.25)

【証明】 (i) $r(x) \equiv 0$ とする. 仮に $M > \max(U_0, U_{n+1})$ とすれば $\{U_i\}$ は内点で最大値をとり定理 8.4 によって $U_i = M$ 　$(0 \leq i \leq n+1)$, よって $M = \max(U_0, U_{n+1})$ となって矛盾をひき起こす. ゆえに $M \leq \max(U_0, U_{n+1})$ である.

(ii) $r(x) \geq 0$ とする. このとき, $M \leq 0$ ならば

$$U_i \leq 0 \leq \max(U_0, U_{n+1}, 0) \quad \forall i$$

である. 次に $M > 0$ のとき $M \leq \max(U_0, U_{n+1})$ を示そう. 仮に $M > \max(U_0, U_{n+1})$ とすれば $\{U_i\}_{i=0}^{n+1}$ は内点で最大値をとり定理 8.4 によって $U_i = M$ 　$(0 \leq i \leq n+1)$. これは $M > \max(U_0, U_{n+1})$ に矛盾する.

よって $M \leq \max(U_0, U_{n+1}) \leq \max(U_0, U_{n+1}, 0)$ である. 　　　　証明終　∎

■**注意 8.4**　上の証明より, 定理 8.5 は定理 8.4 から導かれるから第 1 型は第 2 型より強い形である.

■**注意 8.5**　(8.25) を $M \leq \max(U_0, U_{n+1})$ でおきかえることはできない.

例 8.1　境界値問題

$$\mathcal{L}u \equiv -u'' + 2u = -2x^2 \quad (-1 < x < 2),$$
$$u(-1) = -2, \quad u(2) = -5$$

の一意解は $u = -x^2 - 1$ である（各自検証されたい）. この境界値問題を中心差分近似すれば

$$x_j = -1 + jh, \quad j = 0, 1, 2, \ldots, n+1, \quad h = \frac{3}{n+1},$$

$$\mathcal{L}_h \boldsymbol{U} = \frac{1}{h^2} \begin{pmatrix} 2+2h^2 & -1 & & \\ -1 & 2+2h^2 & \ddots & \\ & \ddots & \ddots & -1 \\ & & -1 & 2+2h^2 \end{pmatrix}.$$

$U_j = -x_j^2 - 1$ とおけば，簡単な計算によって

$$\mathcal{L}_h U_j = \frac{1}{h^2}\{-U_{j-1} + (2+2h^2)U_j - U_{j+1}\}$$
$$= -2x_j^2 \leq 0 \quad (0 \leq j \leq n+1).$$

しかし $U_0 = -2$, $U_{n+1} = -5$ であるから $\max(U_0, U_{n+1}) = -2$ であり，$M = \max_{0 \leq j \leq n+1} U_j > -2$ （たとえば $n = 3(k-1)+2$ ならば $j = \frac{n+1}{3} = k$ のとき $M = U_k = -1$ となる）．よって (8.25) は成り立たない．

系 8.5.1 $\mathcal{L}_h U_i \geq 0$ $(1 \leq i \leq n)$ とする．

(i) $r(x) \equiv 0$ のとき $U_i \geq \min(U_0, U_{n+1})$ $(0 \leq i \leq n+1)$.
(ii) $r(x) \geq 0$ のとき $U_i \geq \min(U_0, U_{n+1}, 0)$ $(0 \leq i \leq n+1)$.

定理 8.6 p, q, r は定理 8.1 と同じ仮定をみたすものとする．(8.22) の差分解 $\{U_i\}_{i=0}^{n+1}$ に対して，$\boldsymbol{U} = (U_1, \ldots, U_n)^{\mathrm{t}}$, $\mathcal{L}_h \boldsymbol{U} = (\mathcal{L}_h U_1, \ldots, \mathcal{L}_h U_n)^{\mathrm{t}}$ とおけば h に無関係な正定数 C を適当に定めて次が成り立つ．

$$\|\boldsymbol{U}\|_\infty \leq \max(|U_0|, |U_{n+1}|) + C\|\mathcal{L}_h \boldsymbol{U}\|_\infty.$$

【証明 (Larson-Thomée[17] の証明と比較されたい．)】 $r(x) \geq 0$ のとき (8.23) の行列 A は既約強優対角 L 行列であるから，定理 3.1 によって $A^{-1} = (g_{ij})$ は正行列 $(g_{ij} > 0 \quad \forall i, j)$ である．いま $\boldsymbol{e} = (1, \ldots, 1)^{\mathrm{t}} \in \mathbb{R}^n$ とおくとき，

$$\mathcal{L}_h \boldsymbol{\Phi} \equiv H^{-1} A \boldsymbol{\Phi} = \boldsymbol{e}$$

の解 $\boldsymbol{\Phi} = (\Phi_1, \ldots, \Phi_n)^{\mathrm{t}}$ は $\boldsymbol{\Phi} = A^{-1} H \boldsymbol{e} = (g_{ij})(\omega_1, \ldots, \omega_n)^{\mathrm{t}}$ で与えられる.

$$\therefore \ \Phi_i = \sum_{j=1}^{n} g_{ij} \omega_j > 0 \quad (1 \leq i \leq n).$$

よって $\Phi_0 \geq 0$, $\Phi_{n+1} \geq 0$ をつけ加えて $\{\Phi_i\}_{i=0}^{n+1}$ をつくり

$$V_i = U_i - \|\mathcal{L}_h \boldsymbol{U}\|_\infty \Phi_i \quad (0 \leq i \leq n+1)$$

とおけば $V_i \leq U_i \ (0 \leq i \leq n+1)$ かつ $\mathcal{L}_h \Phi_i = (\mathcal{L}_h \boldsymbol{\Phi})_i = 1 \ (1 \leq i \leq n)$,

$$\therefore \ \mathcal{L}_h V_i = \mathcal{L}_h U_i - \|\mathcal{L}_h \boldsymbol{U}\|_\infty \mathcal{L}_h \Phi_i = \mathcal{L}_h U_i - \|\mathcal{L}_h \boldsymbol{U}\|_\infty \leq 0 \quad (1 \leq i \leq n).$$

ゆえに定理 8.5 によって

$$\max_{1 \leq i \leq n} V_i \leq \max(V_0, \ V_{n+1}, \ 0)$$

$$\leq \max(U_0, \ U_{n+1}, 0)$$

$$\leq \max(|U_0|, \ |U_{n+1}|).$$

$$\therefore \ U_i = V_i + \|\mathcal{L}_h U\|_\infty \Phi_i$$

$$\leq \max(|U_0|, \ |U_{n+1}|) + \|\mathcal{L}_h \boldsymbol{U}\|_\infty \Phi_i \quad (1 \leq i \leq n). \tag{8.26}$$

同様に

$$W_i = -U_i - \|\mathcal{L}_h \boldsymbol{U}\|_\infty \Phi_i \quad (0 \leq i \leq n+1)$$

とおけば $W_i \leq -U_i$ で

$$\mathcal{L}_h W_i = -\mathcal{L}_h U_i - \|\mathcal{L}_h \boldsymbol{U}\|_\infty \mathcal{L}_h \Phi_i$$

$$= -\mathcal{L}_h U_i - \|\mathcal{L}_h \boldsymbol{U}\|_\infty \leq 0 \quad (1 \leq i \leq n).$$

$$\therefore \ \max_{1 \leq j \leq n} W_j \leq \max(W_0, W_{n+1}, \ 0)$$

$$\leq \max(-U_0, \ -U_{n+1}, \ 0)$$

$$\leq \max(|U_0|, \ |U_{n+1}|).$$

$$\therefore\ -U_i = W_i + \|\mathcal{L}_h \boldsymbol{U}\|_\infty \Phi_i \leq \max(|U_0|, |U_{n+1}|) + \|\mathcal{L}_h \boldsymbol{U}\|_\infty \Phi_i$$
$$(1 \leq i \leq n). \tag{8.27}$$

ところで定理 2.3(iii) と離散化原理 (定理 6.1 (ii)) によって，十分小さい h に対して，h に無関係な正定数 M が存在して $0 < g_{ij} \leq M \quad \forall i, j$ が成り立つ．

$$\therefore\ \Phi_i = \sum_j g_{ij}\omega_j \leq M \sum_j \omega_j = M(b-a) \quad (= C \text{ とおく}).$$

このとき (8.26) と (8.27) により，$C = \|\Phi\|_\infty$ として，

$$|U_i| \leq \max(|U_0|, |U_{n+1}|) + C\|\mathcal{L}_h \boldsymbol{U}\|_\infty \quad \forall\ i\ (1 \leq i \leq n).$$
$$\therefore\ \|\boldsymbol{U}\|_\infty \leq \max(|U_0|, |U_{n+1}|) + C\|\mathcal{L}_h \boldsymbol{U}\|_\infty. \qquad \text{証明終} \quad \blacksquare$$

8.4　有限差分解の誤差評価への応用

定理 8.6 の応用として境界値問題 (8.1), (8.2) に対する差分解 $\{U_i\}$ の誤差を評価することができる．

定理 8.7　$\tau_i = \mathcal{L}_h u_i - \mathcal{L}u(x_i)$, $\boldsymbol{\tau} = (\tau_1, \ldots, \tau_n)^{\mathrm{t}}$ とおくとき，h に無関係な定数 C を定めて

$$\max_i |U_i - u_i| \leq C\|\boldsymbol{\tau}\|_\infty.$$

【証明】$V_i = U_i - u_i$ とおけば

$$\mathcal{L}_h V_i = \mathcal{L}_h U_i - \mathcal{L}_h u_i = f_i - \mathcal{L}_h u(x_i) = \mathcal{L}u(x_i) - \mathcal{L}_h u(x_i) = -\tau_i$$

かつ

$$V_0 = V_{n+1} = 0 \quad (\because\ U_0 = \alpha = u_0,\ U_{n+1} = \beta = u_{n+1}).$$

よって定理 8.6 によって

$$\max_{1 \leq i \leq n} |V_i| \leq C \max_{1 \leq i \leq n} |\mathcal{L}_h V_i| = C \max_{1 \leq i \leq n} |\tau_i| = C\|\boldsymbol{\tau}\|_\infty. \qquad \text{証明終} \quad \blacksquare$$

■**注意 8.6** すでに何度か注意したように

$$\|\boldsymbol{\tau}\|_\infty = \begin{cases} o(1) & (u \in C^2(E)), \\ C_1 h & (u \in C^3(E)) \end{cases}$$

である．ただし C_1 は h に無関係な定数である．もし $u \in C^4(\bar{E})$ かつ分割が一様 ($h_i = h \quad \forall i$) ならば $\|\boldsymbol{\tau}\|_\infty \leq C_2 h^2$ (C_2 は h に無関係な定数) である．

分割が不等分割で $\|\boldsymbol{\tau}\|_\infty = O(h)$ でも，p, q, r が十分滑らかで $u \in C^4(\bar{E})$ ならば，さらに精密な解析により $\max_i |U_i - u_i| \leq C_3 h^2$ である (定理 5.7)．また $\|\boldsymbol{\tau}\|_\infty \to \infty \quad (h \to 0)$ でも $\max_i |U_i - u_i| \leq C\sqrt{h}$ となる例もある (Yamamoto et al.[42] 参照)．したがって打ち切り誤差は誤差をはかる絶対の物差しではない．興味ある読者は山本 [37]，Yamamoto-Oishi[44],[45] などを参照されたい．なお，§10.1 注意 2 および §10.5, §10.6 も参照のこと．

第9章 2次元境界値問題の基礎

9.1 Dirichlet型境界値問題

いままでSturm-Liouville型方程式に対する数学的および数値解析的基礎事項につき詳述した。この章では，2次元有界領域Ωにおける典型的Dirichlet境界値問題

$$\mathcal{L}u(P) \equiv -\Delta u + r(P)u = f(P), \quad P = (x, y) \in \Omega, \tag{9.1}$$

$$\left(\text{ただし } \Delta u = \frac{\partial^2 u}{\partial x^2} + \frac{\partial^2 u}{\partial y^2}, \quad r(P) \geq 0\right)$$

$$u = g(P), \quad P \in \partial\Omega \text{ (Ωの境界)} \tag{9.2}$$

に対する数学的基礎事項を述べる。なお，(9.1)において，$-\Delta u = 0$を**Laplace**（ラプラス）方程式，$-\Delta u = f$を**Poisson**（ポアソン）方程式，$r(P) = \lambda$（スカラー）のとき**Helmholtz**（ヘルムホルツ）方程式という。このような方程式の導出例については§1.7ですでに述べた。以下r, f, $g \in C(\overline{\Omega})$かつ$r \geq 0$とする。

本章の内容はSturm-Liouville型境界値問題の2次元版とみなせる。

9.2 いろいろな関数空間と広義導関数

Ωを必ずしも有界でない2次元領域とし，Ωにおいてk回連続的偏微分可能な関数uの全体を$C^k(\Omega)$であらわす。特に$C(\Omega) = C^0(\Omega)$であり，$C^\infty(\Omega) = \cap_{k=0}^\infty C^k(\Omega)$とおく。また2点$x = (x_1, x_2)$, $y = (y_1, y_2)$に対して$|x - y| = \sqrt{(x_1 - y_1)^2 + (x_2 - y_2)^2}$とおくとき，$0 < \alpha \leq 1$に対して

Ω 上指数 α の Hölder 連続 ($\alpha = 1$ のときは Lipschitz 連続) な関数の全体を

$$C^{0,\alpha}(\Omega) = \{u \mid |u(x) - u(y)| \leq \kappa_\alpha |x - y|^\alpha \quad \forall\, x,\, y \in \Omega\}$$

(κ_α は $x,\, y$ に無関係な定数)

とおく.

次に Ω 上の関数 u のサポート (**support**) を

$$S = \mathrm{supp}(u) = \overline{\{P = (x,\, y) \in \Omega \mid u(P) \neq 0\}} \quad (\text{閉包})$$

により定義する. S が有界閉集合のとき u は Ω 内にコンパクトサポート (コンパクト台) をもつという.

Ω 内にコンパクトサポートをもつ関数 $u \in C^k(\Omega)$ の全体を $C_0^k(\Omega)$ であらわす. このとき $C_0^\infty(\Omega)$ は

$$C_0^\infty(\Omega) = \bigcap_{k=0}^\infty C_0^k(\Omega)$$

として定義される. 特に $C_0^\infty(\mathbb{R}^2)$ は $\mathbb{R}^2$ 内にコンパクトサポートをもつ関数 $u \in C^\infty(\mathbb{R}^2) = \cap_{k=0}^\infty C^k(\mathbb{R}^2)$ の全体である.

Ω が有界領域のとき, 任意の $l\ (\leq k)$ 次偏導関数が $C(\overline{\Omega})$ に属するような関数 $u \in C^k(\Omega)$ の全体を $C^k(\overline{\Omega})$ であらわす. このとき $C^\infty(\overline{\Omega}) = \bigcap_{k=0}^\infty C^k(\overline{\Omega})$ とおく. 以下 Ω は有界領域であるとする.

いま $\alpha = (\alpha_1,\, \alpha_2)$ ($\alpha_1,\, \alpha_2$ は非負整数) に対し微分演算子 D を

$$D_j = \frac{\partial}{\partial x_j}, \quad D_j^{\alpha_j} = \frac{\partial^{\alpha_j}}{\partial x_j^{\alpha_j}} \quad (j = 1,\, 2),$$

$$D^\alpha = D_1^{\alpha_1} D_2^{\alpha_2}$$

と定義すれば, 必要なだけ偏微分可能な関数 u に対し

$$D^\alpha u = \frac{\partial^{|\alpha|}}{\partial x_1^{\alpha_1} \partial x_2^{\alpha_2}} u \quad (|\alpha| = \alpha_1 + \alpha_2)$$

である. このとき $C^k(\overline{\Omega}) = \{u \in C^k(\Omega) \mid |\alpha| \leq k$ のとき $D^\alpha u \in C(\overline{\Omega})\}$.

また有界領域 Ω の上で定義された Lebesgue (ルベーグ) 可測な関数 u で

$$\int_\Omega |u|^2 dx < \infty \quad (x = (x_1,\ x_2),\ dx = dx_1 dx_2)$$

となるものの全体を $L^2(\Omega)$ であらわす (この積分は Lebesgue 積分であるが，これに不慣れな読者は通常の積分とみなして読み進んでよい). このとき $u \in C^1(\overline{\Omega})$ に対し

$$\int_\Omega (D_i u)\varphi dx = -\int_\Omega u(D_i \varphi)dx \quad \forall\ \varphi \in C_0^1(\Omega). \tag{9.3}$$

上式において $u \in L^2 = L^2(\Omega)$ ならば $D_i u$ は存在するとは限らないが右辺の積分は意味をもつ．$u \in L^2$ に対し写像 $L : C_0^1(\Omega) \to \mathbb{R}$ を

$$L\ :\ \varphi \mapsto -\int_\Omega u(D_i\varphi)dx$$

として定義すれば，$C_0^1(\Omega)$ は L^2 内で稠密 ($\overline{C_0^1(\Omega)} = L^2$) であるから L は Hilbert 空間 L^2 (内積は $(u,\ v) = \int_\Omega uv dx,\ u,\ v \in L^2$) の上の線形汎関数 $\widetilde{L}$ に拡張される．このとき，$\widetilde{L}$ が有界ならば Hilbert 空間論においてよく知られた **Riesz** (リース) の表現定理によって

$$\widetilde{L}\varphi = (w,\ \varphi) \quad \forall\ \varphi \in L^2$$

をみたす元 $w \in L^2$ がただ 1 つ存在する．この w を $D_i u$ とかくことにすれば，次式が成り立つ．

$$(D_i u,\ \varphi) = -(u,\ D_i \varphi) \quad \forall\ \varphi \in C_0^1(\Omega).$$

$w = D_i u \in L^2$ を u の**広義導関数**または**一般化 (された) 導関数** (**generalized derivative**) という．

$u \in C^1(\Omega)$ ならばこれは通常の意味での偏導関数 $D_i u$ に等しい．

同様に $u \in C^{|\alpha|}(\Omega)$ のときに成り立つ等式

$$\int_\Omega (D^\alpha u)\varphi dx = (-1)^{|\alpha|}\int_\Omega u(D^\alpha \varphi)dx \quad \forall\ \varphi \in C_0^{|\alpha|}(\Omega)$$

に基づいて，$u \in L^2$ に対し

$$(w,\ \varphi) = (-1)^{|\alpha|}(u,\ D^\alpha \varphi) \quad \forall\ \varphi \in C_0^{|\alpha|}(\Omega)$$

をみたす $w \in L^2$ を u の α **次広義 (または一般化 (された)) 偏導関数**といい

$D^\alpha u$ であらわす．$u \in C^{|\alpha|}(\Omega)$ のときは w は通常の偏導関数 $D^\alpha u$ に等しい．もしこのような w が存在しないならば u は α 次広義偏導関数 $D^\alpha u$ をもたない．

例 9.1 $n = 1$, $u = |x|$ $(-1 < x < 1)$ ならば u の広義導関数 $v = u'$ は
$$v = \begin{cases} -1 & (-1 < x \leq 0), \\ 1 & (0 < x < 1) \end{cases}$$
である．実際，$\varphi \in C_0^1(-1, 1)$ のとき，$\varphi(-1) = \varphi(1) = 0$ に注意して，
$$\begin{aligned}
\int_{-1}^{1} u\varphi' dx &= \int_{-1}^{0} (-x)\varphi' dx + \int_{0}^{1} x\varphi' dx \\
&= \Big[-x\varphi(x)\Big]_{-1}^{0} + \int_{-1}^{0} \varphi dx + \Big[x\varphi(x)\Big]_{0}^{1} - \int_{0}^{1} \varphi(x) dx \\
&= \int_{-1}^{0} \varphi(x) dx - \int_{0}^{1} \varphi(x) dx \\
&= -\Big[\int_{-1}^{0} v(x)\varphi(x) dx + \int_{0}^{1} v(x)\varphi(x) dx\Big] \\
&= -\int_{-1}^{1} v\varphi dx.
\end{aligned}$$

例 9.2 同様に $n = 1$,
$$u(x) = \begin{cases} x & (0 < x \leq 1), \\ 1 & (1 \leq x < 2) \end{cases}$$
ならば
$$v(x) = \begin{cases} 1 & (0 < x \leq 1), \\ 0 & (1 < x < 2) \end{cases}$$
は u の広義導関数である．

例 9.3 しかし次の関数 u は $L^2(-1, 1)$ 内に広義導関数をもたない．

$$u(x) = \begin{cases} x & (-1 < x \leq 0), \\ 1 & (0 \leq x < 1). \end{cases}$$

実際，$v = u' \in L^2(-1, 1)$ が存在したとすれば

$$\int_{-1}^{1} u\varphi' dx = -\int_{-1}^{1} v\varphi dx \quad \forall\, \varphi \in C_0^1(-1, 1).$$

このとき

$$\begin{aligned}
-\int_{-1}^{1} v\varphi dx &= \int_{-1}^{1} u\varphi' dx \\
&= \int_{-1}^{0} x\varphi' dx + \int_{0}^{1} \varphi'(x) dx \\
&= \Big[x\varphi\Big]_{-1}^{0} - \int_{-1}^{0} \varphi dx + \varphi(1) - \varphi(0) \\
&= -\int_{-1}^{0} \varphi dx - \varphi(0) \quad (\because \varphi(-1) = \varphi(1) = 0).
\end{aligned}$$

$$\therefore\ \varphi(0) = \int_{-1}^{1} v\varphi(x) dx - \int_{-1}^{0} \varphi(x) dx.$$

ここで $\varphi(x)$ として

$$\varphi_\varepsilon(x) = \begin{cases} e^{x^2/(x^2-\varepsilon^2)} & (|x| < \varepsilon), \\ 0 & (|x| \geq \varepsilon), \end{cases} \quad (\varepsilon > 0)$$

をとれば，$\varphi_\varepsilon \in C_0^\infty(-1, 1)$ で $\varphi_\varepsilon(0) = 1$, $0 \leq \varphi_\varepsilon(x) \leq 1\ \forall\, x$ かつ $\varepsilon \to 0$ のとき

$$\int_{-1}^{1} v\varphi_\varepsilon dx \to 0, \quad \int_{-1}^{0} \varphi_\varepsilon dx \to 0$$

$\Bigg[\ \because\ 0 < \varepsilon < 1$ としてよい．このとき $\displaystyle\int_{-1}^{1} v\varphi_\varepsilon dx = \int_{-\varepsilon}^{\varepsilon} v\varphi_\varepsilon dx$ であるから

$$\Big|\int_{-1}^{1} v\varphi_\varepsilon dx\Big|^2 \leq \Big(\int_{-1}^{1} |v|^2 dx\Big)\Big(\int_{-1}^{1} \varphi_\varepsilon^2 dx\Big)$$

$$\leq c \int_{-1}^{1} \varphi_\varepsilon^2 dx = c \int_{-\varepsilon}^{\varepsilon} \varphi_\varepsilon^2 dx \quad \Big(c = \int_{-1}^{1} |v|^2 dx < \infty\Big).$$

$|x| \leq \varepsilon$ のとき
$$\varphi_\varepsilon^2 = \frac{1}{e^{2x^2/(\varepsilon^2-x^2)}} \leq 1 \quad (\because 2x^2/(\varepsilon^2-x^2) \geq 0).$$
$$\therefore \int_{-\varepsilon}^{\varepsilon} \varphi_\varepsilon^2 dx \leq 2\varepsilon. \quad \therefore \left|\int_{-1}^{1} v\varphi_\varepsilon dx\right| \leq \sqrt{2c\varepsilon} \to 0 \quad (\varepsilon \to 0).$$
同様に
$$0 < \int_{-1}^{0} \varphi_\varepsilon dx \leq \sqrt{\int_{-1}^{0} \varphi_\varepsilon^2 dx} = \sqrt{\int_{-\varepsilon}^{0} \varphi_\varepsilon^2 dx} \leq \sqrt{\varepsilon} \to 0 \quad (\varepsilon \to 0).$$

であるから
$$1 = \int_{-1}^{1} v\varphi_\varepsilon(x)dx - \int_{-1}^{0} \varphi_\varepsilon(x)dx \to 0 \quad (\varepsilon \to 0)$$
となって矛盾が生じる．よって u は $L^2(-1, 1)$ 内に広義導関数をもたない．

次に
$$H^k = H^k(\Omega) = \{u \in L^2(\Omega) \mid D^\alpha u \in L^2(\Omega), \ |\alpha| \leq k\}$$
とおき，H^k 内に内積とノルムを
$$(u, v)_k = (u, v)_{H_k} = \sum_{|\alpha| \leq k} \int_\Omega D^\alpha u D^\alpha v dx, \quad x = (x_1, x_2),$$
$$\|u\|_k = \|u\|_{H^k} = (u, u)_k^{\frac{1}{2}} = \left(\sum_{|\alpha| \leq k} \int_\Omega (D^\alpha u)^2 dx\right)^{\frac{1}{2}}$$
により定義する．この空間の完備化 (Hilbert 空間) を同じ記号 H^k であらわし Sobolev (ソボレフ) 空間と呼ぶ．このとき対応する内積 $(\ ,\ )_k$ とノルム $\|\cdot\|_k$ はそれぞれ Sobolev 内積，Sobolev ノルムと呼ばれる．明らかに $H^k \supset C^k(\Omega)$ である．また H^k の中で $C_0^\infty(\Omega)$ の閉包を $H_0^k = H_0^k(\Omega)$ であらわす．定義から明らかに $H_0^0 = L^2(\Omega)$ である．

なお，
$$H^k \supset H_0^k \supset C_0^k(\Omega) \supset C_0^\infty(\Omega)$$
より，$C_0^k(\Omega)$ は H_0^k の中で稠密 ($\overline{C_0^k(\Omega)} = H_0^k$) である．特に $k = 0$ として

$C_0(\Omega)$ は $L^2(\Omega)$ の中で稠密である.

以下 Ω は 2 次元有界領域をあらわすものとする.

9.3 Green の公式

解析学でよく知られた Green の定理によって，$\varphi, \psi \in C^1(\overline{\Omega})$ ならば
$$\int_\Omega (D_1\varphi + D_2\psi)dx = \int_{\partial\Omega}(\varphi dx_2 - \psi dx_1), \quad x = (x_1, x_2). \tag{9.4}$$

ここで $\varphi = vD_1u, \psi = vD_2u, u \in C^2(\overline{\Omega})$ とおけば **Green の第 1 公式**
$$\int_\Omega (v\Delta u + \nabla u \cdot \nabla v)dx = \int_{\partial\Omega} v\frac{\partial u}{\partial n}ds \tag{9.5}$$

を得る. ただし

$$\nabla u = Du = (D_1u, D_2u), \quad \nabla v = (D_1v, D_2v),$$
$$\nabla u \cdot \nabla v = (D_1u)(D_1v) + (D_2u)(D_2v),$$
$$\frac{\partial u}{\partial n} = (D_1u)\cos\alpha + (D_2u)\cos\beta,$$
$$n = (\cos\alpha, \cos\beta) \text{ は } \partial\Omega \text{ の単位外法線ベクトル},$$
$$-dx_1 = ds\cos\beta, \quad dx_2 = ds\cos\alpha$$

である (図 9.1 参照).

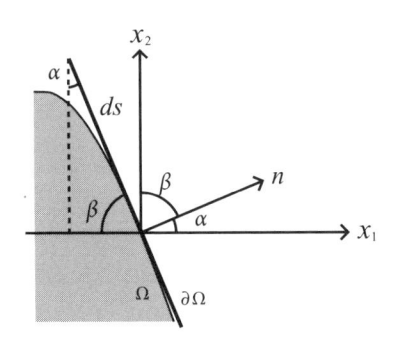

図 **9.1**

(9.5) は
$$\int_\Omega v\Delta u dx = \int_{\partial\Omega} v\frac{\partial u}{\partial n} ds - \int_\Omega \nabla u \cdot \nabla v dx \tag{9.6}$$
と部分積分の形にかいてもよい．

ここで $v \in C^2(\overline{\Omega})$ ならば (9.5) の u と v を入れかえて辺々引けば **Green の第 2 公式**
$$\int_\Omega (v\Delta u - u\Delta v)dx = \int_{\partial\Omega} \left(v\frac{\partial u}{\partial n} - u\frac{\partial v}{\partial n}\right) ds \tag{9.7}$$
を得る．

(9.5) において $v = 1$ とおけば
$$\int_\Omega \Delta u dx = \int_{\partial\Omega} \frac{\partial u}{\partial n} ds. \tag{9.8}$$
したがって $\Delta u = 0$ (すなわち u が Ω で調和) ならば
$$\int_{\partial\Omega} \frac{\partial u}{\partial n} ds = 0. \tag{9.9}$$
また (9.5) において $u = v$ かつ $\Delta u = 0$ ならば
$$\int_\Omega \{(D_1 u)^2 + (D_2 u)^2\} dx = \int_{\partial\Omega} u\frac{\partial u}{\partial n} ds. \tag{9.10}$$
さらに (9.7) において $\Delta u = \Delta v = 0$ ならば
$$\int_{\partial\Omega} \left(u\frac{\partial v}{\partial n} - v\frac{\partial u}{\partial n}\right) ds = 0.$$
これらは偏微分方程式を取り扱う場合の基礎となる関係式である．

定理 9.1 $x = (x_1, x_2)$, $y = (y_1, y_2)$, $r = |x - y| = \sqrt{(x_1 - y_1)^2 + (x_2 - y_2)^2}$ とおくとき $u \in C^2(\overline{\Omega})$ に対して次が成り立つ．
$$2\pi u(y) = \int_{\partial\Omega} \left\{\frac{\partial u}{\partial n}\log\frac{1}{r} - u\frac{\partial}{\partial n}\log\frac{1}{r}\right\} ds - \int_\Omega (\Delta u)\log\frac{1}{r} dx. \tag{9.11}$$

【証明】 点 y を中心とし半径 $\varepsilon > 0$ の開円板を S_ε, その境界を ∂S_ε とする．開領域 $\Omega_\varepsilon = \Omega \setminus \overline{S}_\varepsilon = \Omega \setminus \{S_\varepsilon \cup \partial S_\varepsilon\}$ において，u と $v = \log\frac{1}{r} = \log\frac{1}{|x-y|}$ に Green の第 2 公式を適用すれば，Ω_ε において $\Delta v = 0$

$$\left[\begin{array}{l} \because\ v = -\dfrac{1}{2}\log|x-y|^2 = -\dfrac{1}{2}\log\{(x_1-y_1)^2 + (x_2-y_2)^2\} = -\dfrac{1}{2}\log r^2, \\[4pt] \quad D_1 v = \dfrac{\partial v}{\partial x_1} = -\dfrac{1}{2}\cdot\dfrac{2(x_1-y_1)}{r^2} = -\dfrac{x_1-y_1}{r^2}, \\[4pt] \quad D_1^2 v = \dfrac{\partial^2 v}{\partial x_1^2} = -\dfrac{r^2 - (x_1-y_1)\cdot 2(x_1-y_1)}{r^4} = \dfrac{(x_2-y_2)^2 - (x_1-y_1)^2}{r^4}. \\[4pt] \text{同様に} \\ \quad D_2^2 v = \dfrac{\partial^2 v}{\partial x_2^2} = \dfrac{(x_1-y_1)^2 - (x_2-y_2)^2}{r^4}. \end{array}\right.$$

であるから

$$\int_{\Omega_\varepsilon}\Big(\log\frac{1}{r}\Big)\Delta u\,dx = \int_{\partial\Omega_\varepsilon}\Big\{\Big(\log\frac{1}{r}\Big)\frac{\partial u}{\partial n} - u\frac{\partial}{\partial n}\Big(\log\frac{1}{r}\Big)\Big\}ds$$

$$= \int_{\partial\Omega}\Big\{\Big(\log\frac{1}{r}\Big)\frac{\partial u}{\partial n} - u\frac{\partial}{\partial n}\Big(\log\frac{1}{r}\Big)\Big\}ds$$

$$- \int_{\partial S_\varepsilon}\Big\{\Big(\log\frac{1}{r}\Big)\frac{\partial u}{\partial n} - u\frac{\partial}{\partial n}\Big(\log\frac{1}{r}\Big)\Big\}ds. \quad (9.12)$$

ここで

$$\int_{\partial S_\varepsilon}\Big\{\Big(\log\frac{1}{r}\Big)\frac{\partial u}{\partial n} - u\frac{\partial}{\partial n}\Big(\log\frac{1}{r}\Big)\Big\}ds = \int_{\partial S_\varepsilon}\Big\{\Big(\log\frac{1}{\varepsilon}\Big)\frac{\partial u}{\partial n} - u\frac{\partial}{\partial r}(-\log r)\Big\}ds$$

$$= \int_{\partial S_\varepsilon}\Big\{\Big(\log\frac{1}{\varepsilon}\Big)\frac{\partial u}{\partial n} - u\Big(-\frac{1}{\varepsilon}\Big)\Big\}ds$$

かつ

$$\int_{\partial S_\varepsilon} u\frac{1}{\varepsilon}ds \to 2\pi u(y) \quad (\varepsilon \to 0).$$

$$\left[\begin{array}{l} \because\ \int_{\partial S_\varepsilon}ds = \int_0^{2\pi}\varepsilon d\theta = 2\pi\varepsilon\ \text{であるから} \\[4pt] \quad \displaystyle\int_{\partial S_\varepsilon}\frac{u}{\varepsilon}ds - 2\pi u(y) = \frac{1}{\varepsilon}\int_{\partial S_\varepsilon}\big(u(x)-u(y)\big)ds. \\[4pt] \therefore\ \Big|\displaystyle\int_{\partial S_\varepsilon}\frac{u}{\varepsilon}ds - 2\pi u(y)\Big| \leq \frac{1}{\varepsilon}\max_{x\in\partial S_\varepsilon}|u(x)-u(y)|\int_{\partial S_\varepsilon}ds \\[4pt] \qquad\qquad = \Big(\max_{x\in\partial S_\varepsilon}|u(x)-u(y)|\Big)2\pi \to 0 \quad (\varepsilon\to 0). \end{array}\right.$$

さらに (9.8) より

$$\int_{\partial S_\varepsilon} \Big(\log \frac{1}{\varepsilon}\Big) \frac{\partial u}{\partial n} ds = -(\log \varepsilon) \int_{\partial S_\varepsilon} \frac{\partial u}{\partial n} ds = -(\log \varepsilon) \int_{S_\varepsilon} \Delta u dx.$$

$$\therefore \Big| \int_{\partial S_\varepsilon} \Big(\log \frac{1}{\varepsilon}\Big) \frac{\partial u}{\partial n} ds \Big| \leq |\log \varepsilon| (\max_{\overline{S}_\varepsilon} |\Delta u|) \cdot \pi \varepsilon^2 \to 0 \quad (\varepsilon \to 0).$$

$$(\because \varepsilon \log \varepsilon \to 0 \quad (\varepsilon \to 0).)$$

よって (9.12) で $\varepsilon \to 0$ とすれば $\Omega_\varepsilon \to \Omega$ に注意して

$$\int_\Omega \Big(\log \frac{1}{r}\Big) \Delta u dx = \int_{\partial \Omega} \Big\{ \Big(\log \frac{1}{r}\Big) \frac{\partial u}{\partial n} - u \frac{\partial}{\partial n} \Big(\log \frac{1}{r}\Big) \Big\} ds - 2\pi u(y).$$

$$\therefore 2\pi u(y) = \int_{\partial \Omega} \Big\{ \Big(\log \frac{1}{r}\Big) \frac{\partial u}{\partial n} - u \frac{\partial}{\partial n} \Big(\log \frac{1}{r}\Big) \Big\} ds - \int_\Omega (\Delta u) \log \frac{1}{r} dx.$$

証明終 ∎

系 9.1.1（平均値定理） 中心が $y = (y_1, y_2)$，半径が R の開円板 Ω において $\Delta u = 0$ ならば

$$u(y) = \frac{1}{2\pi R} \int_{\partial \Omega} u ds.$$

【証明】 $\partial \Omega$ の上で $r = |x - y| = R$ $(x \in \partial \Omega)$ であるから $\log \frac{1}{r} = -\log R$ かつ

$$\frac{\partial}{\partial n} \log \frac{1}{r} = \frac{\partial}{\partial r} \Big(\log \frac{1}{r}\Big) = -\frac{\partial}{\partial r} \log r = -\frac{1}{r} = -\frac{1}{R}.$$

よって定理 9.1 によって

$$2\pi u(y) = \int_{\partial \Omega} (-\log R) \frac{\partial u}{\partial n} ds + \int_{\partial \Omega} u \cdot \frac{1}{R} ds$$

$$= \int_{\partial \Omega} \frac{u}{R} ds \quad \Big(\because (9.9) \text{ より } \int_{\partial \Omega} \frac{\partial u}{\partial n} ds = 0\Big).$$

$$\therefore u(y) = \frac{1}{2\pi R} \int_{\partial \Omega} u ds. \qquad \text{証明終} \blacksquare$$

9.4 基　本　解

$\mathcal{L}u = -\Delta u + r(x)u,\ r(x) \geq 0,\ x = (x_1,\ x_2)$ とおけば，$u \in C^2(\mathbb{R}^2)$，$\varphi \in C_0^\infty(\mathbb{R}^2)$ のとき，適当な領域 Ω を定めて $\varphi = 0\ \ \forall\, x \notin \overline{\Omega}$ となるから

$$\int_{\mathbb{R}^2}(u\mathcal{L}\varphi - \varphi\mathcal{L}u)dx = \int_\Omega (u\mathcal{L}\varphi - \varphi\mathcal{L}u)dx$$

$$= \int_\Omega \{\varphi\Delta u - u\Delta\varphi\}dx$$

$(\because\ u\mathcal{L}\varphi - \varphi\mathcal{L}u = u(-\Delta\varphi + r\varphi) - \varphi(-\Delta u + ru) = \varphi\Delta u - u\Delta\varphi)$

$$= \int_{\partial\Omega}\Big(\varphi\frac{\partial u}{\partial n} - u\frac{\partial\varphi}{\partial n}\Big)ds \quad ((9.7)\text{ による})$$

$$= 0 \quad \Big(\because\ \partial\Omega\text{上}\varphi = 0\ \text{かつ}\ \frac{\partial\varphi}{\partial n} = 0\Big).$$

$$\therefore\ (\mathcal{L}u,\ \varphi) = (u,\ \mathcal{L}\varphi) \quad \forall\,\varphi \in C_0^\infty(\mathbb{R}^2). \tag{9.13}$$

次に 2 次元 Laplace 方程式

$$\Delta u = \frac{\partial^2 u}{\partial x_1^2} + \frac{\partial^2 u}{\partial x_2^2} = 0, \quad x = (x_1,\ x_2) \in \mathbb{R}^2$$

の解 $u = u(x)$ として，$u(x) = v(r),\ r = |x| = \sqrt{x_1^2 + x_2^2}$ の形のものを求めてみよう．

$$\frac{\partial r}{\partial x_i} = \frac{x_i}{r}, \quad i = 1,\ 2$$

であるから

$$\frac{\partial u}{\partial x_i} = \frac{\partial v}{\partial r}\cdot\frac{\partial r}{\partial x_i} = v'(r)\frac{x_i}{r},$$

$$\frac{\partial^2 u}{\partial x_i^2} = v''(r)\frac{\partial r}{\partial x_i}\cdot\frac{x_i}{r} + v'(r)\frac{\partial}{\partial x_i}\Big(\frac{x_i}{r}\Big)$$

$$= v''(r)\Big(\frac{x_i}{r}\Big)^2 + v'(r)\Big(\frac{1}{r} - x_i\cdot\frac{\partial}{\partial r}\Big(\frac{1}{r}\Big)\frac{\partial r}{\partial x_i}\Big)$$

$$= v''(r)\frac{x_i^2}{r^2} + v'(r)\Big(\frac{1}{r} - \frac{x_i^2}{r^3}\Big), \quad i = 1, 2.$$

よって

$$\Delta u = 0 \Leftrightarrow v''(r) + \frac{1}{r}v'(r) = 0$$
$$\Leftrightarrow rv''(r) + v'(r) = 0$$
$$\Leftrightarrow \frac{\partial}{\partial r}\bigl(rv'(r)\bigr) = 0$$
$$\Leftrightarrow rv'(r) = c \ (一定).$$

これより
$$v(r) = c\log r + d \quad (c,\ d:定数)$$

を得る.

> **定義 9.1** (基本解) $v = v(x)$ が次の条件 1^0 と 2^0 をみたすとき, v を $\mathcal{L}u = f,\ x \in \mathbb{R}^2$ の**基本解** (**fundamental solution**) という.
>
> 1^0. v は $\mathbb{R}^2 \setminus \{0\}$ (すなわち $x = (x_1,\ x_2) \neq (0,\ 0)$) で C^2 級であり, $x = 0$ において次の特異性をもつ.
>
> (a) $v \in L^1(S),\ S = \{x \in \mathbb{R}^2 \mid |x| < 1\}$ (単位開円板).
> ただし $L^1(S)$ は S 上定義された Lebesgue 可測な関数 u で $\|u\|_1 = \int_S |u|dx < \infty$ をみたすもののつくるノルム空間である.
>
> (b) 各 $\alpha \neq (0,\ 0),\ |\alpha| \leq 2$ に対し, x に無関係な定数 C_α が存在して
> $$|D^\alpha v(x)| \leq \frac{C_\alpha}{|x|^\alpha}.$$
>
> 2^0. $(v,\ \mathcal{L}\varphi) = \varphi(0) \quad \forall\ \varphi \in C_0^\infty(\mathbb{R}^2)$.

定理 9.2 $\Gamma(x) = -\frac{1}{2\pi}\log|x|$ は $-\Delta u = f,\ x \in \mathbb{R}^2$ に対する基本解である.

【証明】 基本解の条件 $1^0,\ 2^0$ を検証する.

1^0. $r = |x|$ とおくと $r > 0$ のとき $\Gamma(x)$ は任意回偏微分可能であり, $\lim_{r \to 0} r \log r = 0$ であるから $\int_\Omega \Gamma(x)dx$ は存在する (極座標変換すれば $dx = rdrd\theta$ であるからこの積分は $x = 0$ において特異でない). したがって $\Gamma(x) \in L^1(S)$.

また定理 9.1 の証明より

$$-D_i \Gamma(x) = \frac{1}{2\pi} \frac{x_i}{|x|^2},$$

$$-D_i D_j \Gamma(x) = \begin{cases} \dfrac{1}{2\pi}(|x|^2 - 2x_i^2)/|x|^4 & (i = j), \\ \dfrac{1}{2\pi} 2x_i x_j / |x|^4 & (i \neq j). \end{cases}$$

$$\therefore -D^\alpha \Gamma(x) = \frac{1}{2\pi} \begin{cases} x_i / |x|^2 & (\alpha = (1,\ 0),\ (0,\ 1)), \\ 2x_1 x_2 / |x|^4 & (\alpha = (1,\ 1)), \\ (|x|^2 - 2x_1^2)/|x|^4 & (\alpha = (2,\ 0)), \\ (|x|^2 - 2x_2^2)/|x|^4 & (\alpha = (0,\ 2)). \end{cases}$$

$\therefore |x|^{|\alpha|}|D^\alpha \Gamma(x)|$

$$\leq \frac{1}{2\pi} \begin{cases} |x_i|/|x|\ (\leq 1) & (\alpha = (1,\ 0),\ (0,\ 1)) \\ 2 \cdot |x_1|/|x| \cdot |x_2|/|x|\ (\leq 2) & (\alpha = (1,\ 1)) \\ ||x|^2 - 2x_1^2|/|x|^2\ (\leq 1) & (\alpha = (2,\ 0)) \\ ||x|^2 - 2x_2^2|/|x|^2\ (\leq 1) & (\alpha = (0,\ 2)) \end{cases}$$

$$\leq \frac{1}{\pi}\ (= C_\alpha).$$

2^0. 定理 9.1 において u として $\varphi \in C_0^\infty(\mathbb{R}^2)$ をとれば φ はコンパクトサポートをもつから適当な有界領域 Ω の外部で $\varphi = 0$ である．したがって

$$2\pi\varphi(0) = -\int_\Omega (\Delta\varphi) \log \frac{1}{|x|} dx \quad (\text{この積分は } x = 0 \text{ で特異でない．})$$

$$= -\int_{\mathbb{R}^2} (\Delta\varphi) \log \frac{1}{|x|} dx$$

$$= \int_{\mathbb{R}^2} (\Delta\varphi) \log |x| dx.$$

$$\therefore \varphi(0) = \int_{\mathbb{R}^2} (-\Delta\varphi)\Big(-\frac{1}{2\pi} \log |x|\Big) dx$$

$$= \int_{\mathbb{R}^2} (-\Delta\varphi)\Gamma(x)dx$$
$$= (\Gamma, -\Delta\varphi).$$

よって $\Gamma(x)$ は $-\Delta u = f, \ x \in \mathbb{R}^2$ に対する基本解である. 証明終 ∎

次の定理は $\Gamma(x-y)$ が $(-\Delta, \Omega)$ に関する Green 関数 $G(x, y)$ と密接な関係をもつことを示唆する (詳細は §9.7 に述べる).

定理 9.3 $\Gamma(x)$ を定理 9.2 の関数とする. $f \in C_0^2(\mathbb{R}^2)$ ならば
$$u(x) = \int_{\mathbb{R}^2} \Gamma(x-y)f(y)dy$$
は次をみたす.

(i) $u \in C^2(\mathbb{R}^2)$.
(ii) $-\Delta u = f, \quad x = (x_1, x_2) \in \mathbb{R}^2$.

【証明】 (Evans[8]) §2.2 定理 1) に見出される. 証明終 ∎

9.5 弱解と古典解

Ω を 2 次元有界領域とし, (9.2) で斉次境界条件 ($g=0$) の場合を考える. $u \in C^2(\overline{\Omega})$ かつ $v \in C_0^1(\Omega)$ のとき (9.6) を用いて次が成り立つ.

$$(\mathcal{L}u, v) = (-\Delta u + ru, v)$$
$$= \int_\Omega (\nabla u \cdot \nabla v + ruv)dx. \tag{9.14}$$

$C_0^1(\Omega)$ は Hilbert 空間 $H_0^1(\Omega)$ の中で稠密 (§9.2 参照) であるから (9.14) の右辺を $[u, v]$ とかけば, $[\ , \ ]$ は自然に $H_0^1(\Omega)$ の内積を与える :

$$[u, v] = \int_\Omega (\nabla u \cdot \nabla v + r(x)uv)dx \quad \forall \ u, v \in H_0^1(\Omega) = \overline{C_0^1(\Omega)}.$$

また

$$|||u||| = \sqrt{[u,\ u]}, \quad u \in H_0^1(\Omega)$$

とおけば内積空間 $(H_0^1(\Omega),\ [\ ,\ ])$ は Hilbert 空間となる．これは次の補題よりわかる．

補題 9.1 適当な正定数 C_1, C_2 をとれば

$$C_1 \|u\|_{H^1} \leq |||u||| \leq C_2 \|u\|_{H^1} \quad \forall u \in H_0^1(\Omega). \tag{9.15}$$

【証明】 Ω は有界領域であるから $\Omega_1 = \{(x_1,\ x_2)\mid 0 \leq x_i \leq a,\ i=1,\ 2\} \supsetneq \Omega$ をみたす正定数 a がある．このとき山本[36] 命題 12.5 の証明をくり返して次の不等式が成り立つ．

$$\frac{1}{a^2+1}\|u\|_{H^1}^2 \leq |||u|||^2 \leq \left(1 + a^2 \max_{x \in \overline{\Omega}} |r(x)|\right) \sum_{i=1}^2 \|D_i u\|^2 \quad \forall\, u \in H_0^1(\Omega).$$

$\sum_{i=1}^2 \|D_i u\|^2 \leq \|u\|_{H^1}^2$ であるから補題 9.1 が従う． 証明終 ■

したがって $|||u||| = 0$, $u \in H_0^1(\Omega)$ ならば $u=0$ であり，$[\ ,\ ]$ は $[u, v] = [v, u]$ ほか内積の性質をみたす．また (9.15) より $\|\cdot\|_{H^1}$ と $|||\cdot|||$ は同値なノルムを定義し，$H_0^1(\Omega)$ は $|||\cdot|||$ に関して完備である．すなわち $(H_0^1(\Omega),\ [\ ,\ ])$ は Hilbert 空間となる．

さて $u \in C^2(\overline{\Omega})$ が

$$\mathcal{L}u = f \quad (x \in \Omega), \quad u = 0 \quad (x \in \partial\Omega) \tag{9.16}$$

の解ならば (9.14) より

$$[u,\ \varphi] = (f,\ \varphi) \quad \forall \varphi \in H_0^1(\Omega) \tag{9.17}$$

であるが，逆に，与えられた $f \in L^2(\Omega)$ に対して上式をみたす $u \in H_0^1(\Omega)$ がただ 1 つ存在する．これをみるために，線形写像 $B : H_0^1(\Omega) \to \mathbb{R}$ を

$$B(\varphi) = (f,\ \varphi), \quad \forall \varphi \in H_0^1(\Omega)$$

により定義すれば，$\|\varphi\| \leq \|\varphi\|_{H^1}$ と補題 9.1 より

$$|B(\varphi)| = |(f,\ \varphi)| \leq \|f\| \cdot \|\varphi\| \quad (\text{Cauchy-Schwarz の不等式})$$

9.5 弱解と古典解

$$\leq \|f\| \cdot \|\varphi\|_{H^1}$$
$$\leq C \|\|\varphi\|\| \quad (C = \|f\|/C_1).$$

よって B は Hilbert 空間 $\left(H_0^1(\Omega), [\ ,\ ]\right)$ 上の有界線形汎関数であるから, B に Riesz の表現定理を適用して,

$$B(\varphi) = [\widehat{u},\ \varphi] \quad \forall\ \varphi \in H_0^1(\Omega)$$

をみたす $\widehat{u} \in H_0^1(\Omega)$ がただ 1 つ存在することがわかる.

この $\widehat{u}$ を (9.16) に対する**弱解** (**weak solution**) という. $\widehat{u}$ は C^2 級とは限らないから従来の C^2 級の解を**古典解** (**classical solution**) という. (9.16) に対する古典解の存在は必ずしも保証されないが, 弱解の一意存在は常に保証されるわけである. どのような場合に弱解が古典解になるかについては Evans [8] を参照されたい (たとえば同書 316 頁, 定理 3). なお, 上記議論の核心は Riesz の表現定理の応用であるが, 非対称な微分作用素に対しては, この定理を拡張した Lax-Milgram の定理が用いられる (Axelsson-Barker[3], Evans[8], Larson-Thomée[17]).

以上 $g = 0$ の場合の (9.1), (9.2) に対する弱解の一意存在を示した. $g \neq 0$ の場合には, トレース定理 (Evans[8], Larson-Thomée[17]) が必要となり, 本書の程度を越えるので省略する.

一般な 2 階線形境界値問題 (1.36) に対する古典解の存在定理は Gilbarg-Trudinger[15] に見出される. 特に, より簡単な (9.1), (9.2) に対しては次が成り立つ.

定理 9.4 (古典解の存在定理[15]) Ω は有界領域で, 境界 $\partial\Omega$ の各点 Q において $S \cap \overline{\Omega} = \{Q\}$ をみたす外接円 S が存在すると仮定する. $r(x) \geq 0$ かつ $r, f \in C^{0,\lambda}(\Omega)$ $(0 < \lambda < 1)$, $g \in C(\partial\Omega)$ ならば境界値問題 (9.1), (9.2) は一意解 $u \in C(\overline{\Omega}) \cap C^{2,\lambda}(\Omega)$ をもつ. ただし

$$C^{2,\lambda}(\Omega) = \{u \in C^2(\overline{\Omega}) \mid 0 \leq \alpha \leq 2 \text{ に対し}$$
$$|D^\alpha u(x) - D^\alpha u(y)| \leq K|x-y|^\lambda, \quad x, y \in \Omega\}.$$

(K は x, y に無関係な定数である.)

9.6 Dirichlet の原理

前節に続いて
$$[u,\ v] = \int_\Omega (\nabla u \cdot \nabla v + r(x)uv)dx$$
とおき
$$F(u) = \frac{1}{2}[u,\ u] - (u,\ f),$$
$$\mathcal{D} = \{u \in C^2(\overline{\Omega}) \mid u = 0,\ x \in \partial\Omega\}$$

とすれば F は $\mathcal{D}$ 上の汎関数 ($F : \mathcal{D} \to \mathbb{R}$) である.

このとき次の定理を証明しよう. ただしこの定理には難点があり, 後で修正版 (定理 9.6) を掲げる.

定理 9.5 (Dirichlet の原理) $u \in C^2(\overline{\Omega})$ を (9.1), (9.2) の解とすれば
$$F(u) = \min_{v \in \mathcal{D}} F(v) < F(v) \quad \forall\ v(\neq u) \in \mathcal{D}. \tag{9.18}$$
逆に
$$F(u) = \min_{v \in \mathcal{D}} F(v) \tag{9.19}$$
ならば, u は (9.1), (9.2) の解である.

【証明】 $u \in C^2(\overline{\Omega})$ を (9.1), (9.2) の解とすれば, $v \in \mathcal{D}$ のとき
$$\begin{aligned}
F(v) &= \frac{1}{2}[v,\ v] - (v,\ f) \\
&= \frac{1}{2}[v,\ v] - (v,\ \mathcal{L}u) \\
&= \frac{1}{2}[v,\ v] - [v,\ u] \\
&= \frac{1}{2}[v,\ v - u] - \frac{1}{2}[v,\ u]
\end{aligned}$$

$$\begin{aligned}
&= \frac{1}{2}[v-u,\ v-u] + \frac{1}{2}([u,\ v-u] - [v,\ u]) \\
&\geq \frac{1}{2}([u,\ v-u] - [v,\ u]) \qquad\qquad\qquad (9.20)\\
&= -\frac{1}{2}[u,\ u].
\end{aligned}$$

一方 $\mathcal{L}u = f$ より $(u,\ f) = (u,\ \mathcal{L}u) = [u,\ u]$.

$$\therefore\ F(u) = \frac{1}{2}[u,\ u] - [u,\ u] = -\frac{1}{2}[u,\ u].$$

よって
$$F(v) \geq F(u) \quad \forall\ v \in \mathcal{D}.$$

$u \neq v$ ならば $[v-u,\ v-u] > 0$ ($\because\ [v-u,\ v-u] = 0$ ならば $\nabla(u-v) = 0$. $\therefore D_1(u-v) = D_2(u-v) = 0$. $\therefore u-v$ は定数であるが $\partial\Omega$ 上で $u-v = 0$ であるから $u-v = 0\ \forall\ x \in \overline{\Omega}$. これは仮定に反する).

よって $v \neq u$ ならば (9.20) の不等号 $\geq$ は狭義不等号 $>$ でおきかえられるから (9.18) が成り立つ.

逆に $F(u) = \min_{v \in \mathcal{D}} F(v),\ u \in \mathcal{D}$ とすれば $v \in C_0^\infty(\Omega)$ に対して $u + tv \in \mathcal{D}$ (t: 実数) で

$$\begin{aligned}
\varphi(t) &\equiv F(u+tv) \\
&= \frac{1}{2}[u+tv,\ u+tv] - (u+tv,\ f) \\
&= \frac{1}{2}t^2[v,\ v] + t\{[u,\ v] - (v,\ f)\} + F(u).
\end{aligned}$$

この t の 2 次式は $t = 0$ のとき最小になるから

$$\varphi'(0) = [u,\ v] - (v,\ f) = 0.\quad \therefore\ [u,\ v] = (v,\ f).$$

ここで (9.14) より $[u,\ v] = (\mathcal{L}u,\ v)$ であるから

$$(\mathcal{L}u - f,\ v) = 0 \quad \forall\ v \in C_0^\infty(\Omega). \qquad (9.21)$$

$C_0^\infty(\Omega)$ は $L^2(\Omega)$ の中で稠密 ($\overline{C_0^\infty(\Omega)} = L^2(\Omega)$) (§9.2 参照) であるから, (9.21) は

$$\mathcal{L}u - f = 0 \quad \forall\, x \in \Omega$$

を意味する．すなわち u は (9.1), (9.2) の解である．

実際，$w = \mathcal{L}u - f$ とおき，正数 ε を任意に与えれば $\|w - v_\varepsilon\| < \varepsilon$ をみたす $v_\varepsilon \in C_0^\infty(\Omega)$ がある．このとき

$$\|w\|^2 = (w,\, w - v_\varepsilon) \quad (\because\ (9.21)\ \text{より}\ (w,\, v_\varepsilon) = 0)$$

$$\leq \|w\| \cdot \|w - v_\varepsilon\| \leq \varepsilon \|w\| \quad (w = 0\ \text{のとき最後の不等式は等式となる}).$$

$\therefore\ \|w\| \leq \varepsilon.$

ε は任意であったから $\|w\| = 0$ すなわち $w = 0$ を得る． 証明終 ■

■**注意 9.1** 実は定理 9.5 は (9.19) をみたす u の存在については何も主張していない．この難点を処理するためには定理 9.5 を次のように修正すればよい．

定理 9.6 (Dirichlet の原理 (修正版)) $r \geq 0$ かつ $f \in L^2 = L^2(\Omega)$ とし $u \in H_0^1 = H_0^1(\Omega)$ を $\mathcal{L}u = f\ (x \in \Omega),\ u = 0\ (x \in \partial\Omega)$ の弱解とする．u は $[u,\, v] = (f,\, v)\quad \forall\, v \in H_0^1$ をみたすただ 1 つの解であり

$$F(u) \leq F(v) \quad \forall\, v \in H_0^1.$$

等号が成り立つのは $v = u$ のときに限る．

【証明】 すでに述べたように弱解 u はただ 1 つ存在する（別証：u と $\widehat{u}$ を 2 つの弱解とすれば $[u - \widehat{u},\, v] = [u,\, v] - [\widehat{u},\, v] = (f,\, v) - (f,\, v) = 0\quad \forall\, v \in H_0^1(\Omega)$．特に $v = u - \widehat{u}$ とすれば $[v,\, v] = 0$．$\therefore\ v = 0$ すなわち $u = \widehat{u}$）．このとき定理 9.5 の証明をくり返して

$$F(v) \geq F(u) \quad \forall\, v \in H_0^1$$

である．H_0^1 内における弱解の一意性によって $F(v) > F(u) \quad \forall\, v\,(\neq u) \in H_0^1.$

証明終 ■

このようにすれば $\min F(v) = F(u)$ を得て定理 9.5 の難点が克服される．

9.7 Green 関 数

$\Gamma(x) = -\frac{1}{2\pi}\log|x|$ とおく. (9.11) において $x=(x_1,\, x_2)$ と $y=(y_1,\, y_2)$ をとりかえて, $u \in C^2(\overline{\Omega})$ のとき

$$u(x) = \int_{\partial\Omega}\Big\{\Gamma(y-x)\frac{\partial u}{\partial n}-u\frac{\partial}{\partial n}\Gamma(y-x)\Big\}ds_y - \int_{\Omega}\Gamma(y-x)\Delta u(y)dy, \quad x \in \Omega. \tag{9.22}$$

一方 $x \in \Omega$ を固定し, $\varphi^x = \varphi^x(y) \in C^2(\overline{\Omega})$ を境界値問題

$$-\Delta u(y) = 0 \quad (y \in \Omega), \quad u(y) = \Gamma(y-x) \quad (y \in \partial\Omega) \tag{9.23}$$

の解 (定理 9.4 参照) として, Green の第 2 公式 (9.7) を u と $v = \varphi^x$ に適用すれば

$$\int_{\Omega}\varphi^x(y)\Delta u(y)dy = \int_{\partial\Omega}\Big(\Gamma(y-x)\frac{\partial u(y)}{\partial n} - u\frac{\partial \varphi^x(y)}{\partial n}\Big)ds_y. \tag{9.24}$$

(9.22) から (9.24) を辺々引けば

$$u(x) - \int_{\Omega}\varphi^x(y)\Delta u(y)dy$$
$$= -\int_{\partial\Omega}u\Big(\frac{\partial\Gamma(y-x)}{\partial n} - \frac{\partial\varphi^x(y)}{\partial n}\Big)ds_y - \int_{\Omega}\Gamma(y-x)\Delta u(y)dy.$$

$G(x,\, y) = \Gamma(y-x) - \varphi^x(y)$ $(x,\, y \in \Omega,\, x \neq y)$ とおけば上式より

$$u(x) = -\int_{\partial\Omega}u\frac{\partial}{\partial n}G(x,\, y)ds_y + \int_{\Omega}G(x,\, y)\big(-\Delta u(y)\big)dy \tag{9.25}$$

かつ

$$G(x,\, y) = 0 \quad (y \in \partial\Omega) \tag{9.26}$$

を得る.

定義 9.2 (**Green 関数**) $G(x,\, y) = \Gamma(y-x) - \varphi^x(y)$ $(x,\, y \in \Omega,\, x \neq y)$ を $(-\Delta,\, \Omega)$ に関する **Green 関数**という.

よって $u \in C^2(\overline{\Omega})$ を

$$-\Delta u = f, \quad x \in \Omega$$

$$u = g, \quad x \in \partial\Omega$$

の解とすれば (9.25) より

$$u(x) = -\int_{\partial\Omega} g(y)\frac{\partial G(x,\ y)}{\partial n}ds_y + \int_\Omega G(x,\ y)f(y)dy. \tag{9.27}$$

これを **Green** の第 3 公式ということがある.

特に $u \in C^2(\overline{\Omega})$ が

$$-\Delta u = f \quad (x \in \Omega), \quad u = 0 \quad (x \in \partial\Omega)$$

の解ならば (9.27) より

$$u(x) = \int_\Omega G(x,\ y)f(y)dy, \quad x \in \Omega.$$

ただし $x = (x_1,\ x_2)$, $y = (y_1,\ y_2)$ である.

$P = (x_1,\ x_2)$, $Q = (y_1,\ y_2)$ とおき,上式を

$$u(P) = \int_\Omega G(P,\ Q)f(Q)dQ$$

とかいてもよい.

定理 9.7 $(-\Delta,\ \Omega)$ に関する Green 関数 $G(x,\ y)$ は次の性質をもつ.

(i) $G(x,\ y) = G(y,\ x) \quad \forall\, x,\ y \in \Omega,\ x \neq y$.

(ii) $y \in \Omega$ を固定するとき,x の関数として $\Delta G(x,\ y) = 0 \quad \forall\, x(\neq y) \in \Omega$.

(iii) $y \in \Omega$ を固定するとき,x の関数として $\Phi(x) = G(x,\ y) + \frac{1}{2\pi}\log|x-y| \in C^2(\overline{\Omega}) \quad \forall\, x \in \overline{\Omega}$ かつ $\Delta\Phi(x) = 0 \quad \forall\, x \in \overline{\Omega}$.

(iv) $y \in \partial\Omega$ ならば $G(x,\ y) = 0 \quad \forall\, x \in \Omega$.

また $x \in \partial\Omega$ ならば $G(x,\ y) = 0 \quad \forall\, y \in \Omega$.

【証明 (Evans[8], 草野 [16])】 (i) まず点 $x \in \Omega$ を中心とし半径 ε の開円板を $S(x,\ \varepsilon)$, 閉円板を $\overline{S}(x,\ \varepsilon)$ であらわす.

次に $x,\ y,\ z \in \Omega$ に対し, $x \neq y$ のとき $v(z) = G(x,\ z),\ w(z) = G(y,\ z)$ とおけば

$z \neq x$ のとき
$$\Delta v(z) = \Delta\bigl(\Gamma(z-x) - \varphi^x(z)\bigr)$$
$$= \Delta \Gamma(z-x) - \Delta \varphi^x(z) = 0 - 0 = 0.$$

$z \neq y$ のとき $\Delta w(z) = \Delta \Gamma(z-y) - \Delta \varphi^y(z) = 0 - 0 = 0.$

また (9.26) より $z \in \partial\Omega$ のとき $v(z) = w(z) = 0.$

$\varepsilon > 0$ を十分小さくえらび, $S(x,\ \varepsilon) \cap S(y,\ \varepsilon) = \phi$ かつ $S(x,\ \varepsilon) \cup S(y,\ \varepsilon) \subset \Omega$ として Ω から 2 つの閉円板 $\overline{S}(x,\ \varepsilon),\ \overline{S}(y,\ \varepsilon)$ をくり抜いた領域を Ω_ε とする:

$$\Omega_\varepsilon = \Omega \setminus \{\overline{S}(x,\ \varepsilon) \cup \overline{S}(y,\ \varepsilon)\} \quad (\text{図 9.2 参照}).$$

Ω_ε において v と w につき Green の第 2 公式 (9.7) を使えば Ω_ε の中で $\Delta v = \Delta w = 0$ であるから

$$\int_{\partial\Omega_\varepsilon} \Bigl(v\frac{\partial w}{\partial n} - w\frac{\partial v}{\partial n}\Bigr) ds_z = \int_{\Omega_\varepsilon} (v\Delta w - w\Delta v) dz = 0.$$

図 9.2 を参考にして上式左辺の線積分を実行すれば

$$(\text{左辺}) = \int_{\partial\Omega} - \int_{\partial S(x,\ \varepsilon)} - \int_{\partial S(y,\ \varepsilon)} \Bigl(v\frac{\partial w}{\partial n} - w\frac{\partial v}{\partial n}\Bigr) ds_z$$

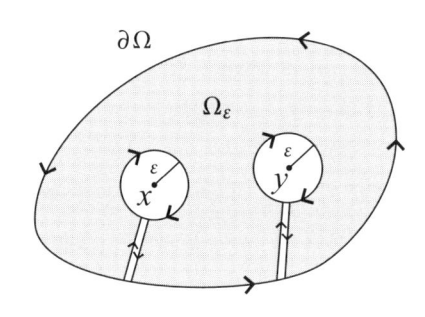

図 9.2

$$= -\int_{\partial S(x,\,\varepsilon)} - \int_{\partial S(y,\,\varepsilon)} \Big(v\frac{\partial w}{\partial n} - w\frac{\partial v}{\partial n}\Big)ds_z.$$

$$\therefore \int_{\partial S(x,\,\varepsilon)} \Big(v\frac{\partial w}{\partial n} - w\frac{\partial v}{\partial n}\Big)ds_z = -\int_{\partial S(y,\,\varepsilon)} \Big(v\frac{\partial w}{\partial n} - w\frac{\partial v}{\partial n}\Big)ds_z.$$

$$\therefore \int_{\partial S(x,\,\varepsilon)} \Big(w\frac{\partial v}{\partial n} - v\frac{\partial w}{\partial n}\Big)ds_z = \int_{\partial S(y,\,\varepsilon)} \Big(v\frac{\partial w}{\partial n} - w\frac{\partial v}{\partial n}\Big)ds_z. \qquad (9.28)$$

(9.28) において，Ω_ε の単位外法線ベクトル n は $S(x,\,\varepsilon)$, $S(y,\,\varepsilon)$ の境界からそれぞれ中心 x, y に向かう単位内法線ベクトルである．

次に $\varepsilon \to 0$ のとき (9.28) の (左辺)$\to w(x) = G(y,\,x)$ また (右辺)$\to v(y) = G(x,\,y)$ を示せば (i) が示される．$\partial S(x,\,\varepsilon) \ni z$ のとき

$$v(z) = G(x,\,z) = -\frac{1}{2\pi}\log|z-x| - \varphi^x(z) = -\frac{1}{2\pi}\log\varepsilon - \varphi^x(z), \quad \varphi^x \in C^2(\overline{\Omega}).$$

$$\therefore \ |v| \leq \frac{1}{2\pi}|\log\varepsilon| + C_1, \quad C_1 = \max_{z\in\overline{\Omega}}|\varphi^x(z)|.$$

一方，$\frac{\partial w}{\partial n} = \frac{\partial}{\partial n}G(y,\,z)$ で $G(y,\,z)$ は $\overline{S}(x,\,\varepsilon)$ で滑らかであるから，適当な正定数 C_2 が存在して

$$\Big|\frac{\partial w}{\partial n}\Big| \leq C_2.$$

$$\therefore \Big|\int_{\partial S(x,\,\varepsilon)} v\frac{\partial w}{\partial n}ds_z\Big| \leq \Big(\frac{1}{2\pi}|\log\varepsilon| + C_1\Big)C_2\Big|\int_{\partial S(x,\,\varepsilon)} ds_z\Big|$$

$$= \Big(\frac{1}{2\pi}|\log\varepsilon| + C_1\Big)C_2 2\pi\varepsilon \to 0 \quad (\varepsilon \to 0).$$

また $z \in \partial S(x,\,\varepsilon)$ のとき

$$\frac{\partial v(z)}{\partial n} = \frac{\partial}{\partial(-r)}\Big\{-\frac{1}{2\pi}\log r - \varphi^x(z)\Big\}_{r=\varepsilon}$$

$$= \frac{1}{2\pi}\cdot\frac{1}{\varepsilon} + \frac{\partial}{\partial r}\varphi^x(x_1 + r\cos\theta,\,x_2 + r\sin\theta)_{r=\varepsilon}$$

$$= \frac{1}{2\pi\varepsilon} + O(1).$$

$$\therefore \int_{\partial S(x,\ \varepsilon)} w(z)\frac{\partial v(z)}{\partial n}ds_z = \int_{\partial S(x,\ \varepsilon)} w(z)\Big(\frac{1}{2\pi\varepsilon}+O(1)\Big)ds_z$$
$$\to w(x) \quad (\varepsilon \to 0).$$
$$\therefore \lim_{\varepsilon\to 0}\int_{\partial S(x,\ \varepsilon)}\Big(w\frac{\partial v}{\partial n}-v\frac{\partial w}{\partial n}\Big)ds_z = w(x) = G(y,\ x).$$

同様に
$$\therefore \lim_{\varepsilon\to 0}\int_{\partial S(y,\ \varepsilon)}\Big(v\frac{\partial w}{\partial n}-w\frac{\partial v}{\partial n}\Big)ds_z = v(y) = G(x,\ y).$$

よって (9.28) より $G(y,\ x) = G(x,\ y)$.

(ii) $y \in \Omega$ を固定するとき，(i) により x の関数として
$$G(x,\ y) = G(y,\ x) = -\frac{1}{2\pi}\log|y-x| - \varphi^y(x).$$

よって $x \neq y$ のとき，x の関数として $\Delta G(x,\ y) = -\frac{1}{2\pi}\Delta\log|x-y| - \Delta\varphi^y(x) = 0 - 0 = 0$.

(iii) $y \in \Omega$ を固定するとき，x の関数として
$$\Phi(x) = G(x,\ y) + \frac{1}{2\pi}\log|x-y| = G(y,\ x) + \frac{1}{2\pi}\log|y-x| = -\varphi^y(x) \in C^2(\overline{\Omega})$$
かつ $\Delta\Phi(x) = \Delta\big(-\varphi^y(x)\big) = -\Delta\varphi^y(x) = 0 \quad \big((9.23)\ 参照\big).$

(iv) $y \in \partial\Omega$ ならば $G(x,\ y) = \Gamma(y-x) - \varphi^x(y) = 0 \quad \big((9.23)\ による\big).$
よって $x \in \partial\Omega$ ならば $G(x,\ y) = G(y,\ x) = 0$ である. 　　　　証明終 ■

9.8　最 大 値 原 理

(9.1), (9.2) に対しても前章で述べた最大値原理と離散最大値原理が成り立つ.

定理 9.8 (最大値原理)　$u \in C^2(\Omega) \cap C(\overline{\Omega})$, $M = \max_{P \in \overline{\Omega}} u(P)$ とする．$\mathcal{L}u(P) \leq 0 \quad (P \in \Omega)$ ならば次が成り立つ．

(i) $r(P) = 0 \quad \forall P \in \Omega \ \Rightarrow\ M = \max_{\partial\Omega} u.$ 　　　　(9.29)

(ii) $r(P) \geq 0 \quad \forall P \in \Omega \Rightarrow M \leq \max(\max_{\partial\Omega} u, \ 0)$.

【証明】 (i) $r(P) = 0 \quad \forall P = (x, \ y) \in \Omega$ とする．$\varphi(P) = x^2 + y^2$ とすれば

$$\mathcal{L}\varphi(P) = -4 < 0 \quad \forall P \in \Omega.$$

$v(P) = u(P) + \varepsilon\varphi(P) \quad (\varepsilon > 0)$ とおくとき

$$\mathcal{L}v(P) = \mathcal{L}u(P) - 4\varepsilon < \mathcal{L}u(P) \leq 0.$$

$$\therefore \ \mathcal{L}v(P) < 0 \quad \forall P \in \Omega. \tag{9.30}$$

一方 $v \in C^2(\Omega) \cup C(\overline{\Omega})$ は有界閉集合 $\overline{\Omega}$ で最大値をとるが，内点 $P_0 \in \Omega$ で最大となることはない ($\because\ v$ が P_0 で極大になれば $\Delta v(P_0) \leq 0$ であるから $\mathcal{L}v(P_0) = -\Delta v(P_0) \geq 0$．これは (9.30) に反する)．

$$\therefore \ v(P) \leq \max_{\partial\Omega} v \quad \forall P \in \Omega.$$

$\varepsilon \to 0$ として $u(P) \leq \max_{\partial\Omega} u \quad \forall\ P \in \Omega$．

$$\therefore \ M \leq \max_{\partial\Omega} u \leq \max_{\overline{\Omega}} u = M. \quad \therefore \ M = \max_{\partial\Omega} u.$$

(ii) $r(P) \geq 0 \quad \forall P \in \Omega$ とする．$M \leq 0$ ならば

$$M \leq 0 \leq \max(\max_{\partial\Omega} u, \ 0). \tag{9.31}$$

よって $M > 0$ とする．このとき $M = u(Q_0)$, $Q_0 \in \Omega$ とすれば Q_0 の近傍で $u > 0$．このような Q_0 の最大近傍を Ω_0 とすれば $r(P)u(P) \geq 0 \quad \forall P \in \Omega_0$ であるから

$$-\Delta u(P) \leq -\Delta u(P) + r(P)u(P) = \mathcal{L}u(P) \leq 0 \quad \forall\ P \in \Omega_0.$$

よって (i) の結果を $-\Delta u$ と Ω_0 に適用して $M = \max_{\overline{\Omega}} u = \max_{\partial\Omega_0} u$.

よって
$$\max_{\partial\Omega_0} u > 0. \tag{9.32}$$

$\Omega \neq \Omega_0$ ならば，(9.32) より Ω_0 はさらに拡げられることになって，Ω_0 が最大近傍であることに反する．ゆえに $\Omega = \Omega_0$ でなければならない．このとき

$$\max_{\overline{\Omega}} u = \max_{\partial \Omega} u. \tag{9.33}$$

結局 $r(P) \geq 0$ ならば，(9.31), (9.33) より $M \leq \max(\max_{\partial \Omega} u, \, 0)$ である．

証明終 ■

系 9.8.1 $u \in C^2(\Omega) \cap C(\overline{\Omega}),\ M = \min_{\overline{\Omega}} u$ とする．このとき $\mathcal{L}u(P) \geq 0\ (P \in \Omega)$ ならば次が成り立つ．

(i) $\quad r(P) = 0\ \ \forall P \in \Omega\ \Rightarrow\ M = \min_{\partial \Omega} u.$
(ii) $\quad r(P) \geq 0\ \ \forall P \in \Omega\ \Rightarrow\ M \geq \min(\min_{\partial \Omega} u, \, 0).$

【証明】 $-u$ に定理 9.8 を適用すればよい．

証明終 ■

系 9.8.2 境界値問題 (9.1), (9.2) の解 $u \in C^2(\Omega) \cap C(\overline{\Omega})$ は高々1つ存在する．

【証明】 u, v を 2 つの解とすれば，$w = u - v$ は

$$\mathcal{L}w = 0 \ \ (P \in \Omega) \quad \text{かつ} \quad w = 0 \ \ (P \in \partial \Omega)$$

をみたす．ゆえに定理 9.8 と系 9.8.1 により

$$0 = \min(\min_{\partial \Omega} w, \, 0) \leq w(x) \leq \max(\max_{\partial \Omega} w, \, 0) = 0.$$

∴ $w = 0$ すなわち $u = v$ である．

証明終 ■

■**注意 9.2** 離散最大値原理については §10.3 で述べる．

定理 9.9 $u \in C^2(\Omega) \cap C(\overline{\Omega})$ のとき

$$\|u\|_{\overline{\Omega}} = \max_{\overline{\Omega}} |u|, \quad \|\mathcal{L}u\|_{\Omega} = \sup_{\Omega} |\mathcal{L}u|$$

とおけば，仮定 $\|\mathcal{L}u\|_{\Omega} < \infty$ の下で，適当な正定数 C を定めて

$$\|u\|_{\overline{\Omega}} \leq \max_{\partial\Omega} |u| + C\|\mathcal{L}u\|_{\Omega}.$$

【証明】 $P = (x, y)$ に対し $\varphi(P) = e^{\kappa x}$ $(\kappa > 0)$ とおくと，十分大きい κ に対して

$$\mathcal{L}\varphi(P) = -\kappa^2 e^{\kappa x} + r(P)e^{\kappa x} = \bigl(r(P) - \kappa^2\bigr)e^{\kappa x} \leq -1$$

となる．ここで

$$v(P) = u(P) + \|\mathcal{L}u\|_{\Omega}\varphi(P) \quad (P \in \Omega) \tag{9.34}$$

とおけば

$$\mathcal{L}v(P) = \mathcal{L}u(P) + \|\mathcal{L}u\|_{\Omega}\mathcal{L}\varphi(P)$$
$$\leq \mathcal{L}u(P) - \|\mathcal{L}u\|_{\Omega} \leq 0 \quad \forall P \in \Omega.$$

よって定理 9.8 により

$$v(P) \leq \max(\max_{\partial\Omega} v, \ 0)$$
$$\leq \max(\max_{\partial\Omega} |v|, \ 0) = \max_{\partial\Omega} |v|$$
$$\leq (\max_{\partial\Omega} |u|) + \|\mathcal{L}u\|_{\Omega} \|\varphi\|_{\overline{\Omega}} \quad \forall P \in \overline{\Omega}. \tag{9.35}$$

同様に

$$w(P) = -u(P) + \|\mathcal{L}u\|_{\Omega}\varphi(P) \tag{9.36}$$

とおけば

$$\mathcal{L}w(P) = -\mathcal{L}u(P) + \|\mathcal{L}u\|_{\Omega}\mathcal{L}\varphi$$
$$\leq -\mathcal{L}u(P) - \|\mathcal{L}u\|_{\Omega} \leq 0.$$
$$\therefore\ w(P) \leq \max(\max_{\partial\Omega} w, \ 0) \leq \max_{\partial\Omega} |w|$$
$$\leq (\max_{\partial\Omega} |u|) + \|\mathcal{L}u\|_{\Omega}\|\varphi\|_{\overline{\Omega}}. \tag{9.37}$$

(9.34) より

$$u(P) = v(P) - \|\mathcal{L}u\|_{\Omega}\varphi(P).$$

(9.36) より
$$u(P) = -w(P) + \|\mathcal{L}u\|_\Omega \varphi(P).$$

これらを (9.35), (9.37) と併せて

$$\max_{\overline{\Omega}} |u| \leq \max(\max_{\overline{\Omega}} |v|, \max_{\overline{\Omega}} |w|) + \|\mathcal{L}u\|_\Omega \, \|\varphi\|_{\overline{\Omega}}$$
$$\leq (\max_{\partial \Omega} |u|) + \|\mathcal{L}u\|_\Omega (\|\varphi\|_{\overline{\Omega}} + \|\varphi\|_{\overline{\Omega}})$$
$$= (\max_{\partial \Omega} |u|) + C\|\mathcal{L}u\|_\Omega \quad (C = 2\|\varphi\|_{\overline{\Omega}}). \qquad 証明終 \quad \blacksquare$$

第10章 2次元境界値問題の離散近似

10.1 有限差分近似

この節では (x_1, x_2) 座標系の代わりに (x, y) 座標系を用いる.以下2次元有界領域 Ω における境界値問題

$$\mathcal{L}u(P) \equiv -\Delta u + r(P)u = f(P), \quad P = (x, y) \in \Omega, \tag{10.1}$$

$$u = g(P), \quad P \in \partial\Omega \tag{10.2}$$

の有限差分近似を考える.ただし $r(P) \geq 0 \quad \forall P \in \Omega$ とする.

Ω 内に x 軸,y 軸に平行線を引き格子点 $P(x_i, y_i)$ を

$$x_1 < x_2 < \cdots < x_i < \cdots, \quad h_i = x_i - x_{i-1}, \quad h = \max_i h_i, \tag{10.3}$$

$$y_1 < y_2 < \cdots < y_j < \cdots, \quad k_j = y_j - y_{j-1}, \quad k = \max_j k_j \tag{10.4}$$

によりつくる.

Ω 内の格子点の全体を Ω_{hk},$P(x_i, y_j) \in \partial\Omega$ なる格子点 P の全体を $\partial\Omega_{hk}$ とし $\overline{\Omega}_{hk} = \Omega_{hk} \cup \partial\Omega_{hk}$ とおく.(3.7) によって

$$\frac{\partial^2 u}{\partial x^2}(x_i, y_j) \doteqdot \frac{2}{h_i + h_{i+1}} \left\{ \frac{u_{i+1,j} - u_{ij}}{h_{i+1}} - \frac{u_{ij} - u_{i-1,j}}{h_i} \right\}, \tag{10.5}$$

$$\frac{\partial^2 u}{\partial y^2}(x_i, y_j) \doteqdot \frac{2}{k_j + k_{j+1}} \left\{ \frac{u_{i,j+1} - u_{ij}}{k_{j+1}} - \frac{u_{ij} - u_{i,j-1}}{k_j} \right\}. \tag{10.6}$$

ここで $P(x_i, y_j)$ の東西南北に隣接する4点を $P_E(x_{i+1}, y_j)$,$P_W(x_{i-1}, y_j)$,$P_S(x_i, y_{j-1})$,$P_N(x_i, y_{j+1})$,$h_E = h_{i+1}$,$h_W = h_i$,$k_S = k_j$,$k_N = k_{j+1}$ として $\Delta u(P)$ を差分近似すれば,$u(P)$ の近似値を $U(P)$ などとして

$$\Delta_{hk}U(P) = \frac{2}{h_E + h_W}\Big(\frac{U(P_E) - U(P)}{h_E} - \frac{U(P) - U(P_W)}{h_W}\Big)$$
$$+ \frac{2}{k_S + k_N}\Big(\frac{U(P_N) - U(P)}{k_N} - \frac{U(P) - U(P_S)}{k_S}\Big)$$
$$= -2\Big(\frac{1}{h_E h_W} + \frac{1}{k_S k_N}\Big)U(P)$$
$$+ \frac{2}{h_E(h_E + h_W)}U(P_E) + \frac{2}{h_W(h_E + h_W)}U(P_W)$$
$$+ \frac{2}{k_S(k_S + k_N)}U(P_S) + \frac{2}{k_N(k_S + k_N)}U(P_N). \quad (10.7)$$

よって (10.1), (10.2) に対する差分近似は

$$\mathcal{L}_{hk}U(P) \equiv -\Delta_{hk}U(P) + r(P)U(P) = f(P), \quad P \in \Omega_{hk}, \quad (10.8)$$
$$U(P) = g(P), \quad P \in \partial\Omega_{hk}. \quad (10.9)$$

(10.7) は $\Delta u(P)$ に対する **Shortley-Weller** 近似 (以下 **S-W** 近似) と呼ばれる (図 10.1, 10.2 参照).

特に $h_E = h_W = h$, $k_S = k_N = k$ ならば

$$-\Delta_{hk}U(P) = 2\Big(\frac{1}{h^2} + \frac{1}{k^2}\Big)U(P)$$
$$- \frac{1}{h^2}U(P_E) - \frac{1}{h^2}U(P_W) - \frac{1}{k^2}U(P_S) - \frac{1}{k^2}U(P_N). \quad (10.10)$$

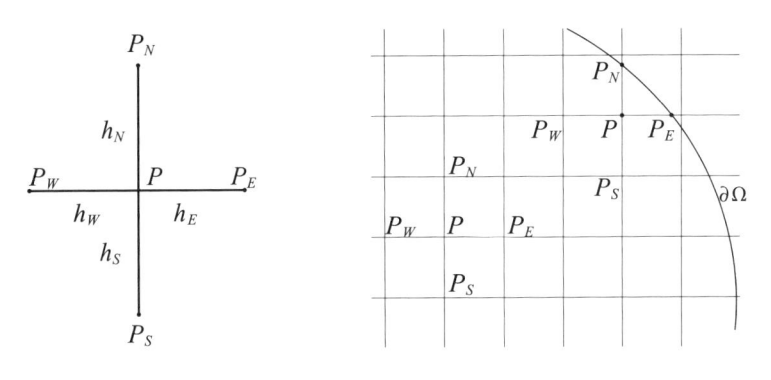

図 10.1

図 10.2

これは $\Delta u(P)$ に対する 5 点中心差分近似と呼ばれる.

いま $\Omega_{hk} = \{P_1, \ldots, P_m\}$, $U_i = U(P_i)$, $\boldsymbol{U} = (U_1, \ldots, U_m)^{\mathrm{t}}$,
$$\mathcal{L}_{hk}\boldsymbol{U} = \bigl(\mathcal{L}_{hk}U(P_1), \ldots, \mathcal{L}_{hk}U(P_m)\bigr)^{\mathrm{t}}$$
とおく. さらに h_E, h_W, k_S, k_N を $h_E(P)$, $h_W(P)$, $k_S(P)$, $k_N(P)$ であらわし
$$\omega(P) = \Bigl(\frac{h_E(P)+h_W(P)}{2}\Bigr)\Bigl(\frac{k_S(P)+k_N(P)}{2}\Bigr), \tag{10.11}$$
$$H = \mathrm{diag}\bigl(\omega(P_1), \ldots, \omega(P_m)\bigr) \tag{10.12}$$
とおいて, (10.8), (10.9) を
$$\mathcal{L}_{hk}\boldsymbol{U} \equiv H^{-1}A\boldsymbol{U} = \widetilde{\boldsymbol{f}} \quad \text{すなわち} \quad A\boldsymbol{U} = H\widetilde{\boldsymbol{f}} \tag{10.13}$$
($\widetilde{\boldsymbol{f}}$ は $\boldsymbol{f} = \bigl(f(P_1), \ldots, f(P_m)\bigr)^{\mathrm{t}}$ と境界条件 (10.2) より定まる)

とかけば, m 次行列 $A = (a_{ij})$ は $r(P) \geq 0$ のとき既約強優対角 L 行列 (§3.3 参照), したがって M 行列となる. 実際 (10.7), (10.8), (10.9) より
$$a_{ii} > 0 \quad \forall\, i, \quad a_{ij} \leq 0 \quad (i \neq j)$$
かつ
$$a_{ii} + \sum_{j \neq i} a_{ij} \begin{cases} = r(P)\omega(P) \geq 0 & (P_E,\ P_W,\ P_S,\ P_N \in \Omega \text{ のとき}), \\ > 0 & (P_E,\ P_W,\ P_S,\ P_N \text{ の少なくとも 1 つが } \partial\Omega \text{ に属するとき}) \end{cases}$$
であり, 既約であることも容易に確かめられる. ゆえに A は正則で差分方程式 (10.13) は一意解をもつ. また A^{-1} の要素はすべて正である (これを $A^{-1} > O$ とかく).

なお, $P \in \Omega_{hk}$ における $\mathcal{L}_{hk}\boldsymbol{U}$ の打ち切り誤差 (離散化誤差) を $\tau(P) = \tau(P,\ h,\ k)$ とすれば $u \in C^4(\bar{\Omega})$ のとき
$$\begin{aligned} \tau(P) &= \mathcal{L}_{hk}u(P) - f(P) \\ &= \mathcal{L}_{hk}u(P) - \mathcal{L}u(P) \\ &= -\Delta_{hk}u(P) + \Delta u(P) \end{aligned}$$

$$= -\left[\frac{h_E - h_W}{3}u_{xxx}(P) + \frac{k_N - k_S}{3}u_{yyy}(P)\right]$$
$$-\frac{1}{12}(h_E^2 - h_E h_W + h_W^2)u_{xxxx}(Q_H)$$
$$-\frac{1}{12}(k_S^2 - k_S k_N + k_N^2)u_{yyyy}(Q_V). \tag{10.14}$$

ただし $Q_H \in \overline{P_W P_E}$, $Q_V \in \overline{P_N P_S}$ である.

次の定理は定理 8.7 の 2 次元版である.

定理 10.1 (有限差分解の誤差評価) Ω を定理 9.4 の仮定をみたす領域とすれば, h に無関係な適当な正定数 C が存在して

$$|u(P) - U(P)| \leq C\|\boldsymbol{\tau}\|_\infty \quad \forall\, P \in \Omega_{hk}. \tag{10.15}$$

特に u が C^4 級で $h_i = k_j = h = k \quad \forall\, i, j$ ならば適当な正定数 C_1 が存在して

$$|u(P) - U(P)| \leq C_1 h^2 = O(h^2) \quad \forall\, P \in \Omega_{hk}. \tag{10.16}$$

【証明】 定理 9.4 により古典解 u が存在することに注意し, 定理 3.3 の証明をくり返せばよい. (10.13) の行列 A を

$$A = A_0 + HR, \quad R = \begin{pmatrix} r(P_1) & & \\ & \ddots & \\ & & r(P_m) \end{pmatrix} \tag{10.17}$$

とかけば $A_0 = A - HR$ は (10.1) で $r = 0$ の場合すなわち $-\Delta u = f$ の場合の差分行列である.

いま $\varphi(P) \in C^2(\overline{\Omega})$ を $-\Delta u = 2\ (P \in \Omega)$, $u = 0\ (P \in \partial\Omega)$ の解とするとき

$$\sigma_i = \sigma(P_i) = -\Delta_{hk}\varphi(P_i) - 2, \quad \varphi_i = \varphi(P_i), \quad 1 \leq i \leq m,$$

$$\boldsymbol{\sigma} = (\sigma_1, \ldots, \sigma_m)^{\mathrm{t}}, \ \boldsymbol{\Phi} = (\varphi_1, \ldots, \varphi_m)^{\mathrm{t}}, \ \boldsymbol{e} = (1, \ldots, 1)^{\mathrm{t}} \in \mathbb{R}^m$$

とおけば h, $k \to 0$ のとき $\boldsymbol{\sigma} \to \boldsymbol{0}$.

よって十分小さい h, k に対し

$$H^{-1}A_0\Phi = 2e + \sigma > e. \tag{10.18}$$

A_0 は既約強優対角 L 行列であるから正則でかつ $A_0^{-1} > O$ であり (10.18) より

$$A_0^{-1}He < \Phi \leq \|\Phi\|_\infty e = \left(\max_{1\leq i\leq m}|\varphi(P_i)|\right)e \leq \|\varphi\|_{\overline{\Omega}}e.$$

さて $u = u(P) \in C^2(\overline{\Omega})$ を (10.1), (10.2) の解とし, $u_i = u(P_i)$, $\boldsymbol{u} = (u_1,\ldots,u_m)^{\mathrm{t}}$ かつ $\tau(P) = \mathcal{L}_{hk}u(P) - f(P)$ $(P \in \Omega)$, $\tau_i = \tau(P_i)$, $\boldsymbol{\tau} = (\tau_1,\ldots,\tau_m)^{\mathrm{t}}$ とおけば

$$\mathcal{L}_{hk}\boldsymbol{u} = \widetilde{\boldsymbol{f}} + \boldsymbol{\tau},$$
$$\mathcal{L}_{hk}\boldsymbol{U} = \widetilde{\boldsymbol{f}}, \quad \mathcal{L}_{hk} = H^{-1}A = H^{-1}(A_0 + HR)$$

より

$$H^{-1}(A_0 + HR)(\boldsymbol{u} - \boldsymbol{U}) = \boldsymbol{\tau}.$$
$$\therefore \ \boldsymbol{u} - \boldsymbol{U} = (A_0 + HR)^{-1}H\boldsymbol{\tau}.$$

m 次元ベクトル $\boldsymbol{V} = (V_1,\ldots,V_m)^{\mathrm{t}}$ に対して $|\boldsymbol{V}| = (|V_1|,\ldots,|V_m|)^{\mathrm{t}}$ とおけば定理 3.1 と定理 3.2 によって

$$\begin{aligned}|\boldsymbol{u} - \boldsymbol{U}| &= |(A_0 + HR)^{-1}H\boldsymbol{\tau}| \\ &\leq (A_0 + HR)^{-1}H|\boldsymbol{\tau}| \quad (\because \ (A_0+HR)^{-1} > O) \\ &\leq A_0^{-1}H|\boldsymbol{\tau}| \leq A_0^{-1}H(\|\boldsymbol{\tau}\|_\infty e) = \|\boldsymbol{\tau}\|_\infty(A_0^{-1}He) \\ &\leq \|\boldsymbol{\tau}\|_\infty \cdot \|\varphi\|_{\overline{\Omega}}e.\end{aligned}$$

よって $C = \|\varphi\|_{\overline{\Omega}}$ とおけば (10.15) を得る.

特に $u \in C^4(\overline{\Omega})$ で $h_i = k_j = h = k \ \forall\, i,j$ ならば $\|\boldsymbol{\tau}\| = O(h^2)$ であるから (10.16) を得る. 証明終 ∎

■**注意 10.1** 定理 10.1 と関連する結果が Matsunaga-Yamamoto[20] にある.

■**注意 10.2** すでに §8.4 で注意したように, 打ち切り誤差は誤差の目安ではあるが, 真の物差しではない. これを説明するために $\Omega = (0,1) \times (0,1)$, $\varphi = \sqrt{x(1-x)}$ とすれば $\varphi^2 = x - x^2$, $2\varphi\varphi_x = 1 - 2x$, $2(\varphi_x)^2 + 2\varphi\varphi_{xx} = -2$.

$$\therefore \varphi_x = \frac{1-2x}{2\varphi}, \quad -\varphi_{xx} = \frac{1}{\varphi}\left(1+(\varphi_x)^2\right) = \frac{1}{4\sqrt{x(1-x)} \cdot x(1-x)} = \frac{1}{4\varphi^3(x)}.$$

よって $u = \varphi(x) + \varphi(y)$ は $f = \frac{1}{4\varphi^3(x)} + \frac{1}{4\varphi^3(y)}$, $g = \varphi(x) + \varphi(y)$ として

$$-\Delta u = f, \quad (x, y) \in \Omega,$$
$$u = g, \quad (x, y) \in \partial\Omega$$

をみたす．これを形式的に差分近似すれば，$P \to \partial\Omega$ のとき $\tau(P) \to \infty$ であるが $(u(P) - U(P)) = O(\sqrt{h})$ が示される（§10.6 と Yamamoto et al.[42] 参照）．有限差分法は見かけよりタフな解法なのである．

10.2　離散 Green 関数

§9.7 において $(-\Delta, \Omega)$ に対する Green 関数 $G(P, Q)$ $(P = (x_1, x_2), Q = (y_1, y_2) \in \overline{\Omega})$ を定義した．この節では，まず (10.3), (10.4) により $\overline{\Omega}$ 上に差分網 $\overline{\Omega}_{hk} = \Omega_{hk} \cup \partial\Omega_{hk}$ をつくるとき，$(\Delta_{hk}, \Omega_{hk})$ に関する離散 Green 関数 $G_{hk}(P, Q)$ を定義しよう．以下 (10.7)〜(10.13) の記号を用いる．

定義 10.1 (離散 Green 関数)　$P, Q \in \overline{\Omega}_{hk}$ とする．$\overline{\Omega}_{hk}$ 上の離散関数 $G_{hk}(P, Q)$ が $(-\Delta_{hk}, \Omega_{hk})$ に関する**離散 Green 関数**であるとは，各点 $Q \in \overline{\Omega}_{hk}$ に対し

$$-\Delta_{hk} G_{hk}(P, Q) = \frac{\delta(P, Q)}{\omega(P)}, \quad P \in \Omega_{hk}, \tag{10.19}$$

$$G_{hk}(P, Q) = \delta(P, Q), \quad P \in \partial\Omega_{hk} \tag{10.20}$$

をみたすときをいう．ただし $\omega(P)$ は (10.11) で定義され，

$$\delta(P, Q) = \begin{cases} 1 & (P = Q), \\ 0 & (P \neq Q) \end{cases}$$

とおく（$\frac{1}{\omega(P)}\delta(P, Q)$ はいわゆる Dirac（ディラック）のデルタ関数に相当する）．

さて
$$\Omega_{hk} = \{P_1, \ldots, P_m\}, \quad \partial\Omega_{hk} = \{P_{m+1}, \ldots, P_l\}$$
とすれば，(10.19), (10.20) によって

$$\left(\begin{array}{c|c} H^{-1}A_0 & \\ \hline & I_{l-m} \end{array}\right) \left(\begin{array}{c|c} G_{hk}(P_i, P_j) & G_{hk}(P_i, P_j) \\ {\scriptstyle 1 \leq i \leq m,\ 1 \leq j \leq m} & {\scriptstyle 1 \leq i \leq m,\ m+1 \leq j \leq l} \\ \hline G_{hk}(P_i, P_j) & G_{hk}(P_i, P_j) \\ {\scriptstyle m+1 \leq i \leq l,\ 1 \leq j \leq m} & {\scriptstyle m+1 \leq i \leq l,\ m+1 \leq j \leq l} \end{array}\right)$$

$$= \left(\begin{array}{c|c} H^{-1}A_0 & \\ \hline & I_{l-m} \end{array}\right) \left(\begin{array}{c|c} G_{hk}(P_i, P_j) & G_{hk}(P_i, P_j) \\ {\scriptstyle 1 \leq i \leq m,\ 1 \leq j \leq m} & {\scriptstyle 1 \leq i \leq m,\ m+1 \leq j \leq l} \\ \hline O & I_{l-m} \end{array}\right)$$

$$= \left(\begin{array}{c|c} I_m & O \\ \hline O & I_{l-m} \end{array}\right) = I_l.$$

よって離散 Green 関数 $G_{hk}(P, Q)$ は上記行列方程式の解として一意的に定まり

$$\left(\begin{array}{c} G_{hk}(P_i, P_j) \\ {\scriptstyle 1 \leq i \leq m,\ 1 \leq j \leq m} \end{array}\right) = (H^{-1}A_0)^{-1} = A_0^{-1}H > O,$$

$$\left(\begin{array}{c} G_{hk}(P_i, P_j) \\ {\scriptstyle 1 \leq i \leq m,\ m+1 \leq j \leq l} \end{array}\right) = O,$$

$$\left(\begin{array}{c} G_{hk}(P_i, P_j) \\ {\scriptstyle m+1 \leq i \leq l,\ 1 \leq j \leq l} \end{array}\right) = O,$$

$$\left(\begin{array}{c} G_{hk}(P_i,\ P_j) \\ m+1 \leq i \leq l,\ m+1 \leq j \leq l \end{array} \right) = I_{l-m}.$$

$$\therefore\ G(P, Q) \begin{cases} > O & ((P, Q \in \Omega_{hk} \text{のとき}) \text{または} (P = Q \in \partial\Omega_{hk} \text{のとき})), \\ = O & ((P \in \partial\Omega_{hk}, Q \in \Omega_{hk} \text{のとき}) \\ & \text{または} (P \in \Omega_{hk}, Q \in \partial\Omega_{hk} \text{のとき})). \end{cases}$$

定理 10.2 (Bramble-Hubbard[4]) $V(P)$ を $\overline{\Omega}_{hk}$ の上で定義される離散関数とすれば任意の $P \in \overline{\Omega}_{hk}$ に対して次式が成り立つ.

$$V(P) = \sum_{Q \in \Omega_{hk}} G_{hk}(P, Q)\omega(Q)[-\Delta_{hk}V(Q)] + \sum_{Q \in \partial\Omega_{hk}} G_{hk}(P, Q)V(Q). \tag{10.21}$$

これは (9.27) に対応する結果である.

【証明】 (10.21) の右辺を $W(P)$ とおくと, $P \in \Omega_{hk}$ に対し

$$\begin{aligned} \Delta_{hk}W(P) &= \sum_{Q \in \Omega_{hk}} \Delta_{hk}\bigl(G_{hk}(P,\ Q)\bigr)\omega(Q)[-\Delta_{hk}V(Q)] \\ &\quad + \sum_{Q \in \partial\Omega_{hk}} \Delta_{hk}G_{hk}(P,\ Q)V(Q) \\ &= \sum_{Q \in \Omega_{hk}} \left(-\frac{\delta(P,\ Q)}{\omega(P)}\right)\omega(Q)[-\Delta_{hk}V(Q)] \\ &\quad + \sum_{Q \in \partial\Omega_{hk}} \left(-\frac{\delta(P,\ Q)}{\omega(P)}\right)V(Q) \\ &= -\delta(P,\ P)[-\Delta_{hk}V(P)] \\ &= \Delta_{hk}V(P). \end{aligned}$$

一方, $P \in \partial\Omega_{hk}$ ならば $G_{hk}(P,\ Q) = \delta(P,\ Q) = 0\ \forall\ Q \in \Omega_{hk}$ であるから

$$W(P) = \sum_{Q \in \partial\Omega_{hk}} G_{hk}(P,\ Q)V(Q) = \sum_{Q \in \partial\Omega_{hk}} \delta(P,\ Q)V(Q) = V(P).$$

よって $U(P) = W(P) - V(P)$ は

$$\begin{cases} \Delta_{hk}U(P) = 0 & \forall\, P \in \Omega_{hk}, \\ U(P) = 0 & \forall\, P \in \partial\Omega_{hk} \end{cases}$$

をみたすから,差分行列 A_0 の正則性によって $U(P) = 0 \quad \forall\, P \in \overline{\Omega}_{hk}$ である.

$$\therefore\ V(P) = W(P) \quad \forall\, P \in \overline{\Omega}_{hk}.$$

これは (10.21) にほかならない. 　　　　　　　　　　　　　　　　証明終 ■

■**注意 10.3**　$h_i = k_j = h \quad \forall\, i,\, j$ のとき (10.21) は

$$V(P) = h^2 \sum_{Q \in \Omega_{hh}} G_{hh}(P,\, Q)[-\Delta_{hh}V(Q)] + \sum_{Q \in \partial\Omega_{hh}} G_{hh}(P,\, Q)V(Q)$$

となる.これは Bramble-Hubbard[4] に示されている (なお,§10.4 を参照).定理 10.2 はその自明な一般化である.

10.3　離散最大値原理

§10.1 以来の記号を少しかえて $\overline{\Omega}$ における格子点を

$$\overline{\Omega}_{hk} = \Omega_{hk} \cup \partial\Omega_{hk},\ \Omega_{hk} = \{P_1, \ldots, P_n\},\ \partial\Omega_{hk} = \{P_{n+1}, \ldots, P_m\}$$

とし,$\overline{\Omega}_{hk}$ 上の離散関数 $U(P)$ に対し

$$\mathcal{L}_{hk}U(P) = -\Delta_{hk}U(P) + r(P)U(P),\quad P \in \Omega_{hk}$$

とおく.ただし $r(P) \in C(\overline{\Omega})$ である.

このとき次の定理が成り立つ.

定理 10.3 (離散最大値原理第 **1** 型 (強い形))　$r(P) \geq 0 \quad \forall\, P \in \Omega_{hk}$ かつ $\mathcal{L}_{hk}U(P) \leq 0 \quad \forall\, P \in \Omega_{hk}$ かつ次の $1^0 \sim 3^0$ が成り立つとする.

1^0. $U(P) \leq M \quad \forall\, P \in \overline{\Omega}_{hk}$.

2^0. 適当な $k\ (1 \leq k \leq n)$ に対して $U(P_k) = M$.

3^0. $M \geq 0$.

このとき $U(P) = M \quad \forall P \in \overline{\Omega}_{hk}$.

特に $r \equiv 0$ ならば条件 3^0 は不要である. (なお条件 1^0 と 2^0 はまとめて "$\{U(P_i)\}_{i=0}^m$ は内点 $P_k \in \Omega_{hk}$ で最大値 M をとる" といってもよい.)

【証明】 定理 8.4 の証明と全く同様であるから, 読者の演習として残しておこう (次の定理の証明も参照のこと). 証明終 ■

定理 10.4 (離散最大値原理第 **2** 型) 定理 10.3 と同じく $r(P) \geq 0$ かつ $\mathcal{L}_{hk}U(P) \leq 0 \quad \forall P \in \Omega_{hk}$ かつ

$$M = \max_{P \in \overline{\Omega}_{hk}} U(P)$$

とする. このとき次が成り立つ.

(i) $r \equiv 0 \Rightarrow M = \max_{P \in \partial\Omega_{hk}} U(P).$ \hfill (10.22)

(ii) $r \geq 0 \Rightarrow M \leq \max(\max_{\partial\Omega_{hk}} U,\ 0).$ \hfill (10.23)

【証明】 (i) $r \equiv 0$ のとき, $P \in \Omega_{hk}$ に隣接する 4 点を P_E, P_W, P_S, P_N として

$$\alpha_0 = 2\Big(\frac{1}{h_E h_W} + \frac{1}{k_S k_N}\Big),$$
$$\alpha_1 = \frac{2}{h_E(h_E + h_W)},$$
$$\alpha_2 = \frac{2}{h_W(h_E + h_W)},$$
$$\alpha_3 = \frac{2}{h_S(h_S + h_N)},$$
$$\alpha_4 = \frac{2}{h_N(h_S + h_N)}$$

とおけば (10.7), (10.8) より

$$\mathcal{L}_{hk}U(P) = -\Delta_{hk}U(P)$$
$$= \alpha_0 U(P) - \alpha_1 U(P_E) - \alpha_2 U(P_W) - \alpha_3 U(P_S) - \alpha_4 U(P_N)$$
$$\leq 0.$$

容易に確かめられるように
$$\alpha_0 = \alpha_1 + \alpha_2 + \alpha_3 + \alpha_4$$

であるから
$$\alpha_1\bigl(U(P) - U(P_E)\bigr) + \alpha_2\bigl(U(P) - U(P_W)\bigr)$$
$$+ \alpha_3\bigl(U(P) - U(P_S)\bigr) + \alpha_4\bigl(U(P) - U(P_N)\bigr) \leq 0. \qquad (10.24)$$

よって $M = U(P)$ とすれば $d_1 = U(P) - U(P_E) \geq 0$, $d_2 = U(P) - U(P_W) \geq 0$, $d_3 = U(P) - U(P_S) \geq 0$, $d_4 = U(P) - U(P_N) \geq 0$ で $\alpha_i > 0 \quad (1 \leq i \leq 4)$ と併せて $d_1 = d_2 = d_3 = d_4 = 0$ を得る．すなわち最大値をとる点 P の隣接 4 点でも最大値がとられる．以下これを続ければ境界点に到達するから，結局，境界上の点 $W \in \partial\Omega_{hk}$ においても最大値がとられることになる．

(ii) $r \geq 0$ のとき，$M \leq 0$ ならば
$$U(P) \leq 0 \leq \max(\max_{\partial\Omega_{hk}} U,\ 0) \qquad (10.25)$$

である．次に $M > 0$ のとき $U(P) \leq \max_{\partial\Omega_{hk}} U$ を示す．仮に $U(P) > \max_{\partial\Omega_{hk}} U$ とすれば $U(P)$ は内点 $P = Q \in \Omega_{hk}$ で最大値をとる．いま
$$\widetilde{\mathcal{L}}_{hk}U(P) = \mathcal{L}_{hk}U(P) - r(P)U(P) = -\Delta_{hk}U(P)$$

とおけば $M > 0$ より $r(Q)U(Q) = r(Q)M \geq 0$.
$$\therefore\ \widetilde{\mathcal{L}}_{hk}U(Q) = \mathcal{L}_{hk}U(Q) - r(Q)U(Q)$$
$$\leq \mathcal{L}_{hk}U(Q) \leq 0.$$

よって (i) の議論を P を Q でおきかえて $\widetilde{\mathcal{L}}_{hk}U$ に対してくり返せば，再び U は境界上の格子点の 1 つ $(Q_0 \in \partial\Omega_{hk})$ で最大値 M をとることになる．

結局，このことと (10.25) とを併せて，M の符号にかかわらず

$$r \geq 0 \;\Rightarrow\; M \leq \max(\max_{\partial \Omega_{hk}} U,\; 0)$$

を得る. 証明終 ■

■**注意 10.4** (10.23) において $\max(\max_{\partial\Omega_{hk}} U,\; 0)$ を $\max_{\partial\Omega_{hk}} U$ でおきかえることはできない．実際，注意 8.5 の例にならって反例 (成立しない例) を与えることができる．これは読者の演習としよう．

■**注意 10.5** Bramble-Hubbard[4]) によれば，$-\Delta_{hk}U$ に対する離散最大値原理 (10.22) をはじめて証明したのは Gerschgorin(1930) の由である．

系 10.4.1 $\mathcal{L}_{hk}U(P) \geq 0 \;\; \forall\, P \in \Omega_{hk}$ かつ $M = \min_{P \in \overline{\Omega}_{hk}} U(P)$ とすれば

(i) $\quad r(P) = 0 \;\; \forall\, P \in \Omega \;\Rightarrow\; M = \min_{\overline{\Omega}_{hk}} U.$

(ii) $\quad r(P) \geq 0 \;\; \forall\, P \in \Omega \;\Rightarrow\; M \geq \min(\min_{\Omega_{hk}} U,\; 0).$

10.4 Bramble-Hubbard の定理

(10.1) において $r(P) = 0$ とした最も典型的な境界値問題

$$-\Delta u(P) = f(P), \quad P \in \Omega, \tag{10.1}'$$

$$u(P) = g(P), \quad P \in \partial \Omega \tag{10.2}$$

を等間隔格子を用いる有限差分法により解くことを考える．

(10.3), (10.4) において $h_i = k_j = h \;\; \forall\, i,\, j$ (等間隔) かつ $u \in C^4(\overline{\Omega})$ の場合に Bramble-Hubbard は (10.16) よりさらに精緻な誤差評価を与えた．この結果は原論文[4]) をいま読み返しても証明が美しく，数学的鑑賞に耐えるよい結果であると思うので，いたずらな一般化を試みるのはやめて，その証明の跡をたどりたい．

以下 $h_i = k_j = h \;\; \forall\, i,\, j$ とし，Ω_{hk}, $\partial\Omega_{hk}$, Δ_{hk}, $G_{hk}(P,\, Q)$ などを

Ω_h, Γ_h, $\partial\Omega_h$, Δ_h, $G_h(P, Q)$ などであらわす. さらに

$$\mathcal{P}_0 = \{P \in \Omega_h \mid P \text{ に隣接する } 4 \text{ 点 } P_E, P_W, P_S, P_N \text{のうち} \\ \text{少なくとも } 1 \text{ つは} \Gamma_h \text{に属する} \}$$

とおく. したがって $P \in \Omega_h \setminus \mathcal{P}_0$ のとき, P に隣接する格子点と P との距離はすべて h に等しい.

補題 10.1 (Bramble-Hubbard[4]) $\quad \sum_{Q \in \mathcal{P}_0} G_h(P, Q) \leq 1 \quad \forall\, P \in \bar{\Omega}_h.$

【証明】 $\bar{\Omega}_h$ 上の離散関数 $W(Q)$ を

$$W(Q) = \begin{cases} 1 & (Q \in \Omega_h), \\ 0 & (Q \in \partial\Omega_h) \end{cases}$$

と定義すれば $\Delta_h W(Q) = 0 \quad \forall\, Q \in \Omega_h \setminus \mathcal{P}_0$ であるが, さらに

$$-h^2 \Delta_h W(Q) \geq 1 \quad \forall\, Q \in \mathcal{P}_0 \tag{10.26}$$

が成り立つ. 実際 Q の隣接 4 点 Q_E, Q_W, Q_S, Q_N と Q との距離を h_E, h_W, h_S, h_N であらわせば $Q \in \Omega_h \setminus \mathcal{P}_0$ のとき $h_E = h_W = h_S = h_N = h$ であるが, $Q \in \mathcal{P}_0$ のときは $h_E \leq h$, $h_W \leq h$, $h_S \leq h$, $h_N \leq h$ しかいえないことに注意する. このとき一般性を失うことなく $Q_N \in \partial\Omega_h$ とすれば $W(Q)$ の定義によって $W(Q_N) = 0$.

$$\begin{aligned}
\therefore\, -h^2 \Delta_h W(Q) &= h^2 \Big[\Big(\frac{2}{h_E h_W} + \frac{2}{h_S h_N}\Big) W(Q) \\
&\quad - \frac{2}{h_E(h_E + h_W)} W(Q_E) - \frac{2}{h_W(h_E + h_W)} W(Q_W) \\
&\quad - \frac{2}{h_S(h_S + h_N)} W(Q_S) - \frac{2}{h_N(h_S + h_N)} W(Q_N)\Big] \\
&= h^2 \Big[\Big(\frac{2}{h_E h_W} + \frac{2}{h_S h_N}\Big) - \frac{2}{h_E(h_E + h_W)} W(Q_E) \\
&\quad - \frac{2}{h_W(h_E + h_W)} W(Q_W) - \frac{2}{h_S(h_S + h_N)} W(Q_S)\Big]
\end{aligned}$$

$$\geq h^2\Big[\Big(\frac{2}{h_E h_W} - \frac{2}{h_E(h_E+h_W)} - \frac{2}{h_W(h_E+h_W)}\Big)$$
$$+ \frac{2}{h_S h_N} - \frac{2}{h_S(h_S+h_N)}\Big]$$
$$(\because\ W(Q_E),\ W(Q_W),\ W(Q_S) \leq 1)$$
$$= h^2 \cdot \frac{2(h_S + h_N - h_N)}{h_S h_N (h_S + h_N)}$$
$$= \Big(\frac{h}{h_N}\Big) \cdot \frac{2h}{h_S + h_N} \geq 1 \quad (\because\ h_N \leq h,\ h_S + h_N \leq 2h).$$

(上の式変形において Q_E, Q_W, Q_S が $\partial\Omega_h$ に属するか否かは問題としていないことに注意.)

いま定理 10.2 を $W(P)$ に適用すれば, $P \in \Omega_h$ のとき

$$1 = h^2 \sum_{Q \in \Omega_h} G_h(P,\ Q)[-\Delta_h W(Q)]$$
$$= h^2 \sum_{Q \in \mathcal{P}_0} G_h(P,\ Q)[-\Delta_h W(Q)] \quad (\because\ Q \in \Omega_h \setminus \mathcal{P}_0 \text{のとき} \Delta_h W(Q) = 0)$$
$$\geq \sum_{Q \in \mathcal{P}_0} G_h(P,\ Q). \quad (\because\ G_h(P,\ Q) \geq 0\ \text{と}\ (10.26)\ \text{による.})$$

また $P \in \partial\Omega_h$ ならば $G_h(P,\ Q) = 0\ \ \forall\,Q \in \Omega_h$ であるからこのときも

$$\sum_{Q \in \mathcal{P}_0} G_h(P,\ Q) \leq 1$$

は成り立つ.

よって $P \in \overline{\Omega}_h = \Omega_h \cup \partial\Omega_h$ のとき $\sum_{Q \in \mathcal{P}_0} G_h(P,\ Q) \leq 1.$ 証明終 ∎

補題 10.2 (Bramble-Hubbard[4]) 原点を中心とし半径 $\frac{d}{2}$ の開円板を $S(0, \frac{d}{2})$ とかく. d を十分大きくえらんで $\Omega \subseteq S(0, \frac{d}{2})$ とするとき

$$h^2 \sum_{Q \in \Omega_h} G_h(P,\ Q) \leq \frac{d^2}{16} \quad \forall\,P \in \overline{\Omega}_h.$$

【証明】 $P = (x,\ y)$, $u(P) = \frac{1}{4}(x^2 + y^2)$ とおけば

$$\Delta_h u(P) = 1 \quad \forall\ P \in \Omega_h$$

である．なぜならば §10.1 (10.14) でみたように

$$\Delta u(P) - \Delta_h u(P) = -\left[\frac{h_E - h_W}{3}\frac{\partial^3 u}{\partial x^3}u(P) + \frac{k_N - k_S}{3}\frac{\partial^3 u(P)}{\partial y^3} + \cdots\right]$$
$$= 0.$$

明らかに $\Delta u(P) = 1$ であるから上式より $\Delta_h u(P) = 1$ を得る．

次に $V(P) = h^2 \sum_{Q \in \Omega_h} G_h(P,\ Q)$ とおけば $P \in \Omega_h$ のとき

$$\Delta_h V(P) = h^2 \sum_{Q \in \Omega_h} \Delta_h G_h(P,\ Q)$$
$$= -\sum_{Q \in \Omega_h} -h^2 \Delta_h G_h(P,\ Q)$$
$$= -\sum_{Q \in \Omega_h} \delta(P,\ Q) = -\delta(P,\ P) = -1.$$

また $P \in \partial\Omega_h$ のとき

$$V(P) = h^2 \sum_{Q \in \Omega_h} G_h(P,\ Q) = h^2 \sum_{Q \in \Omega_h} \delta(P,\ Q) = 0.$$

よって $W(P) = u(P) + V(P)$ とおけば $W(P)$ は $\overline{\Omega}_h$ 上定義される離散関数で，$P \in \Omega_h$ に対し

$$\Delta_h W(P) = \Delta_h u(P) + \Delta_h V(P) = 1 + (-1) = 0.$$

ゆえに離散最大値原理 (定理 10.4(i)) によって

$$W(P) \leq \max_{\partial \Omega_h} W$$
$$= \max_{\partial \Omega_h} u$$
$$\leq \frac{1}{4}\left(\frac{d}{2}\right)^2 = \frac{d^2}{16}. \tag{10.27}$$

一方 $u(P) \geq 0\quad \forall\ P \in \overline{\Omega}_h$ であるから

$$V(P) \leq u(P) + V(P) = W(P) \quad \forall\ P \in \overline{\Omega}_h. \tag{10.28}$$

(10.27) と (10.28) より $V(P) \leq \frac{d^2}{16}$ $\forall\, P \in \overline{\Omega}_h$ を得る. 証明終 ■

補題 10.1 と 10.2 を用いて次の定理を得る.

定理 10.5 (Bramble-Hubbard の定理) u を境界値問題 $(10.1)'$, (10.2) の解で $u \in C^4(\overline{\Omega})$ を仮定する. 通常の点 $P \in \Omega_h \setminus \mathcal{P}_0$ では中心差分近似 $(h_i = k_j = h \quad \forall\, i,\, j)$ を用い, $P \in \mathcal{P}_0$ では S-W 近似を用いる差分解を $U(P)$ であらわす.

$$M_j = \max_{P \in \overline{\Omega}_h}\left\{\left|\frac{\partial^j u(P)}{\partial x^i \partial y^{j-i}}\right| \,\middle|\, i = 0, 1, \ldots, j\right\}$$

とおき, Ω を含む開円板 (中心原点) の直径を d とすれば

$$|U(P) - u(P)| \leq \frac{M_4}{96}d^2 h^2 + \frac{2}{3}M_3 h^3 = O(h^2) \quad \forall\, P \in \Omega_h.$$

【証明】 $E(P) = u(P) - U(P)$ とおくと $E(P) = 0$ $\forall\, P \in \partial\Omega_h$.

ゆえに定理 10.2 によって

$$E(P) = h^2 \sum_{Q \in \Omega_h} G_h(P,\, Q)[-\Delta_h E(Q)].$$

一方

$$\begin{cases} -\Delta u(Q) = f(Q), & Q \in \Omega, \\ u(Q) = g(Q), & Q \in \partial\Omega \end{cases}$$

および

$$\begin{cases} -\Delta_h U(Q) = f(Q), & Q \in \Omega_h, \\ U(Q) = g(Q), & Q \in \partial\Omega_h \end{cases}$$

であるから, $Q \in \Omega_h$ に対して

$$\begin{aligned} -\Delta_h E(Q) &= -\Delta_h u(Q) + \Delta_h U(Q) \\ &= -\Delta_h u(Q) - f(Q) \\ &= -\Delta_h u(Q) + \Delta u(Q) \end{aligned}$$

$$= -\left[\frac{h_E - h_W}{3}\frac{\partial^3 u}{\partial x^3}u(Q) + \frac{k_N - k_S}{3}\frac{\partial^3}{\partial y^3}u(Q)\right]$$

$$-\frac{1}{12}(h_E^2 - h_E h_W + h_W^2)\frac{\partial^4}{\partial x^4}u(Q_H)$$

$$-\frac{1}{12}(k_S^2 - k_S k_N + k_N^2)\frac{\partial^4}{\partial y^4}u(Q_V).$$

$$(Q_H \in \overline{Q_W Q_E},\ Q_V \in \overline{Q_N Q_S}) \quad ((10.14) \text{による.})$$

$$\therefore\ |\Delta_h E(Q)| \le \begin{cases} \dfrac{1}{6}M_4 h^2 & (Q \in \Omega_h \setminus \mathcal{P}_0), \\ \dfrac{2}{3}M_3 h & (Q \in \mathcal{P}_0). \end{cases}$$

よって補題 10.1 と 10.2 によって，$P \in \Omega_h$ のとき

$$|E(P)| \le h^2 \sum_{Q \in \Omega_h \setminus \mathcal{P}_0} G_h(P,\ Q)|\Delta_h E(Q)| + h^2 \sum_{Q \in \mathcal{P}_0} G(P,\ Q)|\Delta_h E(Q)|$$

$$\le \frac{d^2}{16} \cdot \frac{1}{6}M_4 h^2 + h^2 \cdot \frac{2}{3}M_3 h$$

$$= \frac{1}{96}d^2 M_4 h^2 + \frac{2}{3}M_3 h^3$$

を得る．ただし上の証明において不等式 $h_E^2 - h_E h_W + h_W^2 \le h^2$ などを用いた．これをみるには，一般性を失うことなく $h_E \le h_W$ として $h_E = \alpha h_W$, $0 < \alpha \le 1$ とおけば $\alpha^2 - \alpha + 1 \le 1$ かつ

$$h_E^2 - h_E h_W + h_W^2 = (\alpha^2 - \alpha + 1)h_W^2 \le h_W^2 \le h^2$$

よりわかる．同様に $k_S^2 - k_S k_N + k_N^2 \le h^2$ である． 　　　　証明終 ∎

■**注意 10.6** 定理 10.5 の証明と同様な議論は (10.1), (10.2) および (10.8), (10.9) に対しても適用される．

いま $K > 1$ を h に無関係な定数として任意にえらび

$$\mathcal{S}_h(K) = \{P \in \Omega_h \mid \mathrm{dist}(P,\ \Gamma) \equiv \inf_{Q \in \Gamma}|P - Q| \le Kh\} \tag{10.29}$$

とおけば，次が成り立つ (さらに一般な結果が Matsunaga-Yamamoto[20]) にある).

> **定理 10.6** $u \in C^4(\overline{\Omega})$ ならば，$P \in \Omega_h$ に対して
> $$|u(P) - U(P)| \leq \begin{cases} O(h^3) & (P \in \mathcal{S}(K)), \\ O(h^2) & (P \notin \mathcal{S}(K)). \end{cases}$$

この性質が成り立つとき差分解 $\{U(P)\}$ は**優収束性 (superconvergence property)** をもつという．これは当然のことのように思えるがそうではなく，簡単な境界値問題

$$-\Delta u = f(P), \quad P \in \Omega = (0, 1) \times (0, 1), \tag{10.30}$$
$$u = g(P), \quad P \in \Gamma = \partial\Omega \tag{10.31}$$

に対して次の例が知られている (Yamamoto et al.[42]) に数値実験例とその数学解析が与えられている).

例 10.1 f, g は $u = \sqrt{x(1-x)} + \sqrt{y(1-y)}$ が (10.30), (10.31) の厳密解であるように定めると $u \in C(\overline{\Omega}) \cap C^\infty(\Omega)$ かつ $u \notin H^1(\Omega)$ であるが $|u(P) - U(P)| = O(\sqrt{h}) \ \forall \ P \in \Omega_h$ となる．したがってこの場合には Γ のいかなる近傍でも優収束は起こらない．

例 10.2 (非整合スキームの収束) $u = \sqrt{x} + \sqrt{y}$ が (10.30), (10.31) の解となるように f, g を定めるとき $\max_{P \in \Omega_h} |\tau(P)| \to \infty \ (h \to 0)$ であるが

$$|u(P) - U(P)| \leq \begin{cases} O(h^{3/2}) & ((1, 1) \text{ の近傍で優収束}), \\ O(h^{1/2}) & (\text{そのほか}) \end{cases}$$

が成り立つ．

なお §10.5〜§10.6 も参照されたい．

10.5　非整合スキームの収束

この節では長方形領域 Ω における非整合スキームの収束定理を述べる．以下簡単のため $\Omega = (0,\ 1) \times (0,\ 1)$ とする．

まず準備として，$E = (0,\ 1)$, $f,\ g\ :\ E \to \mathbb{R}$ で $f \in C^{0,\alpha}(\overline{E})$ $(0 < \alpha \leq 1)$, $g \in C^{0,\beta}(\overline{E})$ $(0 < \beta \leq 1)$ かつ $\sigma = \min(\alpha,\ \beta)$ ならば

$$f + g,\ f \cdot g \in C^{0,\,\sigma}(\overline{E})$$

であることに注意する．前者は明らかであるが，後者は

$$f(x)g(x) - f(y)g(y) = \bigl(f(x) - f(y)\bigr)g(x) + f(y)\bigl(g(x) - g(y)\bigr)$$
$$|f(x)g(x) - f(y)g(y)| \leq |f(x) - f(y)| \cdot |g(x)| + |f(y)| \cdot |g(x) - g(y)|$$
$$\leq K_1 |x-y|^\alpha \|g\|_{\overline{E}} + \|f\|_{\overline{E}} \cdot K_2 |x-y|^\beta$$
$$\leq K|x-y|^\sigma \quad (K = K_1 \|g\|_{\overline{E}} + K_2 \|f\|_{\overline{E}})$$

よりわかる．この事実は 2 変数関数 $u(P),\ v(P)$ $(P \in \overline{\Omega})$ にも拡張される．

さて $\Omega = (0,\ 1) \times (0,\ 1)$ に対し $\Gamma = \partial\Omega$, $\overline{\Omega} = \Omega \cup \Gamma$ とし，x 軸上，y 軸上の閉区間 $[0,\ 1]$ を $n+1$ 等分して $x,\ y$ 方向に等間隔 $h = \frac{1}{n+1}$ の平行線を引き $\overline{\Omega}$ 上に差分ネット（格子点）$\overline{\Omega}_h = \Omega_h \cup \Gamma_h$, $P_{ij} = (x_i,\ y_j) \in \overline{\Omega}_h$, $x_i = ih$, $y_j = jh$, $0 \leq i,\ j \leq n+1$ をつくる．

次に正数 a の整数部分を Gauss の記号 $[a]$ であらわし，$I = \left[\frac{1}{4h}\right] + 1$ とおく．不等式 $a - 1 < [a] \leq a$ を $a = \frac{1}{4h}$ に適用して

$$\frac{1}{4h} - 1 < I - 1 = \left[\frac{1}{4h}\right] \leq \frac{1}{4h}.$$
$$\therefore\ (I-1)h \leq \frac{1}{4} < Ih. \tag{10.32}$$

このとき

$$\Omega_h^i = \{P \in \Omega_h \mid \mathrm{dist}(P,\ \Gamma) = ih\},\quad i = 1, 2, \ldots, I,$$

$$\Omega_h^0 = \Omega_h \setminus \bigcup_{i=1}^{I} \Omega_h^i$$

とおき，Ω_h^i $(i \geq 0)$ の要素 (格子点) の個数を n_i とする．したがって $n_0 = n^2 - \sum_{i=1}^{I} n_i$ である．さらにすべての成分が 1 の n_i 次元列ベクトルを $\boldsymbol{e}^{(i)}$ であらわし

$$\boldsymbol{e} = (\boldsymbol{e}^{(1)\mathrm{t}}, \ldots, \boldsymbol{e}^{(I)\mathrm{t}},\ \boldsymbol{e}^{(0)\mathrm{t}})^{\mathrm{t}}$$

とおく．$\boldsymbol{e}$ はすべての成分が 1 の n^2 次元列ベクトルである．

また (10.1), (10.2) の解 $u = u(P)$ について次の仮定をおく．

A1. $u \in C^{0,\,\sigma}(\overline{\Omega}) \cap C^4(\Omega)$ $(0 < \sigma < 1)$ であり，K_0 を定数として

$$|u(P) - u(Q)| \leq K_0 |P - Q|^\sigma \quad \forall P,\ Q \in \overline{\Omega}$$

が成り立つ．

A2. $P \in \mathcal{S}_h(I)$ ((10.29) 参照) のとき次が成り立つ．

$$\left|\frac{\partial^j u(P)}{\partial x^j}\right|,\quad \left|\frac{\partial^j u(P)}{\partial y^j}\right| \leq K_j \big(\mathrm{dist}(P,\ \Gamma)\big)^{\sigma - j},\quad 2 \leq j \leq 4.$$

ただし K_j は h に無関係な正定数である．また $\mathrm{dist}(P,\ \Gamma)$ は P と Γ の距離をあらわす．

このような関数としては，$P = (x,\ y)$，$\varphi \in C^4(\overline{\Omega})$ として

$$u(P) = \sqrt{x(1-x)} + \sqrt{y(1-y)} + \varphi(P) \quad \left(\sigma = \frac{1}{2}\right),$$

$$u(P) = \sqrt{xy(1-x)(1-y)} + \varphi(P) \quad \left(\sigma = \frac{1}{2}\right)$$

などいろいろ考えられるであろう．この場合差分スキームは非整合スキームであり，差分解の収束はいままで述べた通常の収束定理からは導けない．

なお，仮定 **A1**, **A2** は $u \in C^4(\overline{\Omega})$ に対してもみたされるから，この場合には差分解は整合スキームとなる．

次が成り立つ．

定理 10.7 (非整合スキームの収束[35]) (10.1), (10.2) に対する 5 点中心差分解を U_{ij} とすれば，仮定 **A1**, **A2** の下で h に無関係な正の定数 C が

> 存在して
> $$|u_{ij} - U_{ij}| \leq Ch^\sigma \quad \forall\, P = (x_i, y_j) \in \Omega_h.$$

定理 10.7 を証明するために若干の準備が必要である.

まず各 i につき Ω_h^i の格子点を適当な順序で $P_1^i, \ldots, P_{n_i}^i$ と並べ，それらを $\Omega_h^1, \ldots, \Omega_h^I, \Omega_h^0$ の順に並べたものをあらためて $P_1, P_2, \ldots, P_m$ $(m = n^2)$ とかく．このとき n^2 次元列ベクトル

$$\bm{u} = \bigl(u(P_1), \ldots, u(P_m)\bigr)^{\mathrm{t}},\ \bm{U} = \bigl(U(P_1), \ldots, U(P_m)\bigr)^{\mathrm{t}}$$

は，それぞれ $\bm{u} = \bigl(\bm{u}^{(1)\mathrm{t}}, \ldots, \bm{u}^{(I)\mathrm{t}}, \bm{u}^{(0)\mathrm{t}}\bigr)^{\mathrm{t}}$, $\bm{U} = \bigl(\bm{U}^{(1)\mathrm{t}}, \ldots, \bm{U}^{(I)\mathrm{t}}, \bm{U}^{(0)\mathrm{t}}\bigr)^{\mathrm{t}}$ とあらわすことができる．ただし $\bm{u}^{(i)}$, $\bm{U}^{(i)}$ は Ω_h^i の要素 (格子点) に対応する n_i 次元列ベクトルである．

次に (10.1), (10.2) に対する差分近似

$$\mathcal{L}_h U(P) = f(P), \quad P \in \Omega_h,$$
$$U(P) = g(P), \quad P \in \Gamma_h$$

を考える．ただし

$$\begin{aligned}
\mathcal{L}_h U(P) &= -\Delta_h U(P) + r(P)U(P) \\
&= -\frac{1}{h^2}\{(U(P_E) - U(P)) - (U(P) - U(P_W)) \\
&\quad + (U(P_N) - U(P)) - (U(P) - U(P_S))\} + r(P)U(P) \\
&= \frac{1}{h^2}\{4U(P) - U(P_E) - U(P_W) - U(P_S) - U(P_N)\} + r(P)U(P)
\end{aligned}$$
(10.33)

である．(10.13), (10.17) の記号を少しかえて，この有限差分方程式を

$$(A_0 + R)\bm{U} = \bm{b}, \quad R = \mathrm{diag}\bigl(r(P_1), \ldots, r(P_m)\bigr)$$

とかけば R は非負行列で A_0 は既約強優対角 L 行列であり $A_0^{-1} > 0$ かつ

$$|\bm{u} - \bm{U}| = |(A_0 + R)^{-1}\bm{\tau}| \leq A_0^{-1}|\bm{\tau}|. \tag{10.34}$$

ただし列ベクトル v に対し $|v|$ は v の各成分に絶対値をつけた列ベクトルをあらわす．また (10.34) の不等号は定理 3.2 の不等式

$$O \leq (A_0 + R)^{-1} \leq A_0^{-1}$$

から導かれる．

まず A_0^{-1} を評価しよう．次の補題の証明から始める．

補題 10.3 $1 \leq i \leq I$ に対し

$$A_0^{-1} \begin{pmatrix} \mathbf{0} \\ \vdots \\ \mathbf{0} \\ \mathbf{e}^{(i)} \\ \mathbf{0} \\ \vdots \\ \mathbf{0} \\ \mathbf{0} \end{pmatrix} \begin{matrix} \}n_1 \\ \\ \}n_i \\ \\ \\ \}n_I \\ \}n_0 \end{matrix} \leq ih^2 \mathbf{e}.$$

【証明】 以下

$$\widehat{\mathbf{e}}_i = \begin{pmatrix} \mathbf{0} \\ \vdots \\ \mathbf{0} \\ \mathbf{e}^{(i)} \\ \mathbf{0} \\ \vdots \\ \mathbf{0} \\ \mathbf{0} \end{pmatrix} \begin{matrix} \}n_1 \\ \\ \}n_i \\ \\ \\ \}n_I \\ \}n_0 \end{matrix}, \quad \widetilde{\mathbf{e}}_i = \begin{pmatrix} \mathbf{0} \\ \vdots \\ \mathbf{0} \\ \mathbf{e}^{(i)} \\ \mathbf{e}^{(i+1)} \\ \vdots \\ \mathbf{e}^{(I)} \\ \mathbf{e}^{(0)} \end{pmatrix} \quad (1 \leq i \leq I)$$

とおく．このとき，容易に確かめられるように $h^2 A_0 \mathbf{e} \geq \widehat{\mathbf{e}}_1$ であるから，両辺に $A_0^{-1} > 0$ をかければ $A_0^{-1} \widehat{\mathbf{e}}_1 \leq h^2 \mathbf{e}$ となる．さらに $2 \leq i \leq I$ のとき

$h^2 A_0 \widetilde{e}_i \geq \widehat{e}_i - \widehat{e}_{i-1}$ であるから,帰納法により

$$\begin{aligned} A_0^{-1} \widehat{e}_i &\leq h^2 \widetilde{e}_i + A_0^{-1} \widehat{e}_{i-1} \\ &\leq h^2 e + (i-1) h^2 e = i h^2 e \end{aligned}$$

を得る. 証明終 ■

補題 10.4 h に無関係な定数 $\delta > 0$ を適当に定めて

$$A_0^{-1} \begin{pmatrix} \mathbf{0} \\ \vdots \\ \mathbf{0} \\ \boldsymbol{e}^{(0)} \end{pmatrix} \leq \delta e$$

とできる.

【証明】 v を境界値問題

$$\begin{aligned} -\Delta v &= 2 \quad (P \in \Omega), \\ v &= 0 \quad (P \in \partial\Omega) \end{aligned}$$

の解とする.定理 9.4 により $v \in C(\overline{\Omega}) \cap C^{2,\lambda}(\Omega) \quad (0 < \lambda < 1)$ かつ対応する差分解は整合スキームであるから,打ち切り誤差は $h \to 0$ のとき一様に 0 に収束する.よって十分小さい h に対して

$$A_0 \begin{pmatrix} \boldsymbol{v}^{(1)} \\ \vdots \\ \boldsymbol{v}^{(I)} \\ \boldsymbol{v}^{(0)} \end{pmatrix} = \begin{pmatrix} 2\boldsymbol{e}^{(1)} + o(1) \\ \vdots \\ 2\boldsymbol{e}^{(I)} + o(1) \\ 2\boldsymbol{e}^{(0)} + o(1) \end{pmatrix} \geq e \geq \begin{pmatrix} \mathbf{0} \\ \vdots \\ \mathbf{0} \\ \boldsymbol{e}^{(0)} \end{pmatrix}.$$

$$\therefore\ A_0^{-1} \begin{pmatrix} \mathbf{0} \\ \vdots \\ \mathbf{0} \\ \boldsymbol{e}^{(0)} \end{pmatrix} \leq \begin{pmatrix} \boldsymbol{v}^{(1)} \\ \vdots \\ \boldsymbol{v}^{(I)} \\ \boldsymbol{v}^{(0)} \end{pmatrix} \leq \|v\|_{\overline{\Omega}}\, e \quad (\text{ただし } \|v\|_{\overline{\Omega}} = \max_{P \in \overline{\Omega}} |v(P)| > 0).$$

よって $\delta = \|v\|_{\overline{\Omega}}$ が求めるものである. 　　　　　　　　　　証明終 ∎

次に $|\boldsymbol{\tau}| = (|\boldsymbol{\tau}^{(1)}|, \ldots, |\boldsymbol{\tau}^{(I)}|, |\boldsymbol{\tau}^{(0)}|)^{\mathrm{t}}$ を評価しよう.

補題 10.5 $P \in \Omega_h^i$ における打ち切り誤差を $\tau^i(P)$ とし,それらを並べてつくる n_i 次元列ベクトルを $\boldsymbol{\tau}^{(i)}$ とすれば

$$\|\boldsymbol{\tau}^{(i)}\|_\infty \leq \begin{cases} Ci^{\sigma-4}h^{\sigma-2} & (1 \leq i \leq I), \\ Ch^2 & (i = 0). \end{cases}$$

ただし C は普遍定数である.

【証明】 $P \in \Omega$ における打ち切り誤差 $\tau(P)$ は,(10.14) により

$$\tau(P) = \mathcal{L}_h u(P) - \mathcal{L}u(P)$$
$$= -\Delta_h u(P) + \Delta u(P)$$
$$= -\frac{1}{12}h^2 \left\{ \frac{\partial^4 u(Q_H)}{\partial x^4} + \frac{\partial^4 u(Q_V)}{\partial y^4} \right\}, \quad Q_H \in \overline{P_W P_E}, \quad Q_V \in \overline{P_N P_S}.$$

ゆえに仮定 **A2** によって $P \in \Omega_h^i$ $(2 \leq i \leq I)$ のとき

$$|\tau^i(P)| \leq \frac{1}{6}h^2 K_4 (ih)^{\sigma-4} = C_1 i^{\sigma-4} h^{\sigma-2} \quad \left(C_1 = \frac{1}{6} K_4 \right).$$

$$\therefore \|\boldsymbol{\tau}^{(i)}\|_\infty \leq C_1 i^{\sigma-4} h^{\sigma-2} \quad (2 \leq i \leq I).$$

また $P \in \Omega_h^1$ のときは (10.33) を用いて

$$\tau^1(P) = -\Delta_h u(P) + \Delta u(P)$$
$$= \frac{1}{h^2}\Big\{ \big(u(P) - u(P_E)\big) + \big(u(P) - u(P_W)\big)$$
$$\qquad + \big(u(P) - u(P_S)\big) + \big(u(P) - u(P_N)\big) \Big\} + u_{xx}(P) + u_{yy}(P)$$

とかけるから仮定 **A1** と **A2** によって

$$|\tau^1(P)| \leq \frac{4}{h^2} K_0 h^\sigma + 2 K_2 h^{\sigma-2} = C_2 h^{\sigma-2} \quad (C_2 = 4K_0 + 2K_2).$$

$$\therefore \|\boldsymbol{\tau}^{(1)}\|_\infty \leq C_2 h^{\sigma-2}.$$

$$\therefore \|\boldsymbol{\tau}^{(i)}\|_\infty \leq C_3 i^{\sigma-4} h^{\sigma-2} \quad (1 \leq i \leq I) \quad (C_3 = \max(C_1, C_2)).$$

最後に $P \in \Omega_h^0$ のときは (10.32) により $\Omega_h^0 \subset D \equiv (\frac{1}{4}, \frac{3}{4}) \times (\frac{1}{4}, \frac{3}{4})$ であり，u_{xxxx} と u_{yyyy} は $\overline{D}$ 上有界であることに注意して

$$M = \max(\max_{\overline{D}} |u_{xxxx}|, \ \max_{\overline{D}} |u_{yyyy}|)$$

とおくとき $|\tau^0(P)| \leq \frac{1}{6} h^2 M$ である．

$$\therefore \ \|\boldsymbol{\tau}^{(0)}\|_\infty \leq \frac{1}{6} h^2 M = C_4 h^2 \quad \left(C_4 = \frac{1}{6} M\right).$$

よって $C = \max(C_3, \ C_4)$ とおけば補題 10.5 を得る． 　　　　　証明終 ■

以上により定理 10.7 を証明する準備は整った．

【定理 10.7 の証明】　補題 10.3～10.5 によって

$$A_0^{-1} |\boldsymbol{\tau}| = A_0^{-1} \begin{pmatrix} |\boldsymbol{\tau}^{(1)}| \\ \vdots \\ |\boldsymbol{\tau}^{(I)}| \\ |\boldsymbol{\tau}^{(0)}| \end{pmatrix} \leq A_0^{-1} \begin{pmatrix} \|\boldsymbol{\tau}^{(1)}\|_\infty \boldsymbol{e}^{(1)} \\ \vdots \\ \|\boldsymbol{\tau}^{(I)}\|_\infty \boldsymbol{e}^{(I)} \\ \|\boldsymbol{\tau}^{(0)}\|_\infty \boldsymbol{e}^{(0)} \end{pmatrix}$$

$$= \sum_{i=0}^{I} \|\boldsymbol{\tau}\|_\infty A_0^{-1} \begin{pmatrix} \boldsymbol{0} \\ \vdots \\ \boldsymbol{e}^{(i)} \\ \vdots \\ \boldsymbol{0} \end{pmatrix}$$

$$\leq C \sum_{i=1}^{I} i^{\sigma-4} h^{\sigma-2} (ih^2 \boldsymbol{e}) + Ch^2 (\delta \boldsymbol{e}) \quad (C \text{ は普遍定数})$$

$$= C \Big(\sum_{i=1}^{I} \frac{1}{i^{3-\sigma}} + \delta \Big) h^\sigma \boldsymbol{e} \quad (\because \ h^2 \leq h^\sigma).$$

$3 - \sigma > 2$ であるから $\sum_{i=1}^{\infty} \frac{1}{i^{3-\sigma}}$ は収束する．ゆえに

$$\widehat{C} = C \Big(\sum_{i=1}^{\infty} \frac{1}{i^{3-\sigma}} + \delta \Big)$$

10.5　非整合スキームの収束

とおけば (10.34) によって

$$|u - U| \le \widehat{C}h^\sigma e.$$

すなわち $C = \widehat{C}$ を普遍定数として

$$|u_{ij} - U_{ij}| \le Ch^\sigma \quad \forall\, P = (x_i,\, y_j) \in \Omega_h$$

を得る. 　　　　　　　　　　　　　　　　　　　　　　　　　　　証明終 ■

【付記】 定理 10.7 が示すように，有限差分法は見かけよりタフな解法であるが，この方法は単に数値解法として有効なだけでなく，元の連続問題の解の存在を証明するための手段ともなり得る (R. Courant, K. O. Friedrichs and H. Levy, Math. Ann, **100**, 32-74 (1928)). この話題については B. Epstein, *Partial Differential Equations, An Introduction*, TATA McGraw-Hill Publishing Company (1962) を参照されたい.

10.6 　伸長変換による収束の加速

定理 10.7 の収束を仮定 **A1**, **A2** より弱い仮定 $\widetilde{\mathbf{A}}_1$, $\widetilde{\mathbf{A}}_2$ (後述) の下で，伸長関数を用いて改良しよう. 伸長関数はいろいろあるが，ここでは

$$\varphi_p(t) = c_p \int_0^t \{s(1-s)\}^p ds \quad \left(c_p = \left[\int_0^1 \{s(1-s)\}^p ds\right]^{-1}\right), \quad p > 0$$

を用いる. 以下 $\varphi_p(t)$ を $\varphi(t)$ とかく.

補題 10.6 　$\varphi(t)$ は次の性質をもつ.

(i) 　$\varphi(0) = 0, \quad \varphi(1) = 1, \quad \varphi(t) + \varphi(1-t) = 1.$
(ii) 　$\varphi(t) \le c_p \int_0^t s^p ds = \frac{c_p}{p+1} t^{p+1}, \quad$ 特に $\quad \varphi(ih) = O((ih)^{p+1}).$
(iii) 　$\varphi'(t) = c_p \{t(1-t)\}^p, \quad \varphi''(t) = c_p \cdot p\{t(1-t)\}^{p-1}(1-2t).$

【証明】 容易. 　　　　　　　　　　　　　　　　　　　　　　　　証明終 ■

さて格子点 $P_{ij} = (x_i, y_j)$ を
$$h = \frac{1}{n+1}, \quad t_i = ih, \qquad i = 0, 1, 2, \ldots, n+1,$$
$$x_i = \varphi(t_i), \quad y_j = \varphi(t_j), \quad i, j = 0, 1, 2, \ldots, n+1$$

によりつくれば差分ネットは $h \to 0$ のとき Ω の境界 Γ に密集する．この格子点の全体を $\widetilde{\Omega}_h$ であらわす．また Γ 上の格子点の全体を $\widetilde{\Gamma}_h$ であらわす．明らかに $\Omega_h \cup \Gamma_h$ と $\widetilde{\Omega}_h \cup \widetilde{\Gamma}_h$ の要素は関数 φ により 1 対 1 に対応する．図 10.3 と図 10.4 は $p = 2$, $n = 19$ とした場合であり，このとき
$$c_p^{-1} = \int_0^1 s^2(1-s)^2 ds = \frac{1}{30},$$
$$\varphi(t) = 30 \int_0^1 s^2(1-s)^2 ds = t^3(10 - 15t + 6t^2)$$

である．

$$\left(\begin{array}{l} 検算：\int_0^1 s^2(1-s)^2 ds = \int_0^1 s^2(1-2s+s^2)ds = \left[\dfrac{1}{3}s^3 - \dfrac{1}{2}s^4 + \dfrac{1}{5}s^5\right]_0^1 \\ \qquad\qquad = \dfrac{1}{3} - \dfrac{1}{2} + \dfrac{1}{5} = \dfrac{1}{30}. \\ \qquad \varphi(t) = 30\left(\dfrac{1}{3}t^3 - \dfrac{1}{2}t^4 + \dfrac{1}{5}t^5\right) = 10t^3 - 15t^4 + 6t^5. \end{array} \right)$$

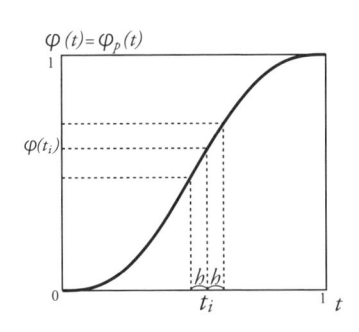

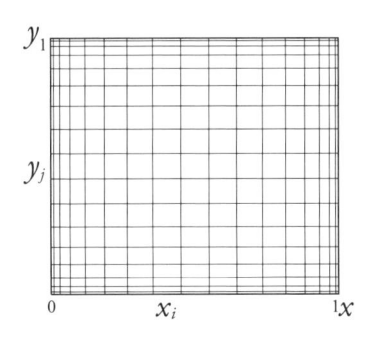

図 10.3　$\varphi_p(t)$ （$p = 2$）のグラフ，$n = 19$　　図 10.4　差分ネット $\widetilde{\Omega}_h$ （$h = \frac{1}{20}$）

さて境界値問題 (10.1), (10.2) を考える. $P \in \widetilde{\Omega}_h$ の 4 点近傍 P_E, P_W, P_S, P_N と $h_E = \overline{PP_E}$, $h_W = \overline{PP_W}$, $h_S = \overline{PP_S}$, $h_N = \overline{PP_N}$ に対し $-\Delta u$ の S-W 近似は $\{V(P)\}$ を $\widetilde{\Omega}_h \cup \widetilde{\Gamma}_h$ 上の離散関数として

$$-\Delta_h V(P) = \frac{2}{h_E + h_W}\left\{\left(\frac{1}{h_E} + \frac{1}{h_W}\right)V(P) - \frac{1}{h_E}V(P_E) - \frac{1}{h_W}V(P_W)\right\}$$
$$+ \frac{2}{h_S + h_N}\left\{\left(\frac{1}{h_S} + \frac{1}{h_N}\right)V(P) - \frac{1}{h_S}V(P_S) - \frac{1}{h_N}V(P_N)\right\},$$
$$P \in \widetilde{\Omega}_h. \tag{10.35}$$

この式から $\widetilde{\Gamma}_h$ 上にある P_E, P_W, P_S, P_N の項を取り除いて n^2 次差分行列が得られる. これを $\widetilde{A}_0$ であらわす. また対応する有限差分方程式の解を $\{\widetilde{U}(P)\}$ $(P \in \widetilde{\Omega}_h)$ とする.

この節の目的は, 不等式

$$|\boldsymbol{u} - \widetilde{\boldsymbol{U}}| \leq \widetilde{A}_0^{-1}|\widetilde{\boldsymbol{\tau}}|$$

の右辺を評価することであるが, そのために定理 10.7 の証明にならって (10.32) をみたす自然数 I をとり

$$\widetilde{\Omega}_h^i = \{P \in \widetilde{\Omega}_h \mid \text{dist}(P, \Gamma) = \varphi(ih)\}, \quad 1 \leq i \leq I,$$
$$\widetilde{\Omega}_h^0 = \widetilde{\Omega}_h \setminus \bigcup_{i=1}^{I} \widetilde{\Omega}_h^i$$

とおく. $P \in \widetilde{\Omega}_h^i$ の 4 点近傍 P_E, P_W, P_S, P_N に対して

$$h_E^i = x_{i+1} - x_i = y_{i+1} - y_i = h_N^i,$$
$$h_W^i = x_i - x_{i-1} = y_i - y_{i-1} = h_S^i$$

とおけば次が成り立つ.

補題 10.7 各 $i \geq 1$ に対して

(i) $\quad h_E^i = O(i^p h^{p+1}), \quad h_W^i = O(i^p h^{p+1}).$

(ii) $\quad h_E^i - h_W^i = O(i^{p-1} h^{p+1}) = O(h^2).$

【証明】 (i) h_E^i の定義によって

$$\begin{aligned}
h_E^i &= \varphi(t_{i+1}) - \varphi(t_i) \\
&= \varphi'(\xi)(t_{i+1} - t_i) \quad (\xi \in (t_i,\ t_{i+1})) \\
&= hc_p\{\xi(1-\xi)\}^p \\
&< hc_p\xi^p \\
&\leq c_p h(i+1)^p h^p = O(i^p h^{p+1}) \quad (\because\ i+1 \leq 2i).
\end{aligned}$$

同様に

$$h_W^i = c_p \int_{t_{i-1}}^{t_i} \{s(1-s)\}^p ds = O(i^p h^{p+1}).$$

(ii) $\begin{aligned}[t]
h_E^i - h_W^i &= \varphi(t_{i+1}) - 2\varphi(t_i) + \varphi(t_{i-1}) \\
&= h^2 \varphi''(t_i + \theta_i h) \quad (0 < \theta_i < 1) \\
&= h^2 c_p p\{(t_i + \theta_i h)(1 - t_i - \theta_i h)\}^{p-1}\bigl(1 - 2(t_i + \theta_i h)\bigr) \\
&= h^2 O(\{(i+1)h\}^{p-1}) \\
&= O(h^2) \quad (\because\ ih \leq 1). \hspace{5em} 証明終\quad\blacksquare
\end{aligned}$

一方 (10.35) と補題 10.6 (i) によって，$P = (x,\ y) \in \Omega_h^1$ のとき次の不等式が成り立つ (各自検証されたい).

$$(\widetilde{A}_0 e)_P \geq \begin{cases}
\dfrac{2}{(h_E^1 + h_W^1)h_W^1} \ (= \kappa_1^1 とおく) & (x = x_1 のとき) \\[2mm]
\dfrac{2}{(h_E^1 + h_W^1)h_E^1} \ (= \kappa_2^1 とおく) & (x = x_n のとき) \\[2mm]
\dfrac{2}{(h_S^1 + h_N^1)h_S^1} \ (= \kappa_3^1 とおく) & (y = y_1 のとき) \\[2mm]
\dfrac{2}{(h_S^1 + h_N^1)h_N^1} \ (= \kappa_4^1 とおく) & (y = y_n のとき)
\end{cases}$$

$$= \kappa_1^1 = \kappa_2^1 = \kappa_3^1 = \kappa_4^1 \ (= \kappa^1 とおく).$$

また $P \in \widetilde{\Omega}_h \setminus \widetilde{\Omega}_h^1$ ならば明らかに $(\widetilde{A}_0 e)_P = 0$ であるから上の式と併せて

$$\widetilde{A}_0 e \geq \kappa^1 \begin{pmatrix} e^{(1)} \\ 0 \\ \vdots \\ 0 \end{pmatrix} = \frac{1}{h_W^1} \begin{pmatrix} d_1 e^{(1)} \\ 0 \\ \vdots \\ 0 \end{pmatrix} \quad \left(\text{ただし } d_1 = 2/(h_E^1 + h_W^1) \right)$$

を得る．

$$\therefore \widetilde{A}_0^{-1} \begin{pmatrix} d_1 e^{(1)} \\ 0 \\ \vdots \\ 0 \end{pmatrix} \leq h_W^1 e = \varphi(t_1) e.$$

一般に次の補題が成り立つ．

補題 10.8 $1 \leq i \leq I$ のとき

$$\widetilde{A}_0^{-1} \begin{pmatrix} 0 \\ \vdots \\ 0 \\ e^{(i)} \\ 0 \\ \vdots \\ 0 \end{pmatrix} \leq \frac{1}{2} \big(\varphi(t_{i+1}) - \varphi(t_{i-1}) \big) \varphi(t_i) e.$$

【証明】 $d_i = 2/(h_E^i + h_W^i)$ とおくとき，$h_E^i + h_W^i = \varphi(t_{i+1}) - \varphi(t_{i-1})$ であるから

$$\widetilde{A}_0^{-1} \begin{pmatrix} \mathbf{0} \\ \vdots \\ \mathbf{0} \\ d_i \boldsymbol{e}^{(i)} \\ \mathbf{0} \\ \vdots \\ \mathbf{0} \end{pmatrix} \leq \varphi(t_i) \boldsymbol{e}$$

を示せばよい.$i=1$ のときは上にすでに示したから,帰納法により,$i-1$ のとき成り立つとする.このとき

$$\widetilde{A}_0 \begin{pmatrix} \mathbf{0} \\ \vdots \\ \mathbf{0} \\ \boldsymbol{e}^{(i)} \\ \boldsymbol{e}^{(i+1)} \\ \vdots \\ \boldsymbol{e}^{(I)} \\ \boldsymbol{e}^{(0)} \end{pmatrix} \geq \begin{pmatrix} \mathbf{0} \\ \vdots \\ \mathbf{0} \\ -(d_{i-1}/h_E^{i-1}) \boldsymbol{e}^{(i-1)} \\ (d_i/h_W^i) \boldsymbol{e}^{(i)} \\ \mathbf{0} \\ \vdots \\ \mathbf{0} \\ \mathbf{0} \end{pmatrix} = \frac{1}{h_W^i} \begin{pmatrix} \mathbf{0} \\ \vdots \\ \mathbf{0} \\ -d_{i-1} \boldsymbol{e}^{(i-1)} \\ d_i \boldsymbol{e}^{(i)} \\ \mathbf{0} \\ \vdots \\ \mathbf{0} \\ \mathbf{0} \end{pmatrix}$$

$$(\because h_E^{i-1} = h_W^i).$$

$$\therefore \widetilde{A}_0^{-1} \begin{pmatrix} \mathbf{0} \\ \vdots \\ \mathbf{0} \\ d_i \boldsymbol{e}^{(i)} \\ \mathbf{0} \\ \vdots \\ \mathbf{0} \\ \mathbf{0} \end{pmatrix} \leq h_W^i \begin{pmatrix} \mathbf{0} \\ \vdots \\ \mathbf{0} \\ \boldsymbol{e}^{(i)} \\ \boldsymbol{e}^{(i+1)} \\ \vdots \\ \boldsymbol{e}^{(i)} \\ \boldsymbol{e}^{(0)} \end{pmatrix} + \widetilde{A}_0^{-1} \begin{pmatrix} \mathbf{0} \\ \vdots \\ d_{i-1} \boldsymbol{e}^{(i-1)} \\ \mathbf{0} \\ \mathbf{0} \\ \vdots \\ \mathbf{0} \\ \mathbf{0} \end{pmatrix}$$

$$\leq h_W^i \boldsymbol{e} + \varphi(t_{i-1})\boldsymbol{e} \quad (\text{帰納法の仮定による})$$
$$= \bigl(\varphi(t_i) - \varphi(t_{i-1})\bigr)\boldsymbol{e} + \varphi(t_{i-1})\boldsymbol{e}$$
$$= \varphi(t_i)\boldsymbol{e} \quad (1 \leq i \leq I).$$

よって帰納法は完了し

$$\widetilde{A}_0^{-1} \begin{pmatrix} \boldsymbol{0} \\ \vdots \\ \boldsymbol{0} \\ \boldsymbol{e}^{(i)} \\ \boldsymbol{0} \\ \vdots \\ \boldsymbol{0} \end{pmatrix} = \frac{1}{d_i} \widetilde{A}_0^{-1} \begin{pmatrix} \boldsymbol{0} \\ \vdots \\ \boldsymbol{0} \\ d_i \boldsymbol{e}^{(i)} \\ \boldsymbol{0} \\ \vdots \\ \boldsymbol{0} \end{pmatrix}$$
$$\leq \frac{1}{d_i} \varphi(t_i)\boldsymbol{e}$$
$$= \frac{1}{2}\bigl(\varphi(t_{i+1}) - \varphi(t_{i-1})\bigr)\varphi(t_i)\boldsymbol{e} \quad (1 \leq i \leq I). \qquad \text{証明終} \quad \blacksquare$$

補題 10.9 h に無関係な定数 $\delta > 0$ を適当に定めて

$$\widetilde{A}_0^{-1} \begin{pmatrix} \boldsymbol{0} \\ \vdots \\ \boldsymbol{0} \\ \boldsymbol{e}^{(0)} \end{pmatrix} \leq \delta \boldsymbol{e}$$

とできる.

【証明】 補題 10.4 の証明がそのまま通用する. 　　　　　　　　　　証明終　■

次に打ち切り誤差を成分にもつベクトル

$$\widetilde{\boldsymbol{\tau}} = \begin{pmatrix} \widetilde{\boldsymbol{\tau}}^{(1)} \\ \vdots \\ \widetilde{\boldsymbol{\tau}}^{(I)} \\ \widetilde{\boldsymbol{\tau}}^{(0)} \end{pmatrix}$$

を評価しよう. ただし $\widetilde{\boldsymbol{\tau}}^{(i)}$ は $P \in \widetilde{\Omega}_h^i$ ($0 \leq i \leq I$) における打ち切り誤差 $\widetilde{\tau}(P)$ を並べてつくられる n_i 次元列ベクトルである.

ここで (10.1), (10.2) の解 $u = u(P)$ について次の仮定をおく (これらの仮定は明らかに **A1**, **A2** より弱い).

$\widetilde{\mathbf{A}}$1. $u \in C^{0,\sigma}(\overline{\Omega}) \cap C^3(\Omega)$ ($0 < \sigma < 1$).

$\widetilde{\mathbf{A}}$2. $P \in \widetilde{\mathcal{S}}_h(I) \equiv \{P \in \widetilde{\Omega}_h \mid \mathrm{dist}(P, \Gamma) \leq \varphi(Ih)\}$ のとき

$$|u_{xxx}(P)|, |u_{yyy}(P)| \leq K_3\big(\mathrm{dist}(P, \Gamma)\big)^{\sigma-3} \quad (K_3 \text{は正の定数}).$$

補題 10.10 仮定 $\widetilde{\mathbf{A}}$1, $\widetilde{\mathbf{A}}$2 の下で次が成り立つ.

$$\|\widetilde{\boldsymbol{\tau}}^{(i)}\|_\infty \leq \widetilde{\tau}_\infty^i = \begin{cases} Ci^{(p+1)(\sigma-2)-2} h^{(p+1)(\sigma-2)} & (1 \leq i \leq I), \\ Ch^2 & (i = 0). \end{cases}$$

ただし C は普遍定数である.

【証明】 (i) $P \in \widetilde{\Omega}_h^i$ ($1 \leq i \leq I$) のとき, (10.14) により

$$\widetilde{\tau} = \mathcal{L}_h u(P) - \mathcal{L}u(P)$$
$$= -\frac{1}{3}\{(h_E^i - h_W^i)u_{xxx}(Q_H) + (h_N^i - h_S^i)u_{yyy}(Q_V)\},$$
$$Q_H \in \overline{P_E P_W}, \ Q_V \in \overline{P_N P_S}.$$

よって補題 10.6 と 10.7 により h に無関係な定数 C を適当に定めて

$$|\widetilde{\tau}(P)| \leq C i^{p-1} h^{p+1} \{(ih)^{p+1}\}^{\sigma-3}$$
$$= C i^{(p+1)(\sigma-2)-2} h^{(p+1)(\sigma-2)} \quad (= \widetilde{\tau}_\infty^i \text{ とおく}).$$

$$\therefore \ \|\widetilde{\boldsymbol{\tau}}^{(i)}\|_\infty \leq \widetilde{\tau}_\infty^i \quad (1 \leq i \leq I).$$

(ii) $P \in \widetilde{\Omega}_h^0$ のときは (10.32) により $\widetilde{\Omega}_h^0 \subset \widetilde{D} \equiv \left(\varphi(\frac{1}{4}),\ \varphi(\frac{3}{4})\right) \times \left(\varphi(\frac{1}{4}),\ \varphi(\frac{3}{4})\right)$ であるから $\widetilde{\tau}(P)$ を

$$\widetilde{\tau}(P) = -\frac{1}{3}\{(h_E - h_W)u_{xxx}(\widehat{Q}_H) + (h_N - h_S)u_{yyy}(\widehat{Q}_V)\}\ \widehat{Q}_H$$
$$\in \overline{P_E P_W},\ \widehat{Q}_V \in \overline{P_S P_N}$$

と書き直し,補題 10.7(ii) により $h_E - h_W = O(h^2)$, $h_N - h_S = O(h^2)$ であること,および

$$\widetilde{M} = \max(\|u_{xxx}\|_{\widetilde{D} \cup \partial \widetilde{D}},\ \|u_{yyy}\|_{\widetilde{D} \cup \partial \widetilde{D}})$$

は有限値であることに注意すれば再び C を普遍定数として

$$|\widetilde{\tau}(P)| \le Ch^2 \quad \forall\ P \in \widetilde{\Omega}_h^0.$$

したがって

$$\|\widetilde{\tau}^{(0)}\|_\infty \le Ch^2 \quad (= \widetilde{\tau}_\infty^0\ とおく)$$

を得る. 証明終 ■

以上の補題をつないで次の定理を得る.この定理は Yamamoto[35] の改良である.

定理 10.8 (伸長変換の有効性) $\rho = (p+1)\sigma$ とおくとき,仮定 $\widetilde{\mathbf{A}}\mathbf{1}$, $\widetilde{\mathbf{A}}\mathbf{2}$ の下で,$P \in \widetilde{\Omega}_h$ に対して次が成り立つ.

$$|u(P) - \widetilde{U}(P)| \le \begin{cases} O(h^\rho) & (\rho < 2\ のとき), \\ O\left(h^2 \log \dfrac{1}{h}\right) & (\rho = 2\ のとき), \\ O(h^2) & (\rho > 2\ のとき). \end{cases}$$

【証明】 補題 10.6〜10.10 により

$$|u - \widetilde{U}| \leq \widetilde{A}_0^{-1}|\boldsymbol{\tau}| \leq \widetilde{A}_0^{-1} \begin{pmatrix} \|\widetilde{\boldsymbol{\tau}}^{(1)}\|_\infty \boldsymbol{e}^{(1)} \\ \vdots \\ \|\widetilde{\boldsymbol{\tau}}^{(I)}\|_\infty \boldsymbol{e}^{(I)} \\ \|\widetilde{\boldsymbol{\tau}}^{(0)}\|_\infty \boldsymbol{e}^{(0)} \end{pmatrix}$$

$$= \sum_{i=0}^{I} \|\widetilde{\boldsymbol{\tau}}^{(i)}\|_\infty \widetilde{A}_0^{-1} \begin{pmatrix} \mathbf{0} \\ \vdots \\ \mathbf{0} \\ \boldsymbol{e}^{(i)} \\ \mathbf{0} \\ \vdots \\ \mathbf{0} \end{pmatrix}$$

$$\leq \sum_{i=1}^{I} \widetilde{\tau}_\infty^i \cdot \frac{\varphi(t_{i+1}) - \varphi(t_{i-1})}{2} \varphi(t_i) \boldsymbol{e} + \widetilde{\tau}_\infty^0 (\delta \boldsymbol{e}). \tag{10.36}$$

ここで

$$\frac{1}{2}\bigl(\varphi(t_{i+1}) - \varphi(t_{i-1})\bigr) = \frac{1}{2}\varphi'(\xi)(t_{i+1} - t_{i-1}) \quad (\xi \in (t_{i-1},\ t_{i+1}))$$
$$= h c_p \{\xi(1-\xi)\}^p$$
$$< c_p h \xi^p \leq c_p (i+1)^p h^{p+1}$$
$$= O(i^p h^{p+1})$$

かつ

$$\varphi(t_i) \leq c_p \int_0^{t_i} s^p ds = \frac{c_p}{p+1} i^{p+1} h^{p+1}$$

であるから補題 10.10 と併せて，$1 \leq i \leq I$ のとき，

$$\widetilde{\tau}_\infty^i \frac{\varphi(t_{i+1}) - \varphi(t_{i-1})}{2} \varphi(t_i)$$
$$\leq C_1 i^{(p+1)(\sigma-2)-2} h^{(p+1)(\sigma-2)} (i^p h^{p+1})(i^{p+1} h^{p+1})$$
$$= C_1 i^{(p+1)\sigma-3} h^{(p+1)\sigma}$$
$$= C_1 \frac{1}{i^\lambda} h^\rho \quad (ただし \rho = (p+1)\sigma,\ \lambda = 3 - \rho\ とおく).$$

また
$$\widetilde{\tau}_\infty^0 \delta \leq Ch^2 \delta = C_2 h^2 \quad (C_2 = C\delta).$$
これらを (10.36) に代入して
$$|\bm{u} - \widetilde{\bm{U}}| \leq \Big(C_1 \sum_{i=1}^I \frac{1}{i^\lambda} h^\rho + C_2 h^2\Big) \bm{e}. \tag{10.37}$$
ここで $\rho < 2$ ならば $\lambda = 3 - \rho > 1$ で
$$\sum_{i=1}^I \frac{1}{i^\lambda} < \sum_{i=1}^\infty \frac{1}{i^\lambda} < +\infty.$$
また $\rho = 2$ ならば $\lambda = 1$ かつ $Ih \leq \frac{1}{4} + h$ (したがって $I = O(1/h)$) であるから
$$\sum_{i=1}^I \frac{1}{i^\lambda} \leq 1 + \int_1^I \frac{dx}{x} = 1 + \log I = O(\log I) = O\Big(\log \frac{1}{h}\Big).$$
同様に $\rho > 2$ ならば $\lambda < 1$ であるが $0 \leq \lambda < 1$ および $\lambda < 0$ のいずれの場合でも
$$\sum_{i=1}^I \frac{1}{i^\lambda} = O\Big(\Big(\frac{1}{h}\Big)^{\rho-2}\Big)$$
となる．実際
$$\sum_{i=1}^I \frac{1}{i^\lambda} \leq \begin{cases} \int_0^I \frac{dx}{x^\lambda} = \Big[\frac{x^{1-\lambda}}{1-\lambda}\Big]_0^I & (0 \leq \lambda < 1 \text{ のとき}) \\ \int_1^{I+1} x^{-\lambda} dx = \Big[\frac{x^{1-\lambda}}{1-\lambda}\Big]_1^{I+1} & (\lambda < 0 \text{ のとき}) \end{cases}$$
$$= O(I^{1-\lambda}) = O(I^{\rho-2}) = O\Big(\Big(\frac{1}{h}\Big)^{\rho-2}\Big)$$

となる．これらの評価を (10.37) に代入して定理 10.8 を得る． 証明終 ∎

上記定理によれば，たとえ σ の値が未知であっても，伸長変換のパラメータ p を十分大きくとれば 2 次精度の解が得られる．工学畑では問題に応じて適当な伸長関数が用いられるが，定理 10.8 はこの技法の有効性を簡単なモデル問題に対して数学的に裏付けるものといえよう．

例 10.3 (Yamamoto[35]) $\Omega = (0, 1) \times (0, 1)$ として境界値問題

$$-\Delta u = f(x, y), \quad (x, y) \in \Omega,$$
$$u = 0, \quad (x, y) \in \Gamma = \partial\Omega$$

を考える．ただし f は $u = \sqrt{xy}(1-x)(1-y)$ がこの問題の解であるように定める．このとき解 $u = u(P)$ の偏導関数は P が境界 Γ の一部

$$\Gamma_1 = \{P = (0, y) \mid 0 \leq y \leq 1\} \cup \{P = (x, 0) \mid 0 \leq x \leq 1\}$$

に近づくとき発散するが，正数 κ を任意にえらび固定するとき

$$\Gamma_2 = \{P = (x, 1) \mid \kappa \leq x \leq 1\} \cup \{P = (1, y) \mid 0 \leq y \leq 1\}$$

ではそのような特異性をもたない．しかしこの場合にも u は $\sigma = \frac{1}{2}$ として仮定 $\widetilde{\mathbf{A}}\mathbf{1}$, $\widetilde{\mathbf{A}}\mathbf{2}$ をみたし定理 10.8 が成り立つ．これを確かめるために行った数値実験の結果を変換を行わない場合の結果と共に表 10.1 に示す．この計算は 2001 年当時の大学院博士課程学生 生源寺享浩君 (現 島根大学) が行ったものである．

【付記】 残念ながら表 10.1 には $\rho > 2$ の場合の結果がない．これは読者の演習としよう．また $\rho = 2$ の欄には $\varepsilon/(h^2 \log \frac{1}{h})$ ではなく ε/h^2 の値が求めてある．

なお，前述した u の性質によってこの問題は異なる伸長関数

$$\varphi_q(t) = \frac{e^{qt} - 1}{e^q - 1} \quad (0 \leq t \leq 1)$$

と組み合わせ，

$$h = \frac{1}{n+1},$$
$$x_i = \varphi_p(t_i), \quad t_i = ih, \quad i = 0, 1, 2, \ldots, n+1,$$
$$y_i = \varphi_q(t_j), \quad t_j = jh, \quad j = 0, 1, 2, \ldots, n+1$$

として差分ネットを構成し解くこともできる．詳細は読者の研究課題としよう．

表 10.1　伸長変換の効果　$(\varepsilon = \max_{P \in \Omega_h} |u(P) - \widetilde{U}(P)|,\ \sigma = \frac{1}{2})$

p	$\rho = (p+1)\sigma$	h	ε	ε/h^ρ
0	0.5	1/100	1.34×10^{-2}	1.34×10^{-1}
(変換なし)		1/200	9.60×10^{-3}	1.36×10^{-1}
		1/300	7.90×10^{-3}	1.37×10^{-1}
0.5	0.75	1/100	5.03×10^{-3}	1.59×10^{-1}
		1/200	3.05×10^{-3}	1.62×10^{-1}
		1/300	2.27×10^{-3}	1.63×10^{-1}
1	1	1/100	1.58×10^{-3}	1.58×10^{-1}
		1/200	8.06×10^{-4}	1.61×10^{-1}
		1/300	5.41×10^{-4}	1.62×10^{-1}
2	1.5	1/100	4.07×10^{-4}	4.07×10^{-1}
		1/200	1.63×10^{-4}	4.60×10^{-1}
		1/300	9.32×10^{-5}	4.84×10^{-1}
3	2	1/100	6.34×10^{-4}	6.34×10^{0}
		1/200	1.97×10^{-4}	7.88×10^{0}
		1/300	9.75×10^{-5}	8.78×10^{0}

10.7　円領域における Swartztrauber-Sweet 近似

境界値問題 (10.1), (10.2) において，記号の便宜上，$r(P)$ を $c(P)$ でおきかえ

$$-\Delta u + c(P)u = f(P), \quad P = (x,\ y) \in \Omega, \tag{10.38}$$

$$u = g(P), \quad P \in \partial\Omega \tag{10.39}$$

を考える．ただし $c \geq 0$ とする．

すでに記したようにこの問題は Shortley-Weller 近似により解くことができるが，Ω が原点を中心とする半径 $R > 0$ の開円板 $S(0,\ R) = \{(x,\ y) \mid x^2 + y^2 < R^2\}$ の場合には，極座標

$$x = r\cos\theta, \quad y = r\sin\theta, \quad 0 \leq r < R, \quad 0 \leq \theta < 2\pi \tag{10.40}$$

を用いて Ω を (r, θ) 空間における長方形領域 $\mathcal{R} = (0, R) \times [0, 2\pi)$ に変換し，$\mathcal{R}$ において差分近似する方が簡単である．

実際，$c(r\cos\theta, r\sin\theta)$, $f(r\cos\theta, r\sin\theta)$, $g(R\cos\theta, R\sin\theta)$ をあらためて $c(r, \theta)$, $f(r, \theta)$, $g(\theta)$ とかけば，変換 (10.40) により，(10.38), (10.39) は

$$-\left[\frac{1}{r}\frac{\partial}{\partial r}\left(r\frac{\partial u}{\partial r}\right) + \frac{1}{r^2}\frac{\partial^2 u}{\partial \theta^2}\right] + c(r, \theta)u = f(r, \theta), \quad 0 < r < R, 0 \leq \theta < 2\pi, \tag{10.41}$$

$$u = g(\theta), \quad r = R, \quad 0 \leq \theta < 2\pi \tag{10.42}$$

とかける．ただし上式は $r = 0$ のときの処理が問題となるから，十分小なる $\varepsilon > 0$ をとり，Ω を円環領域 $\Omega_\varepsilon = \Omega \setminus \overline{S}(0, \varepsilon)$ で近似して (r, θ) 空間の対応する長方形領域で解くのが普通である．

一方，$r = 0$ を含めた解法は，$c = 0$ の場合に対して 1973 年 Swartztrauber-Sweet（以下 S-S）により提案され，その手法が 2 次精度をもつことの数値実験報告が 1986 年 Strikwerda-Nagel[27] によりなされている．しかし，その数学的証明は与えられていない．

(10.41), (10.42) に対する S-S 近似は次の 3 つのステップからなる．

ステップ 1. 長方形領域 $\mathcal{R}$ を次の縦横それぞれ等間隔な平行線で格子細分する：

$$h = \Delta r = \frac{R}{m+1}, \quad r_i = ih, \quad i = 0, \frac{1}{2}, 1, \ldots, m + \frac{1}{2}, m+1,$$
$$k = \Delta\theta = \frac{2\pi}{n}, \quad \theta_j = jk, \quad j = 0, 1, 2, \ldots, n.$$

ステップ 2. 格子点 (r_i, θ_j) $(1 \leq i \leq m, 0 \leq j \leq n-1)$ においては：

$$-\left[\frac{1}{r_i h^2}\left\{r_{i+\frac{1}{2}}(U_{i+1,j} - U_{ij}) - r_{i-\frac{1}{2}}(U_{ij} - U_{i-1,j})\right\}\right.$$
$$\left. + \frac{1}{r_i^2 k^2}(U_{i,j+1} - 2U_{ij} + U_{i,j-1})\right] + c_{ij}U_{ij} = f_{ij}. \tag{10.43}$$

ステップ 3. 境界においては：

$$U_{in} = U_{i0} \quad \forall\, i \geq 1, \quad U_{0j} = U_{00} \quad \forall\, j \geq 1, \quad U_{m+1,j} = g_j \quad \forall\, j \geq 0. \tag{10.44}$$

かつ原点において

$$\left(1 + \frac{c_{00}}{4}h^2\right)U_{00} - \frac{1}{n}\sum_{j=0}^{n-1} U_{1j} = \frac{h^2}{4}f_{00}. \tag{10.45}$$

ただし U_{ij} は $P_{ij} = (r_i, \theta_j)$ における $u_{ij} = u(r_i, \theta_j)$ の近似値である.

以下 Matsunaga-Yamamoto[19] に従ってこの近似の精度が 2 次であることを証明する. そのための準備として Bernoulli (ベルヌーイ) 多項式の導入から始める.

複素関数

$$\varphi(z) = \frac{z}{e^z - 1} = \begin{cases} \dfrac{z}{z + \frac{1}{2}z^2 + \cdots} & (z \neq 0), \\ 1 & (z = 0) \end{cases}$$

は $z = 2j\pi$ $(j = \pm 1, \pm 2, \ldots)$ を除いて正則であるから, $|z| < 2\pi$ において

$$\frac{z}{e^z - 1} = \sum_{s=0}^{\infty} \frac{b_s}{s!}z^s \quad (b_s = \varphi^{(s)}(0))$$

と Taylor 展開できる. b_s は等式

$$z = (e^z - 1)\sum_{s=0}^{\infty} \frac{b_s}{s!}z^s$$

の右辺を

$$\left(z + \frac{1}{2!}z^2 + \frac{1}{3!}z^3 + \cdots\right)\left(b_0 + b_1 z + \frac{1}{2!}b_2 z^2 + \cdots\right)$$
$$= b_0 z + \left(\frac{1}{2} + b_1\right)z^2 + \left(\frac{1}{6} + \frac{1}{2}b_1 + \frac{1}{2}b_2\right)z^3$$
$$+ \left(\frac{1}{24} + \frac{1}{6}b_1 + \frac{b_4}{4} + \frac{1}{6}b_3\right)z^4 + \cdots$$

と展開して未定係数法により定めればよい. 上式より

$$b_0 = 1,$$
$$\frac{1}{2} + b_1 = 0,$$
$$\frac{1}{6} + \frac{1}{2}b_1 + \frac{1}{2}b_2 = 0,$$

$$\frac{1}{24} + \frac{1}{6}b_1 + \frac{1}{4}b_4 + \frac{1}{6}b_3 = 0,$$
$$\cdots$$

ゆえに
$$b_0 = 1, \quad b_1 = -\frac{1}{2}, \quad b_2 = \frac{1}{6}, \quad b_3 = 0, \ldots \tag{10.46}$$
を得る.

いま $\psi(x,\,z) = ze^{xz}/(e^z - 1)$ とおけば
$$\begin{aligned}\psi(x,\,z) &= \Big(\sum_{i=0}^{\infty}\frac{b_i}{i!}z^i\Big)\Big(\sum_{j=0}^{\infty}\frac{x^j}{j!}z^j\Big) \\ &= \sum_{s=0}^{\infty}\Big(\sum_{i+j=s}\frac{b_i x^j s!}{i!j!}\Big)\frac{z^s}{s!} \\ &= \sum_{s=0}^{\infty}\Big(\sum_{i=0}^{s}\binom{s}{i}b_i x^{s-i}\Big)\frac{z^s}{s!}.\end{aligned}$$

よって
$$\begin{aligned}B_s(x) &= \sum_{i=0}^{s}\binom{s}{i}b_i x^{s-i} \\ &= x^s + \binom{s}{1}b_1 x^{s-1} + \cdots + \binom{s}{s-1}b_{s-1}x + b_s\end{aligned} \tag{10.47}$$
とおけば
$$\psi(x,\,z) = \sum_{s=0}^{\infty}B_s(x)\frac{z^s}{s!}$$
である. $B_s(x)$ を s 次の **Bernoulli** 多項式という.

(10.46), (10.47) より
$$\begin{aligned}&B_0(x) = 1, \\ &B_1(x) = x - \frac{1}{2}, \end{aligned} \tag{10.48}$$
$$B_2(x) = x^2 - x + \frac{1}{6}, \tag{10.49}$$
$$B_3(x) = x^3 - \frac{3}{2}x^2 + \frac{1}{2}x = \frac{1}{2}x(2x-1)(x-1).$$

補題 10.11 $B_s(x)$ は次の性質をもつ.

(i) $s \geq 2$ のとき $B_s(1) = B_s(0)$ かつ $B_{2s-1}(0) = 0$.
(ii) $B'_s(x) = sB_{s-1}(x)$ $(s \geq 1)$.
(iii) $\int_0^1 B_s(x)dx = 0$ $(s \geq 1)$.

【証明】 (i)
$$\psi(x+1,\ z) - \psi(x,\ z) = \sum_{s=0}^{\infty} \{B_s(x+1) - B_s(x)\} \frac{z^s}{s!} \tag{10.50}$$

であるが,左辺は
$$\frac{1}{e^z - 1}\{ze^{(x+1)z} - ze^{xz}\} = ze^{xz} = \sum_{s=0}^{\infty}(sx^{s-1})\frac{z^s}{s!} \tag{10.51}$$

に等しい. (10.50), (10.51) の z^s の係数を比較して
$$B_s(x+1) - B_s(x) = sx^{s-1} \quad (s \geq 1).$$

よって $x = 0$ とおけば
$$B_s(1) - B_s(0) = \begin{cases} 1 & (s = 1), \\ 0 & (s \geq 2). \end{cases} \tag{10.52}$$

一方
$$\psi(1-x,\ z) = \frac{ze^{(1-x)z}}{e^z - 1} = \frac{ze^z}{e^z - 1} \cdot e^{-xz} = \psi(x,\ -z)$$

より
$$\sum_{s=0}^{\infty} B_s(1-x)\frac{z^s}{s!} = \sum_{s=0}^{\infty} B_s(x)\frac{(-z)^s}{s!}.$$
$$\therefore\ B_s(1-x) = (-1)^s B_s(x) \quad (s \geq 1).$$

ここで $x = 0$ とすれば $B_s(1) = (-1)^s B_s(0)$ $(s \geq 1)$ となるから,(10.52) と併せて $B_{2s-1}(0) = 0$ $(s \geq 2)$ を得る.

(ii) $(s-k)\binom{s}{k} = s\binom{s-1}{k}$ であるから (10.47) より

$$B'_s(x) = sx^{s-1} + (s-1)\binom{s}{1}b_1 x^{s-2} + \cdots + \binom{s}{s-1}b_{s-1}$$
$$= s\left\{x^{s-1} + \binom{s-1}{1}b_1 x^{(s-1)-1} + \cdots + \binom{s-1}{s-1}b_{s-1}\right\}$$
$$= sB_{s-1}(x).$$

(iii) $s \geq 2$ のとき (i) と (ii) より
$$0 = B_s(1) - B_s(0) = \int_0^1 B'_s(x)dx = s\int_0^1 B_{s-1}(x)dx.$$
$$\therefore \int_0^1 B_{s-1}(x)dx = 0 \quad (s \geq 2).$$
$$\therefore \int_0^1 B_s(x)dx = 0 \quad (s \geq 1). \hspace{2em} \text{証明終} \blacksquare$$

補題 10.12 $u \in C^4(\overline{\Omega})$, $\Omega = S(0, R)$ のとき
$$\tau_{00} \equiv \left(1 + \frac{c_{00}}{4}h^2\right)u_{00} - \frac{1}{n}\sum_{j=0}^{n-1}u_{1j} - \frac{h^2}{4}f_{00}$$
$$= O(h^4) + O(k^4).$$

【証明】 $u \in C^4(\overline{\Omega})$ のとき
$$u(x, y) = \sum_{j=0}^{3}\frac{1}{j!}\left(x\frac{\partial}{\partial x} + y\frac{\partial}{\partial y}\right)^j u(0, 0) + R_4.$$

ただし
$$R_4 = \frac{1}{4!}\left(x\frac{\partial}{\partial x} + y\frac{\partial}{\partial y}\right)^4 u(\xi, \eta) \quad (0 < \xi < R, \ 0 < \eta < 2\pi).$$

上式に $x = r\cos\theta$, $y = r\sin\theta$ を代入して θ につき積分すれば
$$\overline{u}(r) \equiv \frac{1}{2\pi}\int_0^{2\pi} u(r\cos\theta, \ r\sin\theta)d\theta$$
$$= \sum_{\lambda+\mu=0}^{3}\frac{1}{\lambda!\mu!} \cdot \frac{1}{2\pi}\int_0^{2\pi}(r\cos\theta)^\lambda (r\sin\theta)^\mu d\theta \frac{\partial^{\lambda+\mu}}{\partial x^\lambda \partial y^\mu}u(0, 0) + \frac{1}{2\pi}\int_0^{2\pi}R_4 d\theta$$

$$= u(0,\ 0) + \frac{1}{4}r^2\Delta u(0,\ 0) + O(r^4)$$

(各 λ, μ について積分を実行してみよ.)

$$= u_{00} + \frac{1}{4}r^2(c_{00}u_{00} - f_{00}) + O(h^4).$$

したがって $r = h$ のとき

$$\left(1 + \frac{1}{4}h^2 c_{00}\right)u_{00} - \overline{u}(h) = \frac{1}{4}h^2 f_{00} + O(h^4). \tag{10.53}$$

次に

$$F(t) = u(r,\ tk) + u(r,\ (t+1)k) + \cdots + u(r,\ (t+n-1)k),$$

$$I_s = \int_0^1 \frac{B_s(t)}{s!} F^{(s)}(t)dt \quad (s = 1, 2, \ldots)$$

とおけば

$$F^{(s)}(t) = k^s \sum_{l=0}^{n-1} \frac{\partial u^s}{\partial \theta^s}(r,\ (t+l)k)$$

かつ (10.48) によって

$$\begin{aligned}
I_1 &= \Big[B_1(t)F(t)\Big]_0^1 - \int_0^1 B_1'(t)F(t)dt \\
&= B_1(1)F(1) - B_1(0)F(0) - \int_0^1 F(t)dt \\
&= \frac{1}{2}\big(F(1) + F(0)\big) - \int_0^1 F(t)dt \\
&= \sum_{j=0}^{n-1} u(r,\ jk) - \int_0^1 F(t)dt \quad (\because u(r,\ 0) = u(r,\ nk)).
\end{aligned}$$

また

$$\int_0^1 u\big(r,\ (t+l)k\big)dt = \frac{1}{k}\int_{lk}^{(l+1)k} u(r,\ \theta)d\theta$$

であるから, $nk = 2\pi$ に注意して

$$\int_0^1 F(t)dt = \frac{1}{k}\sum_{l=0}^{n-1}\int_{lk}^{(l+1)k} u(r,\ \theta)d\theta = \frac{1}{k}\int_0^{2\pi} u(r,\ \theta)d\theta.$$

$$\therefore I_1 = \sum_{j=0}^{n-1} u(r, jk) - \frac{1}{k}\int_0^{2\pi} u(r, \theta)d\theta. \tag{10.54}$$

ゆえに

$$I_2 = \left[\frac{1}{2}B_2(t)F'(t)\right]_0^1 - \int_0^1 \frac{B_2'(t)}{2}F'(t)dt$$

$$= \frac{1}{2}\bigl(B_2(1)F'(1) - B_2(0)F'(0)\bigr) - \int_0^1 B_1(t)F'(t)dt \quad (\text{補題 10.11 (ii)})$$

$$= -I_1$$

$$\left(\because B_2(1) = B_2(0) = \frac{1}{6},\ F'(1) - F'(0) = \frac{\partial u}{\partial \theta}(r, nk) - \frac{\partial u}{\partial \theta}(r, 0) = 0\right). \tag{10.55}$$

さらに

$$I_3 = \left[\frac{1}{6}B_3(t)F^{(2)}(t)\right]_0^1 - \int_0^1 \frac{1}{6}B_3'(t)F^{(2)}(t)dt$$

$$= -\int_0^1 \frac{1}{2}B_2(t)F^{(2)}(t)dt \quad (\because B_3(1) = B_3(0) = 0)$$

$$= -I_2. \tag{10.56}$$

よって (10.54)〜(10.56) より

$$\int_0^{2\pi} u(r, \theta)d\theta = k\sum_{j=0}^{n-1} u(r, jk) - kI_1 = k\sum_{j=0}^{n-1} u(r, jk) - kI_3.$$

$$\therefore \overline{u}(h) = \frac{1}{2\pi}\int_0^{2\pi} u(h, \theta)d\theta = \frac{k}{2\pi}\sum_{j=0}^{n-1} u(r, jk) - \frac{k}{2\pi}I_3$$

$$= \frac{1}{n}\sum_{j=0}^{n-1} u(r, jk) - \frac{k}{2\pi}I_3 \quad (\because nk = 2\pi).$$

$$\therefore \tau_{00} = \left(1 + \frac{c_{00}}{4}h^2\right)u_{00} - \frac{1}{n}\sum_{j=0}^{n-1} u(h, jk) - \frac{h^2}{4}f_{00}$$

$$= \left(1 + \frac{c_{00}}{4}h^2\right)u_{00} - \overline{u}(h) - \frac{h^2}{4}f_{00} - \frac{k}{2\pi}I_3. \tag{10.57}$$

次に $I_3 = O(k^3)$ を示そう.
$$F^{(3)}(t) = k^3 \sum_{j=0}^{n-1} \frac{\partial^3}{\partial \theta^3} u(r, (t+j)k) \quad \text{かつ} \quad \int_0^1 B_3(t)dt = 0 \quad (\text{補題 10.11 (iii)})$$
であるから
$$\begin{aligned} I_3 &= \int_0^1 \frac{1}{6} B_3(t) \{F^{(3)}(t)dt - F^{(3)}(0)\} dt \\ &= \int_0^1 \frac{1}{6} B_3(t) k^3 \sum_{j=0}^{n-1} \Big\{ \frac{\partial^3}{\partial \theta^3} u(r, (t+j)k) - \frac{\partial^3 u}{\partial \theta^3}(r, jk) \Big\} dt. \end{aligned}$$
ゆえに
$$\left| \frac{1}{k^3} I_3 \right| \leq \frac{\pi}{3} \max_{\overline{\mathcal{R}}} \left| \frac{\partial^4 u}{\partial \theta^4} \right| \int_0^1 |B_3(t)| dt \equiv K < \infty \quad (\because nk = 2\pi).$$
$$\therefore \ I_3 = O(k^3). \tag{10.58}$$
結局 (10.53), (10.57), (10.58) より
$$\begin{aligned} \tau_{00} &= \Big\{ \Big(1 + \frac{c_{00}}{4} h^2\Big) u(0, 0) - \overline{u}(h) - \frac{h^2}{4} f_{00} \Big\} - \frac{k}{2\pi} I_3 \\ &= O(h^4) + O(k^4) \end{aligned}$$
を得る. 証明終 ∎

定理 10.9 (S-S 近似の 2 次収束性 (Matsunaga-Yamamoto[19]))

$\Omega = S(0, R)$ とし, u を (10.38), (10.39) の解とする. $u \in C^4(\overline{\Omega})$ ならば, 極座標変換 (10.40) による長方形領域 $\mathcal{R} = [0, R] \times [0, 2\pi]$ 内の格子点 $P_{ij} \in (r_{i1}, \theta_j)$ における Swartztrauber-Sweet 近似 U_{ij} は普遍定数を K として

$$\begin{aligned} |u_{ij} - U_{ij}| &\leq K(h^2 + k^2)(R - r_i) \\ &= \begin{cases} K(h^2 + k^2) h & (R - r_i = O(h) \text{ のとき}), \\ K(h^2 + k^2) & (\text{そのほか}) \end{cases} \end{aligned}$$

をみたす. ただし M を h, k に無関係な正定数として $k^2 \leq Mh$ を仮定する.

【証明】 仮定 $u \in C^4$ より

$$\begin{aligned}
\tau_{ij} &= -\Big[\frac{1}{r_i h^2}\{r_{i+\frac{1}{2}}(u_{i+1,j} - u_{ij}) - r_{i-\frac{1}{2}}(u_{ij} - u_{i-1,j})\} \\
&\quad + \frac{1}{r_i^2 k^2}(u_{i,j+1} - 2u_{ij} + u_{i,j-1})\Big] + \Big[\frac{1}{r}\frac{\partial}{\partial r}\Big(r\frac{\partial u}{\partial r}\Big) + \frac{1}{r^2}\frac{\partial^2 u}{\partial \theta^2}\Big]_{(r_i,\,\theta_j)} \\
&= \frac{1}{r_i}\big(O(h^2) + O(k^2)\big)
\end{aligned} \tag{10.59}$$

が成り立つ.

実際，Taylor 展開により

$$-\frac{1}{h^2}\{r_{i+\frac{1}{2}}(u_{i+1,j} - u_{ij}) - r_{i-\frac{1}{2}}(u_{ij} - u_{i-1,j})\} + \Big\{\frac{\partial}{\partial r}\Big(r\frac{\partial u}{\partial r}\Big)\Big\}_{r=r_i} = O(h^2) \tag{10.60}$$

を確かめるのは容易である ((3.8) 参照). また

$$\begin{aligned}
&-\frac{1}{k^2}(u_{i,j+1} - 2u_{ij} + u_{i,j-1}) + \frac{\partial^2 u}{\partial \theta^2}(r_i,\,\theta_j) \\
&\quad = -\frac{1}{12}k^2 \frac{\partial^4 u}{\partial \theta^4} u(r_i,\,\widetilde{\theta}_j) \quad (0 < \theta_{j-1} < \widetilde{\theta}_j < \theta_{j+1})
\end{aligned} \tag{10.61}$$

において, $x = r\cos\theta$, $y = r\sin\theta$ より

$$\frac{\partial u}{\partial \theta} = \frac{\partial u}{\partial x}\cdot\frac{\partial x}{\partial \theta} + \frac{\partial u}{\partial y}\cdot\frac{\partial y}{\partial \theta} = -y\frac{\partial u}{\partial x} + x\frac{\partial u}{\partial y} = r\sum_{\lambda+\mu=1} p_{\lambda\mu}\partial_{\lambda\mu}u.$$

ただし $p_{\lambda\mu}$ は $\cos\theta$, $\sin\theta$ の多項式で

$$\partial_{\lambda\mu}u = \frac{\partial^{\lambda+\mu}u(r\cos\theta,\,r\sin\theta)}{\partial x^\lambda \partial y^\mu}$$

である.

$$\begin{aligned}
\therefore\ \frac{\partial^2 u}{\partial \theta^2} &= \frac{\partial}{\partial x}\Big(-y\frac{\partial u}{\partial x} + x\frac{\partial u}{\partial y}\Big)(-y) + \frac{\partial}{\partial y}\Big(-y\frac{\partial u}{\partial x} + x\frac{\partial u}{\partial y}\Big)x \\
&= y^2\frac{\partial^2 u}{\partial x^2} + x^2\frac{\partial^2 u}{\partial y^2} - 2xy\frac{\partial^2 u}{\partial x \partial y} - \Big(x\frac{\partial u}{\partial x} + y\frac{\partial u}{\partial y}\Big) \\
&= r\sum_{\lambda+\mu=1}^{2} r^{\lambda+\mu-1}\widetilde{p}_{\lambda\mu}\partial_{\lambda\mu}u = O(r).
\end{aligned}$$

同様に

$$\frac{\partial^3 u}{\partial \theta^3} = -y\frac{\partial^3 u}{\partial x^3} + x^3\frac{\partial^3 u}{\partial y^3} + 3xy^2\frac{\partial^3 u}{\partial^2 x \partial y} - 3x^2 y\frac{\partial^3 u}{\partial x \partial y^2}$$
$$+ 3xy\frac{\partial^2 u}{\partial x^2} - 3xy\frac{\partial^2 u}{\partial y^2} + 3(-x^2 + y^2)\frac{\partial^2 u}{\partial x \partial y} + \left(y\frac{\partial u}{\partial x} - x\frac{\partial u}{\partial y}\right)$$
$$= r\sum_{\lambda+\mu=1}^{3} r^{\lambda+\mu-1}\widehat{p}_{\lambda\mu}\partial_{\lambda\mu}u = O(r).$$

ただし $\widetilde{p}_{\lambda\mu}$, $\widehat{p}_{\lambda\mu}$ は $\cos\theta$, $\sin\theta$ の多項式である. $\dfrac{\partial^4 u}{\partial \theta^4}$ についても $\dfrac{\partial^4 u}{\partial \theta^4}u = O(r)$ であるからこれを (10.61) に代入して

$$-\frac{1}{k^2}(u_{i,j+1} - 2u_{ij} + u_{i,j-1}) + \frac{\partial^2 u}{\partial \theta^2}(r_i,\ \theta_j) = r_i O(k^2). \tag{10.62}$$

ゆえに (10.60) と (10.62) より (10.59) を得る.

さて, (10.43)〜(10.45) を行列とベクトルを用いてあらわせば

$$\boldsymbol{U} = (U_{00},\ U_{10},\ldots,U_{1,n-1},\ldots,U_{m0},\ldots,U_{m,n-1})^{\mathrm{t}},$$

$$C = \begin{pmatrix} \frac{c_{00}}{4}h^2 & & & \\ & C_1 & & \\ & & \ddots & \\ & & & C_m \end{pmatrix},$$

$$C_i = \mathrm{diag}(c_{i0},\ c_{i1},\ldots,c_{i,n-1})\quad (1 \le i \le m),$$

$$A_i = \frac{1}{(r_i k)^2}\begin{pmatrix} 2 & -1 & & & & -1 \\ -1 & 2 & -1 & & & \\ & \ddots & \ddots & \ddots & & \\ & & -1 & 2 & -1 & \\ -1 & & & & -1 & 2 \end{pmatrix}\quad (n\ 次)\quad (1 \le i \le m),$$

$$D_i^- = \frac{1}{r_i h}\left(i - \frac{1}{2}\right)I_n \quad (2 \le i \le m),$$
$$D_i^+ = \frac{1}{r_i h}\left(i + \frac{1}{2}\right)I_n \quad (1 \le i \le m-1),$$
$$\boldsymbol{e}_n = (1,\ldots,1)^{\mathrm{t}} \quad (n\ 次ベクトル),$$

$$A_0 = \begin{pmatrix} 1 & -\frac{1}{n}\boldsymbol{e}_n^{\mathrm{t}} & & & & \\ -\frac{1}{2h^2}\boldsymbol{e}_n & A_1 + \frac{2}{h^2}I_n & -D_1^+ & & & \\ & -D_2^- & \ddots & & \ddots & \\ & & \ddots & A_{m-1} + \frac{2}{h^2}I_n & -D_{m-1}^+ \\ & & & -D_m^- & A_m + \frac{2}{h^2}I_n \end{pmatrix}$$

$(mn+1$ 次$)$

とおいて $(mn+1)$ 元連立 1 次方程式

$$(A_0 + C)\boldsymbol{U} = \boldsymbol{b} \tag{10.63}$$

を解くことになる．ただし $\boldsymbol{b}$ は $f_{ij} = f(r_i,\,\theta_j)$ と境界条件より定まる $(mn+1)$ 次元ベクトルである．

A_0 および $A_0 + C$ は既約強優対角 L 行列であるから正則な M 行列で $O < (A_0 + C)^{-1} \leq A_0^{-1}$ となる (山本 [36],[40] 参照)．

いまベクトル $\boldsymbol{U}$ の成分 U_{ij} をそれぞれ $u_{ij} = u(r_i,\,\theta_j)$ と τ_{ij} でおきかえた $(mn+1)$ 次元ベクトルをそれぞれ $\boldsymbol{u}$ と $\boldsymbol{\tau}$ とおけば

$$(A_0 + C)\boldsymbol{u} = \boldsymbol{b} + \boldsymbol{\tau} \tag{10.64}$$

である．また $\boldsymbol{u} - \boldsymbol{U}$ と $\boldsymbol{\tau}$ の各成分 $u_{ij} - U_{ij}$, τ_{ij} を絶対値 $|u_{ij} - U_{ij}|$, $|\tau_{ij}|$ でおきかえたベクトルを $|\boldsymbol{u} - \boldsymbol{U}|$, $|\boldsymbol{\tau}|$ であらわせば

$$|\boldsymbol{u} - \boldsymbol{U}| = |(A_0 + C)^{-1}\boldsymbol{\tau}| \leq (A_0 + C)^{-1}|\boldsymbol{\tau}| \leq A_0^{-1}|\boldsymbol{\tau}| \quad (\text{山本 [36],[40] 参照}).$$

さらに補題 10.12 と (10.59) によって

$$\rho_{00} \equiv \frac{1}{h}|\tau_{00}| = O(h^3) + O\left(\frac{k^4}{h}\right),$$
$$\rho_{ij} \equiv r_i|\tau_{ij}| = O(h^2 + k^2) \quad (1 \leq i \leq m,\ 0 \leq j \leq n-1).$$

よって

$$\boldsymbol{\rho} = (\rho_{00},\ \rho_{10},\ldots,\rho_{1,n-1},\ldots,\rho_{m0},\ldots,\rho_{m,n-1})^{\mathrm{t}}$$

とおけば，仮定 $k^2 \leq Mh$ の下で

$$||\boldsymbol{\rho}||_\infty = \max_{0\leq i\leq m, 0\leq j\leq n-1} |\rho_{ij}| \leq O(h^2 + k^2).$$

$$\therefore |\boldsymbol{u} - \boldsymbol{U}| \leq A_0^{-1} \begin{pmatrix} |\tau_{00}| \\ |\tau_{10}| \\ \vdots \\ |\tau_{m,n-1}| \end{pmatrix}$$

$$\leq ||\boldsymbol{\rho}||_\infty A_0^{-1} \begin{pmatrix} h \\ \frac{1}{r_1}\boldsymbol{e}_n \\ \vdots \\ \frac{1}{r_m}\boldsymbol{e}_n \end{pmatrix}$$

$$= O(h^2+k^2) A_0^{-1} \begin{pmatrix} h \\ \frac{1}{r_1}\boldsymbol{e}_n \\ \vdots \\ \frac{1}{r_m}\boldsymbol{e}_n \end{pmatrix}. \tag{10.65}$$

ここで $\varphi = \varphi(r)$ を

$$-\frac{1}{r}\frac{\partial}{\partial r}\Bigl(r\frac{\partial u}{\partial r}\Bigr) = \frac{1}{r}, \quad 0 < r < R,$$
$$u = 0, \quad r = R$$

の解とすれば $\varphi = R - r$ である.

$\varphi_i = \varphi(r_i)$ とおき, $\boldsymbol{\varphi} = (\varphi_0,\ \varphi_1 \boldsymbol{e}_n^{\mathrm{t}}, \ldots, \varphi_m \boldsymbol{e}_n^{\mathrm{t}})^{\mathrm{t}}$ とおけば直接計算により

$$A_0 \boldsymbol{\varphi} = \begin{pmatrix} h \\ \frac{1}{r_1}\boldsymbol{e}_n \\ \vdots \\ \frac{1}{r_m}\boldsymbol{e}_n \end{pmatrix}$$

を得る (各自検証されたい). よって (10.65) より

$$|\boldsymbol{u} - \boldsymbol{U}| \leq O(h^2 + k^2)\boldsymbol{\varphi}.$$

$$\therefore \ |u_{ij} - U_{ij}| \leq O(h^2 + k^2)\varphi_i$$
$$= O(h^2 + k^2)(R - r_i)$$
$$= \begin{cases} O(h^2 + k^2)h & (R - r_i = O(h) \text{ のとき}), \\ O(h^2 + k^2) & (\text{そのほか}). \end{cases}$$

証明終 ∎

■**注意 10.7**　定理 10.7 は解 u が Ω の境界 $r = R$ の近傍で優収束することを示している.

■**注意 10.8**　$\Omega = S(0, 1)$, $c(x, y) = (x - 0.1)^2 + (y - 0.5)^2$, $f = 0$ の場合に $h = \frac{1}{20} = 0.05$, $k = \frac{2\pi}{120} \doteqdot 0.05$ ($m = 19$, $n = 120$) とした数値例 (実験報告) が Matsunaga-Yamamoto[19] にある.

参　考　文　献

1) R. A. Adams and J. J. F. Fournier, *Sobolev Spaces, Second Edition*, Academic Press (2003)
2) S. Aguchi and T. Yamamoto, *Numerical methods with fourth order accuracy for two-point boundary value problems*, 京都大学数理解析研究所講究録, **1381**, 11-20 (2004)
3) O. Axelsson and V. A. Barker, *Finite Element Solution of Boundary Value Problems, Theory and Computation*, SIAM (2001)
4) J. H. Bramble and B. E. Hubbard, *On the formulation of finite difference analogues of the Dirichlet problem for Poisson's equation*, Numer. Math., **4**, 313-327 (1962)
5) A. Carasso, *Finite-difference methods and eigenvalue problem for nonselfadjoint Sturm-Liouville operators*, Math. Comp., **23**, 719-729 (1969)
6) P. G. Ciarlet, *Introduction to Numerical Linear Algebra and Oplimisation*, Cambridge Univ. Press (1989)
7) R. Courant and D. Hilbert, *Methods of Mathematical Physics*, Interscience Publishers (Volume 1, 1953; Volume 2, 1962)
8) L. C. Evans, *Partial Differential Equations*, Amer. Math. Soc. (1999)
9) Q. Fang, T. Matsubara, T. Shogenji and T. Yamamoto, *Convergence of inconsistent finite difference scheme for Dirichlet problems whose solution has singular derivatives at the boundary*, Information, **4**, 161-170 (2001)
10) Q. Fang, T. Tsuchiya and T. Yamamoto, *Finite difference, finite element and finite volume methods applied to two-point boundary value problems*, J. Comp. Appl. Math., **139**, 9-19 (2002)
11) Q. Fang and T. Yamamoto, *Superconvergence of finite difference approximations for convection-diffusion problems*, Numerical Linear Algebra with Appl., **8**, 99-110 (2001)
12) Q. Fang, Y. Shogenji and T. Yamamoto, *Convergence analysis of adaptive finite difference methods using stretching functions for boundary value problems with singular solutions*, Asian Information-Science-Life, **1**, 49-64 (2002)
13) Q. Fang, Y. Shogenji and T. Yamamoto, *Error analysis of adaptive finite difference methods using stretching functions for polar coordinate form of Poisson-type*

equations, Numer. Funct. Anal. and Optimiz., **24**, 17-44 (2003)
14) F. R. Gantmacher and M. G. Krein, *Oszillationsmatrizen, Oszillationskerne und Kleine Schwingen Mechanischer Systeme*, Akademie Verlag (1960)
15) D. Gilbarg and N. S. Trudinger, *Elliptic Partial Differential Equations of Second Order, Revised 3rd Printing*, Springer (2001)
16) 草野尚, 境界値問題入門 (基礎数学シリーズ 21), 朝倉書店 (1971, 復刊 2004)
17) S. Larson and V. Thomée, *Partial Differential Equations with Numerical Methods*, Springer (2000)
18) M. Lees, *A boundary value problem for nonlinear ordinary differential equations*, J. Math. Mech., **10**, 423-430 (1961)
19) N. Matsunaga and T. Yamamoto, *Convergence of Swartztrauber-Sweet's approximation for the Poisson-type equation on a disk*, Numer. Funct. Anal. and Optimiz., **20**, 917-938 (1999)
20) N. Matsunaga and T. Yamamoto, *Superconvergence of the Shortley-Weller approximation for Dirichlet problems*, J. Comp. Appl. Math., **116**, 263-273 (2000)
21) 村田健郎・名取亮・唐木幸比古, 大型数値シミュレーション, 岩波書店 (1990)
22) J. M. Ortega, *Numerical Analysis, A Second Course*, Academic Press (1970)
23) M. M. Protter and H. F. Weinberger, *Maximum Principles in Differential Equations*, Springer (1984)
24) M. Schechter, *Modern Methods in Partial Differential Equations*, McGraw-Hill (1977)
25) D. Serre, *Matrices : Theory and Applications*, Springer (2002)
26) J. C. Strikwerda, *Finite Difference Schemes and Partial Differential Equations, Second Edition*, SIAM (2004)
27) J. C. Strikwerda and Y. Nagel, *Finite difference methods for polar coordinate systems*, MRC Technical Summary Report #2934, Univ. of Wisconsin-Madison (1986)
28) P. N. Swartztrauber and R. A. Sweet, *The direct solution of the discrete Poisson equation on a disk*, SIAM J. Numer. Anal., **10**, 900-907 (1973)
29) T. Tsuchiya and Q. Fang, *An explicit inversion formula for tridiagonal matrices*, Computing [Suppl], **15**, 227-238 (2001)
30) M. Urabe, *The Newton method and its application to boundary value problem with nonlinear boundary condition*, Proc. USA-Japan Seminar on Differential Equations, Benjamin, 383-410 (1967)
31) R. S. Varga, *Matrix Iterative Analysis, Second Edition*, Springer (2000)
32) T. Yamamoto, *On Lanczos' algorithm for tri-diagonalization*, J. Sci. Hiroshima Univ. Ser. A-I, **32**, 259-284 (1968)
33) 山本哲朗, 行列と数値解析, 数理科学 5 月号, 54-61 (1997)
34) T. Yamamoto, *Inversion formulas for tridiagonal matrices with applications to boundary value problems*, Numer. Funct. Anal. and Optimiz., **22**, 357-385 (2001)

35) T. Yamamoto, *Convergence of consistent and inconsistent finite difference schemes and an acceleration technique*, J. Comp. Appl. Math., **140**, 849-866 (2002)
36) 山本哲朗, 数値解析入門 [増訂版], サイエンス社 (2003)
37) 山本哲朗, 2点境界値問題の数理 (現代非線形科学シリーズ 11), コロナ社 (2006)
38) T. Yamamoto, *Harmonic relations between Green's functions and Green's matrices for boundary value problems III*, 京都大学数理解析研究所講究録, **1381**, 1-10 (2004)
39) T. Yamamoto, *Discretization principles for linear two-point boundary value problems*, Numer. Funct. Anal. and Optimiz., **28**, 149-172 (Erratum：同上 **28**, 1421) (2007)
40) 山本哲朗, 行列解析の基礎 — Advanced 線形代数 —, サイエンス社 (2010)
41) 山本哲朗, 行列解析ノート — 珠玉の定理と精選問題 —, サイエンス社 (2013)
42) T. Yamamoto, Q. Fang and X. Chen, *Superconvergence and non superconvergence of the Shortley-Weller approximations for Dirichlet problems*, Numer. Funct. Anal. and Optimiz., **22**, 455-470 (2001)
43) T. Yamamoto and Y. Ikebe, *Inversion of band matrices*, Linear Alg. Appl., **24**, 105-111 (1979)
44) T. Yamamoto and S. Oishi, *A mathematical theory for numerical treatment of nonlinear two-point boundary value problems*, Japan JIAM, **23**, 31-62 (2006)
45) T. Yamamoto and S. Oishi, *On three theorems of Lees for numerical treatment of semilinear two-point boundary value problems*, Japan JIAM, **23**, 293-313 (2006)
46) T. Yamamoto, S. Oishi and Q. Fang, *Discretization principles for linear two-point boundary value problems II*, Numer. Funct. Anal. and Optimiz., **29**, 213-224 (2008)
47) T. Yamamoto, S. Oishi, M. Z. Nashed, Z. C. Li and Q. Fang, *Discretization principles for linear two-point boundary value problems III*, Numer. Funct. Anal. and Optimiz., **29**, 1180-1200 (2008)

索　引

数　字

1 次元振動方程式　9
1 次元熱 (伝導) 方程式　16
1 次元波動方程式　8, 9
2 位の無限小　41
2 階線形境界値問題　5
2 階線形微分方程式の初期値問題　25
2 次元 Dirichlet 型境界値問題　22
2 次元熱方程式　21
2 点境界値問題　3, 6, 72
3 重対角行列　72
　　実交代——　73
　　実対称——　73, 79, 85
　　正則——　85
3 対角行列　72
5 点中心差分近似　207

欧　文

Abel の級数変形法　116
Ascoli-Arzela の定理　147

Bernoulli 多項式　244, 245
Bramble-Hubbard の定理　220
Bramble-Hubbard の補題　217, 218
Bukhberger-Emel'yanenko のアルゴリズム　80

Cantor の対角線論法　153
catenary　→ 懸垂線
Cauchy　75
classical solution　192
consistent scheme　49

Dirac のデルタ関数　210
Dirichlet 境界値問題　177
Dirichlet 条件　19
Dirichlet の原理　193, 195

eigenfunction　143
eigenspace　143
eigenvalue　143
elliptic　19
equicontinuous　146

fictitious node　45
finite difference method　49
Fourier　9
fundamental solution　188

Gantmacher-Krein　79
GD decomposition　85
GD 分解　85
generalized derivative　179
Green 関数　30, 31, 33, 130, 196, 197
　　離散——　210
Green 行列　72, 79, 80, 84, 85, 130
Green 作用素　30
Green の公式　21, 183
　　——第 1 公式　183
　　——第 2 公式　184, 196
　　——第 3 公式　197

heat equation　16
Helmholtz 方程式　177
Hölder 条件　2
Hölder 連続　2

inconsistent scheme　49
injection　25

Laplace 方程式　177
Lax-Milgram の定理　192
Lipschitz 条件　2
Lipschitz 連続　2
L 行列　50

maximum principle　160
M 行列　50

Neumann 条件　19
Nitsche のトリック　69

oscillatory equation　9
Ostrowski　75

Poisson の方程式　177
Protter-Weinberger　161

regular point　148
Riesz の表現定理　179
Ritz 法　62
Robin 条件　19

Shortley-Weller (S-W) 近似　206, 242
singular point　148
Sobolev 空間　182
Sobolev 内積　182
Sobolev ノルム　182
Strikwerda-Nagel　243
Sturm-Liouville 型
　——境界値問題　5
　——作用素　145
superconvergence property　222
support　178
supra-convergence　116
Swartztrauber-Sweet (S-S)　243
　——近似　242
　——近似の収束性　250

Taylor 展開　41
tridiagonal matrix　72

uniformly elliptic　20
uniformly equicontinuous　146

Varga の有限差分近似　110

wave equation　9
weak solution　192
Wronski 行列　131
Wronski 行列式　14, 28

Z 行列　50

あ 行

アスコリ・アルツェラの定理　147
アーベルの級数変形法　116

一様収束　146
一様楕円型　20
一般 Sturm-Liouville 型
　——2 点境界値問題　27
　——境界値問題　5, 23, 43, 107
一般化 (された) 導関数　179
一般化 (された) 偏導関数　179

上に有界　60
打ち切り誤差　41, 44, 49
　局所——　49
　大域——　49

オーダー　41
帯行列　90

か 行

解の
　——安定性　8
　——一意性　8, 167
　——摂動　167
　——存在性　8
下界　60

仮想分点　45
仮想分点法　45
カテナリー　→ 懸垂線

基本解　187, 188
既約強優対角行列　50
境界条件
　分離——　3
境界値問題　25, 27, 110, 140, 172
　2 点——　3, 6, 72
　　Dirichlet 型——　177
　　一般 Sturm-Liouville 型——　5, 23, 43, 107
局所離散化誤差　49

グリーン関数　30, 31, 33, 130, 196, 197
　——の性質　31, 33
　離散——　210
グリーン行列　72, 79, 80, 84, 85, 130
グリーン作用素　30
グリーンの公式　21, 183
　——第 1 公式　183
　——第 2 公式　184, 196
　——第 3 公式　197

懸垂線　7

高位の無限小　41
広義導関数　179
広義偏導関数　179
誤差評価　155, 175
古典解　192
固有関数　12, 143
固有空間　12, 143
固有値　12, 143
固有値問題　143
混合問題　9, 17
コンパクトサポート（コンパクト台）　178

さ　行

最大値原理　160, 163, 167, 200
　——第 1 型 (強い形)　160

　——第 2 型　163
　——の応用　167
　離散——　168, 169, 172, 213, 214
最大値ノルム　141
差分行列　49, 90
　——の逆転公式　90
　——の性質　49
差分近似
　5 点中心——　207
差分式　46
差分方程式　119, 141
サポート　178
作用素　5

下に有界　60
実交代 3 重対角行列　73
実対称 3 重対角行列　73, 79, 85
弱解　192
写像　25
上界　60
初期–境界値問題　9
伸長関数　54
伸長変換　54

スプライン関数　63
スペクトル半径　78

整合　49
整合スキーム　49
　非——　49
正則 3 重対角行列　85
正則点　148
　非——　148
積分作用素　30

ソボレフ空間　182
ソボレフ内積　182
ソボレフノルム　182

た　行

第 n Ritz 近似　62
大域離散化誤差　49

索　引　263

楕円型　19
　　一様——　20
単射　25
単純固有値　12

中心差分近似　42

ディラックのデルタ関数　210
テイラー展開　41
ディリクレ条件　19

同程度一様連続　146
同程度連続　146
特異点　148
トレース定理　192

な 行

熱方程式　21

ノイマン条件　19
ノルム　2

は 行

汎関数　57

非整合スキーム　49, 223
非正則点　148
非線形偏微分方程式　22
非負対角行列　50

普遍定数　42
分離境界条件　3
分離定理　77

平均収束　146
閉包　182
ヘルダー条件　2
ヘルダー連続　2
ベルヌーイ多項式　244, 245
変数分離法　17
偏導関数　179

　　一般化（された）——　179
　　広義——　179
変分方程式　59
変分問題　59

ま 行

無限小　41
　2 位の——　41
　高位の——　41

や 行

有限差分解　51, 175
　——の誤差評価　208
有限差分近似　205
有限差分法　43, 49
有限要素近似　56, 66
有限要素法　66
優収束性　222
優対角行列　50
　既約強——　50
　強——　50

ら 行

離散化原理　118, 119
　——の証明　137
離散化誤差　41, 44
　局所——　49
　大域——　49
離散近似法　101
離散グリーン関数　210
離散最大値原理　168, 213
　——第 1 型　169, 213
　——第 2 型　172, 214
リースの表現定理　179
リッツ法　62
リプシッツ条件　2
リプシッツ連続　2

ロバン条件　19
ロンスキー行列　131
ロンスキー行列式　14, 28

著者略歴

山本哲朗（やまもと　てつろう）

1937 年　鳥取県に生まれる
1961 年　広島大学大学院理学研究科修士課程（数学専攻）修了
　　　　　広島大学講師，愛媛大学教授，早稲田大学客員教授などを経て
現　在　愛媛大学名誉教授
　　　　　理学博士
主　著　『英語で学ぶ数値解析』（共著，コロナ社，2002）
　　　　　『数値解析入門 [増訂版]』（サイエンス社，2003）
　　　　　『2点境界値問題の数理（現代非線形科学シリーズ 11）』
　　　　　（コロナ社，2006）
　　　　　『行列解析の基礎—Advanced 線形代数—』（サイエンス社，2010）
　　　　　『行列解析ノート—珠玉の定理と精選問題—』（サイエンス社，2013）

朝倉数学大系 7
境界値問題と行列解析　　　　　　　　　　　定価はカバーに表示

2014 年 11 月 10 日　初版第 1 刷

著　者　山　本　哲　朗
発行者　朝　倉　邦　造
発行所　株式会社　朝　倉　書　店

　　　　東京都新宿区新小川町 6-29
　　　　郵便番号　162-8707
　　　　電　話　03(3260)0141
　　　　Ｆ Ａ Ｘ　03(3260)0180
　　　　http://www.asakura.co.jp

〈検印省略〉

Ⓒ 2014　〈無断複写・転載を禁ず〉　　　　中央印刷・渡辺製本

ISBN 978-4-254-11827-8　C 3341　　　Printed in Japan

JCOPY ＜(社)出版者著作権管理機構　委託出版物＞

本書の無断複写は著作権法上での例外を除き禁じられています．複写される場合は，そのつど事前に，(社)出版者著作権管理機構（電話 03-3513-6969，FAX 03-3513-6979，e-mail: info@jcopy.or.jp）の許諾を得てください．

学習院大 谷島賢二著
朝倉数学大系5

シュレーディンガー方程式 I

11825-4 C3341　　A 5 判 352頁 本体6300円

自然界の量子力学的現象を記述する基本方程式の数理物理的基礎から応用まで解説〔内容〕関数解析の復習と量子力学のABC／自由Schrödinger方程式／調和振動子／自己共役問題／固有値と固有関数／付録：補間空間，Lorentz空間

学習院大 谷島賢二著
朝倉数学大系6

シュレーディンガー方程式 II

11826-1 C3341　　A 5 判 288頁 本体5300円

自然界の量子力学的現象を記述する基本方程式の数理物理的基礎から応用までを解説〔内容〕解の存在と一意性／Schrödinger方程式の基本解／散乱問題・散乱の完全性／散乱の定常理論／付録：擬微分作用素／浅田・藤原の振動積分作用素

前東大 伊理正夫著
基礎数理講座3

線 形 代 数 汎 論

11778-3 C3341　　A 5 判 344頁 本体6400円

初心者から研究者まで，著者の長年にわたる研究成果の集大成を満喫。〔内容〕線形代数の周辺／行列と行列式／ベクトル空間／線形方程式系／固有値／行列の標準形と応用／一般逆行列／非負行列／行列式とPfaffianに対する組合せ論的接近法

東北大 柳田英二・横市大 栄伸一郎著
講座 数学の考え方7

常 微 分 方 程 式 論

11587-1 C3341　　A 5 判 224頁 本体3800円

微分方程式を初めて学ぶ人のための入門書。初等解法と定性理論の両方をバランスよく説明し，多数の実例で理解を助ける。〔内容〕微分方程式の基礎／初等解法／定数係数線形微分方程式／2階変数係数線形微分方程式と境界値問題／力学系

工学院大 長嶋秀世著

数 値 計 算 法 (改訂第3版)

11119-4 3041　　A 5 判 256頁 本体2800円

理工系の学生や技術者のために，数値計算法の公式の導出ができるよう，わかりやすく解説した。〔内容〕数値計算法と誤差／差分法／補間法／関数近似／数値微分／数値積分／連立1次方程式／非線形方程式／微分方程式の数値解法

草野 尚著
基礎数学シリーズ21

境 界 値 問 題 入 門 (復刊)

11721-9 C3341　　B 5 判 262頁 本体3500円

微分方程式の主要な問題である「境界値」の基礎を2階線型にスポットを当て解説したユニークな書〔内容〕2階線型常微分方程式／境界値問題と固有値問題／固有関数による展開（フーリエ級数の理論）／2階線型偏微分方程式と境界値問題／他

お茶の水大 河村哲也監訳

関 数 事 典 (CD-ROM付)

11136-1 C3541　　B 5 判 712頁 本体22000円

本書は，数百の関数を図示し，関数にとって重要な定義や性質，級数展開，関数を特徴づける公式，他の関数との関係式を直ちに参照できるようになっている。また，特定の関数に関連する重要なトピックに対して簡潔な議論を施してある。〔内容〕定数関数／階乗関数／ゼータ数と関連する関数／ベルヌーイ数／オイラー数／2項係数／1次関数とその逆数／修正関数／ヘビサイド関数とディラック関数／整数べき／平方根関数とその逆数／非整数べき関数／半楕円関数とその逆数／他

日本応用数理学会監修
青学大 薩摩順吉・早大 大石進一・青学大 杉原正顕編

応 用 数 理 ハ ン ド ブ ッ ク

11141-5 C3041　　B 5 判 704頁 本体24000円

数値解析，行列・固有値問題の解法，計算の品質，微分方程式の数値解法，数式処理，最適化，ウェーブレット，カオス，複雑ネットワーク，神経回路と数理脳科学，可積分系，折紙工学，数理医学，数理政治学，数理設計，情報セキュリティ，数理ファイナンス，離散システム，弾性体力学の数理，破壊力学の数理，機械学習，流体力学，自動車産業と応用数理，計算幾何学，数論アルゴリズム，数理生物学，逆問題，などの30分野から260の重要な用語について2～4頁で解説したもの。

上記価格（税別）は2014年10月現在